Controlling für Nichtcontroller

Reinhard Bleiber

Controlling für Nichtcontroller

Die wichtigsten Instrumente und ihr Einsatz im Unternehmen

1. Auflage

Haufe Gruppe
Freiburg · München · Stuttgart

Bibliografische Information der Deutschen Nationalbibliothek

Die Deutsche Nationalbibliothek verzeichnet diese Publikation in der Deutschen Nationalbibliografie; detaillierte bibliografische Daten sind im Internet über http://dnb.dnb.de abrufbar.

Print: ISBN 978-3-648-10403-3 Bestell-Nr. 11429-0001
ePub: ISBN 978-3-648-10405-7 Bestell-Nr. 11429-0100
ePDF: ISBN 978-3-648-10406-4 Bestell-Nr. 11429-0150

Reinhard Bleiber
Controlling für Nichtcontroller
1. Auflage 2018

www.haufe.de
info@haufe.de
Produktmanagement: Dipl.-Kfm. Kathrin Menzel-Salpietro

Lektorat: Hans-Jörg Knabel, Willstätt
Satz: kühn & weyh Software GmbH, Satz und Medien, Freiburg
Umschlag: RED GmbH, Krailling

Inhaltsverzeichnis

Vorwort

Gleichgültig, ob in der Verwaltung, der Produktion, dem Verkauf oder einem anderen Unternehmensbereich – wer heute seine berufliche Aufgabe erfolgreich erledigen will, muss effiziente Steuerungs- und Führungsmittel einsetzen. Auch wenn es auf den ersten Blick nicht so erscheint: Controlling ist eines der effektivsten Führungs- und Steuerungsinstrumente.

Mithilfe von Controllinginformationen, die in Form von regelmäßigen Berichten, individuellen Auswertungen, Grafiken und Analysen präsentiert werden, lassen sich erfolgreiche Führungskräfte ihren Verantwortungsbereich übersichtlich darstellen. So erkennen sie frühzeitig mögliche Schwachstellen und Problembereiche und können rechtzeitig wirksame Maßnahmen ergreifen.

Erfolg im Beruf bedeutet, Controlling zu nutzen, aber nicht unbedingt, Controller zu sein. Um dennoch mit den Zahlenexperten auf einer Augenhöhe arbeiten zu können, um deren Berichte richtig zu interpretieren und gemeinsam die notwendigen Maßnahmen entwickeln und überwachen zu können, sollten Sie die »Sprache« der Controller verstehen. Sie sollten die Möglichkeiten und Instrumente des Controllings kennen.

Dieses Buch vermittelt Ihnen das dafür nötige Wissen. Sie sprechen eine Sprache mit dem Controller und machen ihn so zu Ihrem Partner. Die vielen Beispiele, Tipps und Checklisten aus der täglichen Praxis machen es Ihnen leicht, die Controllingberichte auf Ihrem Schreibtisch zu verstehen und richtig zu nutzen. Das ist vorteilhaft für Ihr Unternehmen, Ihren Controller und für Sie selbst.

Wegweiser

Die Ressource Zeit ist heute knapper denn je. Deshalb ist das Buch »Controlling für Nichtcontroller« so konzipiert, dass Sie es nicht unbedingt von vorne bis hinten durcharbeiten müssen. Der kurze Wegweiser vorab soll all denen helfen, die »Controlling für Nichtcontroller« vor allem als Nachschlagewerk nutzen wollen.

Kapitel 1: Grundlagen für jeden

Die wenigsten Leser werden über tief greifende Controllingkenntnisse verfügen. Alle wichtigen Grundlagen, die Sie brauchen, um die Berichte, Analysen und Auswertungen Ihres Controllers zu verstehen, finden Sie hier. Außerdem erfahren Sie etwas über die Ziele des Controllers und darüber, wie er sie erreichen will. Deshalb sollte sich jeder Leser mit diesem Kapitel beschäftigen.

Kapitel 2: Spezielles Controllingwissen

Die hier vorgestellten Controllinginstrumente werden in vielen Bereichen eingesetzt. In diesem Kapitel können Sie gezielt die für Sie relevanten Informationen abrufen. Die moderne Informationsvermittlung wird beschrieben. Dies geschieht exemplarisch anhand von Business Intelligence (BI).

Kapitel 3: Spezielles Anwendercontrolling

Das dritte Kapitel bietet eine Vielzahl von Beispielen und Tipps aus der Praxis, geordnet nach einzelnen Funktionsbereichen im Unternehmen. Es genügt, wenn Sie den Abschnitt lesen, der sich mit Ihrem Aufgabenbereich beschäftigt. Selbstverständlich ist jeder, der sich eingehender mit Controlling befassen will, herzlich eingeladen, sich auch mit anderen Themen, die in diesem Kapitel vorgestellt werden, zu beschäftigen. Vor allem das Kapitel zum Controlling in der Fertigung mit Bezug zu Industrie 4.0 ist auch für alle anderen Leser interessant.

Kapitel 4: Fehler und Fehlervermeidung

Einen besonderen Service bietet dieses Kapitel. Hier werden die häufigsten Fehler beschrieben, die im Zusammenhang mit Controlling immer wieder gemacht werden. Vor allem die Hinweise zur Vermeidung der beschriebenen Fehler sollten Sie lesen.

1 Die Basics: Das müssen Sie über Controlling wissen

Die Anzahl an Controllingberichten, die jeder von uns auf seinem Schreibtisch findet, steigt. Das bedeutet nicht nur mehr Arbeit, da jeder Bericht durchgelesen werden will. Das bedeutet auch steigende Chancen für den Erfolg der eigenen Arbeit. Voraussetzung ist, dass die Berichte richtig gelesen werden und die Probleme, die sich in den Zahlen verstecken, vom Leser erkannt werden.

Wer in der Lage ist, Controllingberichte richtig zu analysieren und zu beurteilen, kann daraus wirkungsvolle Maßnahmen zur Verbesserung des Unternehmensergebnisses ableiten. Nur wer das Basiswissen beherrscht, kann auf Dauer die Controllingarbeit erfolgreich nutzen.

!

Achtung: Controlling ist ein Führungshilfsmittel

Erfolgreiche Führung ist durch fachliches Können gepaart mit Motivationsfähigkeit und Vorbildfunktion gekennzeichnet. Controlling ist immer nur ein Hilfsmittel für die Führungsarbeit. Damit kann der Zustand des eigenen Verantwortungsbereichs ebenso festgestellt werden wie der der Mitarbeiter. Fehlende Führungseigenschaften kann auch Controlling nicht wettmachen. Es dokumentiert aber die Erfolge und gibt Hilfen bei unerwünschten Entwicklungen.

1.1 So lesen Sie Controllingberichte richtig

Immer mehr Umsatzlisten, Kostenstellenberichte, Produktionskennzahlen oder Abweichungsanalysen landen auf den Schreibtischen in deutschen Büros. Immer öfter müssen sich Sachbearbeiter, Abteilungsleiter und andere Führungskräfte durch den Datendschungel kämpfen. Dass die Daten korrekt interpretiert werden, wird genauso vorausgesetzt, wie eine anschließende Stellungnahme. Bei dieser Aufgabe sorgt Controlling dafür, dass aus dem unübersehbaren Zahlenberg kleine Hügel mit zu bewältigenden Informationen werden.

Jeder Controllingbericht, der auf Ihrem Schreibtisch landet, hat eine bestimmte Struktur und ist entsprechend vorgegebener Parameter erstellt worden. Wer diese kennt, dem erschließen sich Informationen von großem Wert auch für seine tägliche Arbeit.

Darum gilt es, die Controllingberichte emotionslos zu analysieren, die Parameter und Bedingungen zu erkennen und dann den richtigen Nutzen daraus zu ziehen.

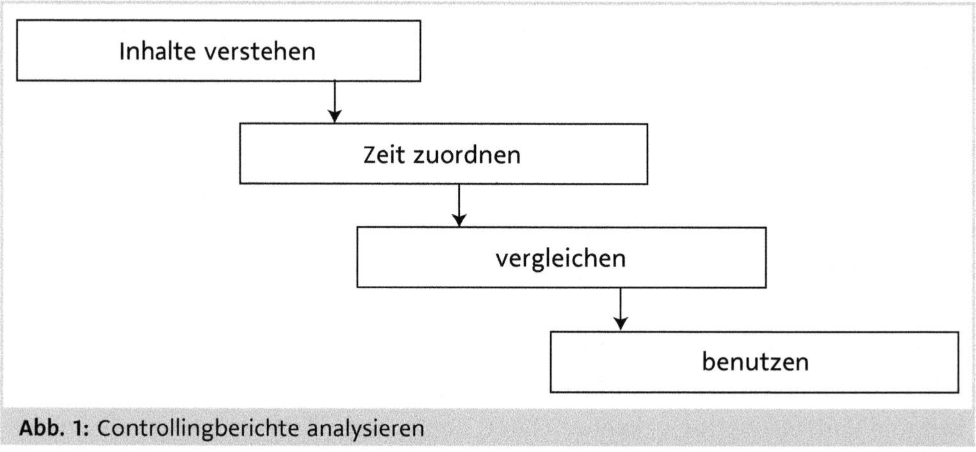

Abb. 1: Controllingberichte analysieren

1.1.1 Inhalte richtig verstehen

Wer sich an einen Controllingbericht setzt und diesen ohne Vorbereitung liest, hat in der Praxis schon verloren. Die Inhalte des Berichts müssen richtig verstanden werden. Dafür sind zumindest bei neuen oder veränderten Daten eine vernünftige Einarbeitung der Daten und Informationen über die dargestellten Werte notwendig.

Was ist der Zweck des Berichts?
Jeder Controllingbericht verfolgt einen Zweck. Alle Inhalte sind darauf ausgerichtet. Wenn die Zahlen verstanden werden sollen, dann muss dieser Zweck bekannt sein.

!

Beispiel: Controllingberichte im Vertrieb

Ein Controllingbericht im Vertrieb beinhaltet häufig eine Auflistung von Daten wie Umsatz, Deckungsbeitrag und/oder Kosten pro Kunde. Solche Berichte können unterschiedliche Aufgaben haben: So dient die Auflistung z.B. einmal dazu, die Versorgung einer Region mit den Produkten des Unternehmens zu prüfen, ein anderes Mal dazu, die Leistung des für die Region zuständigen Mitarbeiters festzuhalten.
Im Gebiet »Nord« gibt es einen Kunden, der dort ein Zentrallager betreibt und bundesweit seine Filialen von diesem Lager aus beliefert. Um die Abdeckung der Regionen zu beurteilen, müssen im Controllingbericht die von diesem Kunden in andere Regionen gelieferten Mengen verteilt werden. Für die Leistung des Verkäufers müssen alle Lieferungen an den Kunden im Gebiet »Nord« dargestellt werden.
Je nach Zweck hat der im Aufbau gleiche und im Wesen vergleichbare Controllingbericht einen anderen Inhalt.

Was verbirgt sich hinter den Begriffen?

Um die Darstellung in Zeilen und Spalten übersichtlich gestalten zu können, und um in einem Bericht möglichst viele Informationen unterzubringen, werden in den dargestellten Werten Daten verdichtet. Das kann dazu führen, dass gleiche Begriffe unterschiedliche Inhalte haben.

!

Beispiel: Gleiche Begriffe, unterschiedliche Inhalte

- Umsatz kann Bruttoumsatz oder Nettoumsatz sein.
- Nettoumsatz kann Bruttoumsatz abzgl. Mehrwertsteuer und/oder abzgl. Erlösschmälerungen darstellen.
- Erlösschmälerungen können Rabatte und/oder Skonti und/oder Gratislieferungen sein.
- Lohnkosten als Stundensatz können die Lohnnebenkosten enthalten oder nicht.
- In den Lohnkosten als Stundensatz können die Urlaubs- und Feiertagsentgelte enthalten sein oder nicht.
- Die Hochrechnung der benötigten Maschinenlaufzeiten kann saisonal geglättet sein oder ohne Saisonfaktor dargestellt werden.

Die richtige Interpretation der im Bericht enthaltenen Informationen ist nur dann möglich, wenn dem Leser deren Bedeutung und die Art, wie sie berechnet wurden, bekannt ist. Klare Definitionen vermeiden Fehler in der Beurteilung und damit falsche Maßnahmen.

Zur Definition der einzelnen Werte eines Controllingberichts gehört auch die Zuordnung der Zahlen zu einem Ordnungskriterium. So kann sich z. B. die Angabe von Produktionskosten auf ein Produkt, auf eine Maschine oder auf einen Prozess beziehen.

!

Tipp: Wissen, worauf sich Durchschnittswerte beziehen

Achten Sie vor allem bei Durchschnittswerten darauf, dass der Bezug bekannt ist. Sie müssen exakt wissen, wie der Durchschnitt berechnet wurde, wie sich z. B. der angegebene durchschnittliche Krankenstand errechnet. Handelt es sich um den Durchschnitt eines Mitarbeiters, einer Abteilung, der gesamten Fertigung oder des gesamten Unternehmens?

Euro oder Kilogramm?

Eigentlich ist es eine Selbstverständlichkeit, dass im Controllingbericht steht, in welchen Dimensionen die Werte angegeben sind. Leider wird in der Praxis oft darauf verzichtet. Euros, Tausend Euros oder Millionen Euros müssen erraten werden. Kilogramm oder Tonnen, Minuten oder Stunden, Tage, Wochen, Monate, Jahre, alle Einheiten werden als bekannt vorausgesetzt.

In der Praxis geschieht das leider recht häufig. Und deshalb kommt es immer wieder zu Problemen. Solange jeder Empfänger des Berichts die Materie kennt, kann er sich die richtigen Dimensionen zusammenreimen. Kommt jedoch ein neuer Empfänger hinzu, entstehen Interpretationsprobleme, die vermeidbar sind.

Checkliste: Prüfung eines Controllingberichts

Prüfen Sie vor der Verarbeitung des Controllingberichts:

1. Ist der Zweck des Berichts bekannt?
2. Sind die Inhalte der einzelnen Daten bekannt und definiert?
3. Ist die Zuordnung der Daten zu den Ordnungskriterien bekannt?
4. Sind die Dimensionen der einzelnen Werte klar?

1.1.2 In welcher Zeit spielt der Bericht?

Jeder Wert, gleichgültig in welcher Liste er auftaucht, hat einen Zeitbezug. Diesen zu kennen ist für eine korrekte Interpretation der Daten unerlässlich.

Jeder Controllingbericht sollte deshalb in der Überschrift oder zumindest in der zweiten Zeile angeben, auf welche Zeit er sich bezieht. Davon abweichende Daten müssen in der Zeilen- oder Spaltenüberschrift mit dem Zeitbezug versehen sein.

!

Beispiel: Aufbereitung eines Controllingberichts

Ein Controllingbericht könnte z. B. folgendermaßen aufbereitet sein:

Umsatzplanung Verkaufsgebiet Nord				
Budget 2018				
Kunde	**Artikel**	**Ist 01.12.2015**	**Ist 01.12.2016**	**Plan 01.12.2018**

Sollte Ihr Controller Berichte liefern, aus denen der Zeitbezug nicht einwandfrei erkennbar ist, weisen Sie ihn darauf hin.

Betrachtet man den Zeitbezug, ist zwischen folgenden Werten zu unterscheiden:

- Statische Werte beziehen sich auf einen Zeitpunkt. Sie beschreiben einen festen Zustand. Beispiele statischer Werte sind die Höhe der Forderungen am Jahresende oder der Wert einer Maschine zum Monatsende. Im Unternehmen finden sich diese vor allem im Finanzbereich, wo Bilanzdaten verarbeitet werden.
- Dynamische Werte beziehen sich auf Zeiträume. Der Umsatz des Kunden während des Jahres oder der Energieverbrauch einer Fertigungsmaschine im Zeitraum eines Monats sind Beispiele dafür. Die Kostenrechnung arbeitet zum großen Teil mit dynamischen Werten.

- Sowohl statische als auch dynamische Werte können in Zeitreihen dargestellt werden. Dadurch werden auch statische Werte dynamisiert. Ein Beispiel dafür ist die Darstellung der Forderungshöhe jeweils zum Monatsende über die zwölf Monate eines Jahres.

!

Beispiel: Dynamisierung statischer Werte

Statischer Wert:

Forderungshöhe am 31.12.2017	1.256.456,50 €

Dynamischer Wert:

Veränderung der Forderungshöhe	vom 01.01.–31.12.2017	–158.587,05 €

Zeitreihe:

Forderungshöhe	12/16	03/17	06/17	09/17	12/17
in Tausend €	1.415	1.387	1.245	1.309	1.256

Wenn der Zeitbezug eines Werts nicht geklärt ist, also der Zeitpunkt bzw. der Zeitraum nicht definiert ist, können keine sicheren Schlüsse aus den Zahlen gezogen werden. Das gilt für den Bericht insgesamt und für alle Einzelwerte insbesondere.

Vor allem bei Vergleichswerten kommen unterschiedliche Zeitbezüge zum Tragen. So wird z. B. häufig ein Vergleich mit dem Vorjahr durchgeführt.

Neben dem Vergleich zwischen der aktuellen Periode und einer Periode aus der Vergangenheit kann sich der Zeitbezug auch auf die Planperiode richten.

!

Achtung: Keine unzulässigen Zeitbezüge bei Vergleichen

Ein häufiger Fehler in der Praxis ist der unzulässige Vergleich einer Teilperiode mit dem gesamten Vorjahr oder mit dem gesamten Planungsjahr.

Sehen Sie dazu folgendes Beispiel:

!

Beispiel: Vergleich mit unklarem Zeitbezug

Umsätze Verkaufsgebiet Nord			
Ist 01–09 2017			
Artikel	**Umsatz Vorjahr in €**	**Umsatz Plan in €**	**Umsatz Ist in €**
4711 0001	47.500,80	48.321,51	38.554,12

In diesem Beispiel wird nicht klar, ob der Vorjahresumsatz und der geplante Umsatz das ganze Jahr betreffen oder den gleichen Zeitraum wie der Ist-Umsatz. Wenn Sie den Controllingbericht richtig lesen wollen, müssen Sie sich Klarheit verschaffen.

Checkliste: Zeitbezug des Berichts

Informieren Sie sich vor der Arbeit mit dem Controllingbericht:

1. Für welchen Zeitpunkt bzw. für welchen Zeitraum wurde der Bericht erstellt?
2. Gibt es im Bericht Daten, deren Zeitbezug von dem generellen Zeitpunkt oder Zeitraum abweicht?
3. Haben die Vergleichswerte den identischen Zeitbezug wie die aktuellen Werte?

1.1.3 Womit wird verglichen?

Vergleich macht reich, reich an Informationen. Selbst wenn in einem Controllingbericht nur eine einzige Zahl steht, wird diese im Kopf des Lesers verglichen: mit einem Sollwert, einem Normalwert, einem Vergangenheitswert. Wer jedoch einen exakten Vergleich durchführen will, muss dies mit definierten Werten aus dem Controlling tun. Der unsichere Vergleich im Kopf wird ersetzt durch den zuverlässigen Vergleich mit Werten aus dem Controllingbericht.

Bedingungen für einen Vergleichswert

Um Fehler zu vermeiden, müssen Vergleichswerte folgende Anforderungen erfüllen:

- Der Vergleichswert muss die gleiche Dimension wie der aktuelle Wert aufweisen (Euro, Kilogramm, Meter, Stück ...).

- Der Bezug zu einer Ordnungseinheit wie Region, Mitarbeiter, Gebiet, Maschine, Abteilung usw. muss bei Vergleichswert und aktuellem Wert gleich sein.
- Beide Werte müssen sich auf die gleiche Zeit beziehen. Zeiträume müssen identisch lang sein, Zeitpunkte zu vergleichbaren Bedingungen gemessen werden.
- Für die Vergleichswerte und die aktuellen Werte müssen inhaltlich die gleichen Werte gemessen werden.

!

Beispiel: Unklarheit im Umsatzvergleich

Die Größe von Verkaufsgebieten verändert sich, Regionen und Kunden kommen hinzu oder entfallen. Darum kann der Inhalt des Werts »Umsatz für das aktuelle Jahr des Verkaufsgebiets 27« verschieden sein vom Inhalt des Werts »Umsatz für das Vorjahr des Verkaufsgebiets 27«. Sind nach einer Verkleinerung des Gebiets 27 im Vorjahresumsatz, also im Vergleichswert, noch die Kunden aus der abgetrennten Region enthalten oder wurden sie eliminiert?
Müssen die abgetrennten Kunden im Vergleichswert vorhanden sein (z.B. um die Leistung des Verkäufers zu beurteilen) oder müssen sie unberücksichtigt bleiben (z.B. um die regionale Abdeckung zu beurteilen)? Solche Fragen können nur individuell je nach Zweck des Berichts geklärt werden. Aber geklärt werden müssen sie.

Mögliche Vergleichswerte

Der Zweck des Berichts ist die Basis dafür, mit welchem Wert der aktuelle Wert verglichen werden soll. Sollen z.B. kurzfristige Veränderungen ermittelt werden, dann wird mit Vergangenheitswerten gearbeitet. Sollen mittelfristige Abweichungen festgestellt werden, eignet sich der Planwert.

- **Mit dem Planwert vergleichen**
  Wenn eine Planung vorhanden ist, dann müssen die aktuellen Werte mit diesen Planzahlen verglichen werden. Alle Unternehmensaktivitäten sind auf den Plan ausgerichtet. Abweichungen davon müssen erkannt werden, um die Planerreichung zu gewährleisten.
- **Mit dem Vorjahreswert vergleichen**
  Der beliebteste Vergleichswert in der Praxis ist der aus dem Vorjahr (oder einer anderen Periode der Vergangenheit). Dadurch wird die Entwicklung erkannt und Erfolge von Maßnahmen und Leistungen können ermittelt werden. Eventuell in der Vergangenheit gemachte Fehler werden durch

positive Abweichungen in der Gegenwart belohnt, bereits dann, wenn nur der Fehler nicht wiederholt wird. Der Vergangenheitswert kann leicht beschafft werden.

- **Mit dem Durchschnittswert vergleichen**
  Der Vergleich mit einem Durchschnittswert setzt voraus, dass dieser einen zulässigen Inhalt hat. So kann der aktuelle Wert mit einem zeitlichen Durchschnitt des gleichen Werts verglichen werden. Auch die Verwendung von Mittelwerten aus einer Gruppe ist zulässig.

Beispiel: Vergleiche mit Durchschnittswerten !

- Vergleich des aktuellen Lagerbestands mit dem Durchschnitt der letzten 12 Monate.
- Vergleich der Energiekosten einer Maschine mit dem Durchschnitt aller Maschinen gleichen Bautyps.
- Vergleich der Produktionszeiten für ein Stück mit dem Durchschnitt der letzten zehn Fertigungsaufträge.

- **Mit anderen Einheiten vergleichen**
  Der aktuelle Wert wird mit einem ähnlichen aktuellen Wert verglichen (z.B. der Umsatz zweier vergleichbarer Produkte, der Treibstoffverbrauch mehrere Pkw).
- **Mit einem vorgegebenen Wert vergleichen**
  Vor allem bei technischen Einrichtungen sind Werte für Leistung und Verbrauch in den Bedienungsanleitungen und Beschreibungen vorgegeben. Diese dienen als Maßstab. Der Vorgabewert kann als Vergleichswert im Controllingbericht eingesetzt werden.
- **Mit einem vertraglich vereinbarten Wert vergleichen**
  Ähnlich wie ein Vorgabewert aus der technischen Beschreibung werden im Controllingbericht Vertragswerte als Vergleichswerte verwendet. Hat sich der Verkäufer einer Maschine, einer Dienstleistung oder Ähnlichem verpflichtet, bestimmte Werte einzuhalten, dann müssen diese auch als Vergleichswerte übernommen und deren Einhaltung geprüft werden.

Checkliste: Zulässigkeit eines Vergleichs

Bevor Sie die Abweichungen Ihrer Werte mit den Vergleichswerten im Controllingbericht analysieren, stellen Sie die Zulässigkeit des Vergleichs fest:

1. Haben aktueller Wert und Vergleichswert die gleiche Dimension?
2. Beziehen sich beide Werte auf einen gleichen Zeitraum oder einen vergleichbaren Zeitpunkt?
3. Sind die Daten inhaltlich gleich?
4. Welcher Art ist der Vergleichswert (Plan, Vorjahr, Durchschnitt ...)?

1.1.4 Ist der Controllingbericht vollständig?

Der Empfänger eines Controllingberichts soll mit den darin enthaltenen Informationen die Situation in seinem Verantwortungsbereich einschätzen. Unter Umständen sind Maßnahmen zu ergreifen, um aus den Daten erkannte Entwicklungen zu verstärken oder zu bekämpfen. Entscheidungen können aber nur getroffen werden, wenn die Informationen im Controllingbericht vollständig sind.

Sind alle Parameter vorhanden?

Die Leistung eines Unternehmensbereichs ist von vielen Parametern abhängig. Eine richtige Beurteilung der entstandenen Kosten und Erfolge ist nur möglich, wenn alle Parameter bekannt sind.

! **Beispiel: Fehlende Parameter**

Der folgende Controllingbericht über die Kosten eines Bereichs ist unvollständig:

Kostenstelle 47 11 Jan.–Sep. 2017

Kostenart	Plan €	Ist €	Abw. €
Personal	47.000	49.520	2.520
Energie	15.300	18.750	3.450
Verwaltung	4.250	4.300	50
Abschreibung	14.000	14.000	0
Summe	80.550	86.570	6.020

Die Kosten wurden um 7,5% überschritten. Das kann aber so nicht beurteilt werden, da beeinflussende Parameter gar nicht angegeben wurden. So hat die Abteilung im berichteten Zeitraum nicht nur die geplanten 100.000 Teile hergestellt, sondern 120.000. Bei dieser Leistungssteigerung von 20% ist eine Kostensteigerung von nur 7,5% eine gute Leistung.

Jeder Wert eines Controllingberichts kann durch viele Parameter bestimmt sein. Die wichtigsten müssen definiert und mit dem Controller abgestimmt werden, bevor dieser sie in den Bericht aufnimmt. Neben der Leistung des Bereichs können veränderte Vorleistungen anderer Bereiche oder Vorgaben der Geschäftsleitung zu Abweichungen führen.

Außerdem gibt es auch externe Parameter, die berücksichtigt werden müssen, wenn ein Controllingbericht gelesen wird. Die wichtigste externe Einflussgröße ist der Marktpreis, sowohl für die eigenen verkauften Leistungen als auch für die Einkaufspreise von Materialien und Fremdleistungen.

Den Einfluss von Preisveränderungen auf die Abweichungen im Controllingbericht zu analysieren, ist ein eigenes Thema. Mit der Preisabweichungsanalyse befassen wir uns im Kapitel 2.3.3.

Viele Vergleichswerte erleichtern die Einschätzung

Damit die aktuelle Situation richtig eingeschätzt werden kann, müssen den Werten im Controllingbericht geeignete Vergleichswerte gegenübergestellt werden. Welche möglichen Werte es gibt, wurde bereits erläutert. Je nach Aufgabe des Berichts können auch mehrere Vergleichswerte notwendig sein.

Beispiel: Vergleich im Fertigungsbericht !

Der Materialverbrauch an einer Maschine in der Fertigung wird mit dem Vorjahr verglichen. Ist dieser gleich geblieben, muss das nicht positiv sein. Ein zusätzlicher Vergleich mit dem Verbrauch baugleicher anderer Maschinen kann ergeben, dass deren Verbrauch gesunken ist. Das kann z.B. an einer besseren Qualität der verarbeiteten Rohstoffe liegen. Fehlt der zweite Vergleich, bleibt die negative Entwicklung verborgen.

Gibt es bereits Maßnahmen?

Aufgrund von Abweichungen im Controllingbericht werden Maßnahmen ergriffen. Diese sollten Auswirkungen auf die Zahlen haben und sich im aktuellen Bericht wiederfinden. Fehlt ein Hinweis auf die Maßnahmen und ihre Auswirkungen, ist der Controllingbericht nicht komplett.

Notwendige Informationen beschaffen!

Wenn der Controllingbericht nicht alle Informationen enthält, hat der Leser verschiedene Möglichkeiten:

- Die normale Lösung ist, den Controller um Ergänzung des Berichts zu bitten. Leider sind in vielen kleinen und mittleren Unternehmen die Controllingberichte fest im IT-System hinterlegt. Eine Ergänzung kostet dann Geld.
- Der Leser des Berichts kann sich die fehlenden Informationen selbst beschaffen. Dazu können andere Controllingberichte herangezogen oder andere Abteilungen befragt werden. In den meisten Fällen wird der Leser auf seine Erfahrungen zurückgreifen und sich die plausibelsten Daten selbst aufbauen.
- Die letzte Möglichkeit ist, die fehlenden Daten zu akzeptieren. Auf dem Controllingbericht aufbauend werden dann Entscheidungen unter unvollständiger Information getroffen. Diese können erhebliche negative Auswirkungen haben.

Checkliste: Notwendige Informationen prüfen

Eine Überprüfung des Controllingberichts muss ergeben, dass alle notwendigen Informationen enthalten sind.

1. Sind alle Einflussgrößen mit signifikanter Auswirkung auf die Daten im Controllingbericht dargestellt?
2. Gibt es ausreichende Vergleichswerte oder muss für eine sichere Entscheidung ein zusätzlicher Vergleich erstellt werden?
3. Gibt es einen Hinweis auf bereits getroffene Maßnahmen und deren Ergebnisse?
4. Kann der Controller die fehlenden Informationen liefern?
5. Können die fehlenden Daten aus anderen Berichten und Abteilungen ermittelt werden oder reichen Erfahrungswerte aus?
6. Ist eine Entscheidung unter unvollständiger Information vertretbar?

1.2 Probleme erkennen

Viele Controllingberichte enthalten eine Vielzahl an Informationen und damit auch an Zahlen und Texten. Dabei den Überblick zu behalten und die wichtigen Fakten zu erkennen, ist nicht einfach. Dennoch müssen Probleme systematisch und schnell gefunden werden.

!

Beispiel: Unübersichtliche Abweichungen

In der Regel spielen die Abweichungen zwischen dem aktuellen und dem Vergleichswert eine wichtige Rolle, wenn es um das Aufspüren der problematischen Zahlen geht. Wie dabei die Übersicht verloren geht, zeigt sich schon an kleinen Beispielen:

Plan €	Ist €	Abw. €	Abw. %	
47.521	43.587	–3.934	–8,3%	
587.112	527.554	–59.558	–10,1%	
133.877	135.871	1.994	1,5%	
26.587	28.745	2.158	8,1%	
45.866	45.900	34	0,1%	
600.148	582.500	–17.648	–2,9%	
33.253	58.990	25.737	77,4%	
88.556	88.201	–335	–0,4%	
171.758	173.542	1.784	1,0%	
233.540	201.587	–31.953	–13,7%	
100.500	99.850	–650	–0,6%	
17.445	17.998	553	3,2%	
501.200	472.850	–28.350	–5,7%	
478	212	–266	–55,6%	
3.332	1.456	–1.876	–56,3%	
54.778	55.842	1.064	1,9%	
18.890	22.450	3.560	18,8%	

Beide Abweichungsspalten sind unübersichtlich und lassen bereits bei dieser geringen Anzahl von Zeilen Fehlinterpretationen zu. So erscheint z. B. die Abweichung in der viertletzten Zeile mit –55,6 % besonders gravierend, sie ist aber vollkommen uninteressant, da es sich um den geringen Betrag von 266 € handelt.

Wer solche Controllingberichte lesen muss, tut gut daran, systematisch die problematischen Zahlen zu ermitteln und zu markieren.

!

Beispiel: Wichtige Inhalte markieren

Bereits wenige Markierungen machen aus der unübersichtlichen Liste ein wertvolles Arbeitsmittel.

Plan €	Ist €	Abw. €	Abw. %	
47.521	43.587	–3.934	–8,3 %	
587.112	527.554	–59.558	–10,1 %	<<<<
133.877	135.871	1.994	1,5 %	
26.587	28.745	2.158	8,1 %	
45.866	45.900	34	0,1 %	
600.148	582.500	–17.648	–2,9 %	<<<<
33.253	58.990	25.737	77,4 %	++++
88.556	88.201	–335	–0,4 %	
171.758	173.542	1.784	1,0 %	
233.540	201.587	–31.953	–13,7 %	<<<<
100.500	99.850	–650	–0,6 %	
17.445	17.998	553	3,2 %	
501.200	472.850	–28.350	–5,7 %	<<<<
478	212	–266	–55,6 %	
3.332	1.456	–1.876	–56,3 %	<<<<
54.778	55.842	1.064	1,9 %	
18.890	22.450	3.560	18,8 %	

Als »problematisch« werden hier alle Abweichungen markiert, deren Wert kleiner ist als –1.000 € oder die in der %-Spalte einen Wert < –10% ausweisen. Positive Abweichungen haben in diesem Beispiel andere Grenzwerte und werden nur bei Werten über 20% markiert.

Wenn das Erkennen solcher Problemfälle nicht im Bericht selbst unterstützt wird, muss der Leser dies tun. Dazu müssen Sie in 4 Schritten vorgehen:

1. Schritt
   Legen Sie die Kriterien fest, nach denen eine absolute Abweichung untersucht werden soll (z.B. > 5.000 €).
2. Schritt
   Legen Sie die Kriterien fest, nach denen eine prozentuale Abweichung untersucht werden soll (z.B. > 10%).
3. Schritt
   Legen Sie fest, wie Sie diese Kriterien miteinander verknüpfen wollen (> 5.000 € und > 10% bzw. > 5.000 € oder 10%).
4. Schritt
   Prüfen Sie die Daten und markieren Sie die, die den Kriterien entsprechen.

Tipp: Lassen Sie sich den Controllingbericht als Excel-Datei geben !

Wenn Sie die Prüfung und das Markieren nicht manuell erledigen wollen, lassen Sie sich den Controllingbericht als Excel-Datei geben. Sie können die zu untersuchenden Felder dann durch Sortieren, bedingte Formatierungen oder eigene Berechnungen leicht ermitteln.

1.2.1 Die Ergebnisse sind schlechter als der Vergleichswert

Es wird in jedem Controllingbericht eine Vielzahl von Größen wie Artikel, Kunden, Maschinen, Fertigungsaufträge oder Mitarbeiter geben, bei denen eine negative Abweichung ausgewiesen wird. Nur in seltensten Fälle entsprechen die Istwerte dem Vergleichswert.

Daher gilt es, eine Methode zu finden, mit der die echten Problemfälle erkannt werden können:

- Negative Abweichungen im Minimalbereich werden ignoriert. Welche Grenzen dieser Minimalbereich hat, hängt von der jeweiligen individuellen Situation ab. Verbrauchsabweichungen zwischen 0% und –1% dürften ebenso uninteressant sein wie Umsatzabweichungen zwischen 0% und –5%.
- Es wird ein Grenzwert definiert, der als Alarmauslöser auf drohende Katastrophen hinweist. Sinkt z.B. der Umsatz eines Artikels um mehr als 25%, muss sofort reagiert werden. Der Alarm-Grenzwert kann von Element zu Element unterschiedlich hoch sein.
- Liegt kein Alarmwert vor und liegt die negative Abweichung oberhalb des Minimalwerts, wird der Wert markiert und für die spätere Bearbeitung vorgemerkt.
- Aus den markierten Werten werden die wichtigsten herausgesucht und bearbeitet. Eine Reaktion auf alle Abweichungen ist aus Zeitgründen kaum möglich. Welcher Wert wichtig ist, kann von mehreren Parametern abhängen: die absolute Höhe der Abweichung, die Anzahl der Abweichungen in der Gruppe, die Wichtigkeit gerade dieser Position für die gesamte Entwicklung …

!

Tipp: Untersuchen Sie auch die Einzelpositionen

Werden verschiedene Einzelpositionen einer Gruppe addiert, kann die notwendige Information über negative Entwicklungen verloren gehen. Es werden hohe negative Abweichungen durch viele kleine positive Abweichungen überdeckt. Es kann daher nicht schaden, die Einzelpositionen z.B. einer Maschinengruppe oder eines Verkaufsbezirks zu untersuchen.

!

Beispiel: Versteckte Maschinenkosten

In der Gruppe A sind drei Spritzgussmaschinen zusammengefasst, die von gleicher Bauart, gleichem Alter sind und die auch die gleichen Produkte herstellen. Die Maschinenkosten zeigen in der Gruppe A eine Verschlechterung von 1.000 € zum Vorjahr. Bei Gesamtkosten von 31.000 € scheint dies unwichtig.
Die Einzelbetrachtung ergibt folgendes Bild:

Element	Gesamtkosten €	Abweichung €
Gruppe A	31.000	+1.000
Maschine 1	7.000	–3.000

Element	Gesamtkosten €	Abweichung €
Maschine 2	10.500	+500
Maschine 3	13.500	+3.500

Es zeigt sich, dass sich dringend jemand um Maschine 3 kümmern muss, um deren überdurchschnittliche Kosten in den Griff zu bekommen. Vielleicht kann von Maschine 1 gelernt werden.

1.2.2 Die Ergebnisse sind besser als der Vergleichswert

Wer bessere Ergebnisse ausweisen kann als im Vorjahr oder in der Planung bzw. wer positive Abweichungen zum Durchschnitt aufweist, handelt richtig. Warum also dann überhaupt positive Abweichungen in den Reigen der Problemzahlen aufnehmen?

Dafür gibt es verschiedene Gründe:

- Die Zielerreichung stellt immer öfter die Grundlage für eine leistungsbezogene Entlohnung dar. Auch das ist ein Grund für die steigende Bedeutung der Controllingberichte. Mit der positiven Abweichung erfolgt die Beurteilung des verantwortlichen Mitarbeiters.
- Positive Abweichungen können in der Addition verschiedener Elemente zu einem Gruppenergebnis negative Abweichungen überdecken. Um die gefährlichen negativen Entwicklungen erkennen zu können, ist die auch Berechnung der positiven Abweichungen notwendig.
- Mehr als geplant steigende Umsätze oder unerwartet sinkende Fertigungskosten zeigen sich in den Controllingberichten als positive Abweichungen, dennoch sind sie noch lange nicht nachhaltig. Sie können auf Verschiebungen von Entwicklungen (z. B. vorgezogene Käufe) oder auf mögliche Strukturveränderungen hindeuten. Die sich dadurch bietenden Chancen müssen genutzt werden.

Durch die enge Verzahnung der einzelnen Bereiche ist es notwendig, bei signifikanten positiven Abweichungen Maßnahmen zu ergreifen. Die anderen Bereiche, z. B. vorgelagerte Abteilungen oder nachgelagerte Kapazitäten, müssen entsprechend vorbereitet werden, um die erfreuliche Entwicklung zu unterstützen. Sonst kann die positive Entwicklung negativ werden.

!

Beispiel: Drohende Probleme trotz positiver Zahlen

Der Controllingbericht über den Umsatz eines Großhändlers für elektronische Bauteile zeigt eine positive Abweichung aller Produkte einer Artikelgruppe an. Es wurde wesentlich mehr abgesetzt als geplant. Doch niemand reagierte auf diese Situation.

Es wurden keine neuen Bestellungen in Fernost aufgegeben, bestehende Bestellungen wurden nicht erhöht. Die normalen Abläufe sollten das regeln. Doch die Freude über den Mehrabsatz war nur kurz. Schnell waren die Lagerbestände verbraucht, Kunden konnten nicht beliefert werden und wanderten enttäuscht zum Konkurrenten ab, der entsprechende Vorsorge getroffen hatte.

Noch heute kämpft der Großhändler mit dem Ruf fehlender Lieferfähigkeit.

Bei positiven Abweichungen muss festgestellt werden, ob eine Unterstützung dieses Trends notwendig ist. Nur dann kann die gewünschte Entwicklung auch in die Zukunft übertragen werden.

- Positive Abweichungen im Minimalbereich werden ignoriert, wobei die Grenzen des Minimalbereichs für die positive Entwicklung meist weiter gesetzt sind als für die negative. Dadurch wird der Handlungsbedarf reduziert.
- Aus den verbleibenden positiven Abweichungen werden diejenigen für eine weitere Bearbeitung ausgesucht, die für den Verantwortungsbereich den größten Erfolg versprechen. Bei positiven Abweichungen ist der Handlungsbedarf geringer als bei negativen – nicht zuletzt auch im Hinblick auf die knappe Ressource Zeit.
- Die Behandlung wichtiger positiver Abweichungen kann auch an Mitarbeiter delegiert werden.

!

Tipp: Die Ursachen positiver Abweichungen ergründen

Wenn Sie erhebliche positive Abweichungen der Istsituation von Ihren Planwerten feststellen, ist das grundsätzlich gut. Dennoch lässt es an Ihrer Fähigkeit zu planen zweifeln. Auch dauerhafte Planübererfüllung ist Anlass zu Kritik. Untersuchen Sie also Ihre positiven Abweichungen auf Ursachen hin.

1.2.3 Durchschnittswerte weichen vom Plan ab

Ein Mittel, um in Controllingberichten die Entwicklung eines Werts darzustellen und dennoch Platz für weitere Informationen zu gewinnen, ist die Verwendung von Durchschnitten und kumulierten Werten.

Beispiel: Durchschnitte und kumulierte Werte !

- Der monatliche Umsatzbericht enthält jeweils den Umsatz kumuliert über die bisher abgelaufenen Monate, also im Januar den Januarumsatz, im Februar den Januar- und Februarumsatz, im März den Januar-, den Februar- und den Märzumsatz usw.
- Die Herstellkosten eines Produkts werden als Durchschnitt der Kosten aller bisherigen Fertigungsaufträge für dieses Produkt ermittelt.
- Im Bericht über den Deckungsbeitrag wird der Verkaufspreis des Produkts ermittelt, indem alle bisher angefallenen Umsätze durch die abgesetzten Stück dividiert werden.

Immer, wenn mehrere Zahlen zu einem Wert zusammengefasst werden, gehen Informationen verloren – vor allem Informationen, welche die Entwicklung der Daten zeigen. Zusammenfassungen sparen zwar Platz und verringern den Aufwand für das Lesen eines Controllingberichts. Sie verschleiern aber unter Umständen wichtige Veränderungen.

Beispiel: Verschleierung wichtiger Veränderungen !

Im folgenden Bericht werden die Produktionskosten pro Stück monatlich dargestellt. Dazu werden die Mengen und Kosten kumuliert, ausgegeben wird jeweils nur der Kostenwert, der sich aus den kumulierten Daten ergibt.

kumuliert	Jan	Feb	Mrz	Apr	Mai	Jun	Jul	Aug	Sep	Okt	Nov	Dez
produz. Stk.	100	200	300	400	500	600	700	800	900	1000	1100	1200
Kosten/Stk.	3,00	3,00	3,02	3,00	2,98	2,98	3,00	3,03	3,06	3,09	3,13	3,17

Monatswerte	Jan	Feb	Mrz	Apr	Mai	Jun	Jul	Aug	Sep	Okt	Nov	Dez
produz. Stk.	100	100	100	100	100	100	100	100	100	100	100	100
Kosten/Stk.	3,00	3,00	3,05	2,95	2,90	3,00	3,10	3,20	3,30	3,40	3,50	3,60

Die berichteten Kosten pro Stück verändern sich von Januar bis Dezember von 3,00 € bis 3,17 € moderat. Ganz anders sieht es aus, wenn die Monate einzeln betrachtet werden. Dann kostet die Herstellung eines Stücks im Dezember schon 3,60 €, also 20% mehr als im Januar. Diese bedrohliche Entwicklung geht bei Verwendung ausschließlich kumulierter Werte verloren.

Durchschnittswerte und kumulierte Daten stellen eine Quelle von Verstecken dar. Deshalb kann häufig ein möglicher Handlungsbedarf, den Controllingberichte eigentlich aufdecken sollten, aus Berichten, die mit Durchschnittswerten operieren, nicht ohne Weiteres abgeleitet werden.

Hier lohnt sich die Suche auf jeden Fall, denn Durchschnitte und kumulierte Werte

- verrechnen auch erhebliche Veränderungen, die im Laufe der Zeit auftreten,
- überdecken schleichende Entwicklungen und führen oft zu Überraschungen,
- stellen große Differenzen, die sich zwischen den Anfangs- und Endwerten ergeben können, nicht richtig dar.

Durchschnittliche und kumulierte Werte sind Kennzahlen, die durch ihre Berechnung mehrere Faktoren zu einem Wert verdichten. Es wird sowohl die absolute Höhe als auch die Entwicklung im Zeitverlauf auf eine Zahl komprimiert.

Bei der Interpretation solcher Werte sollten folgende Regeln beachtet werden:

- Der Leser eines Controllingberichts muss immer auf die Darstellung der Entwicklung der kumulierten Werte zugreifen können.
- Bei der Angabe von Durchschnittswerten muss gewährleistet sein, dass die Einzeldaten, die im Gruppenwert zusammengefasst wurden, einsehbar sind.
- In einen Durchschnittswert dürfen wirklich nur solche Einzelwerte eingehen, die zur gleichen Basis gehören.

Achtung: Vermischung unterschiedlicher Werte in einem Durchschnitt

Ein beliebter Fehler des Controllers, den Sie als verantwortlicher Leser des Berichts ausbaden müssen, ist die Vermischung unterschiedlicher Werte in einem Durchschnitt.
Wird z.B. der Durchschnittsverkaufspreis für eine Gruppe von gleichartigen Gartengeräten gebildet, dürfen diese nicht auch die Ersatzteile beinhalten. Der durchschnittliche Verkaufspreis würde durch die hohe Anzahl und den niedrigen Einzelpreis der Ersatzteile verfälscht.

Besondere Problemfälle lassen sich aber auch bei Controllingberichten, die auf Durchschnittswerten und Kumulierung basieren, erkennen, nämlich dann, wenn die Einzeldaten einer Gruppe geprüft werden. Diese sollten sich in ihren Veränderungen und Abweichungen ähnlich verhalten.

Wird z.B. eine Gruppe von Produkten über Plan verkauft, sollten dies alle Einheiten der Gruppe tun. Findet sich ein Artikel, dessen Entwicklung entgegengesetzt, unverändert oder wesentlich schwächer als die der übrigen Gruppenmitglieder ist, kann sich dahinter ein Problem verstecken.

Auch im Kostenbereich sind solche Entwicklungen denkbar.

Beispiel: Ausreißer entdecken

In der Fertigungsabteilung »CNC-Drehen« gibt es fünf baugleiche Maschinen. Die Kosten für deren Betrieb sind abhängig von der Betriebszeit und sollten sich bei allen Maschinen gleich entwickeln. Der Controllingbericht über die Abteilung zeigt jedoch eine andere Entwicklung:

Maschine	Kosten Plan €/h	Kosten Ist €/h	Abweichung €	Abweichung %
1	69,80	70,11	0,31	0,4
2	70,10	70,57	0,47	0,7
3	69,95	76,58	6,63	9,5
4	69,70	69,99	0,29	0,4
5	69,80	70,43	0,63	0,9

Alle Maschinen zeigen eine leichte Steigerung der Kosten gegenüber dem Planansatz. Nur Maschine 3 hat mit einer Steigerung von 9,5% wesentlich höhere Werte. Hier dürfte Handlungsbedarf bestehen.

1.2.4 Falsch geplant?

Die Banken werden durch immer striktere rechtliche Vorschriften zur individuellen Risikobeurteilung gezwungen. Daher wird auch von kleinen und mittleren Unternehmen als Beweis für ein professionelles Management eine Planung verlangt. Daran misst die Bank dann auch den Erfolg des Kreditnehmers. Das führt dazu, dass in Controllingberichten der Planwert allmählich den Vorjahreswert als gebräuchlichste Vergleichsgröße ablöst.

In einen Planwert geht die Vergangenheit ein, da diese die Grundlage für die Berechnung des Planwerts darstellt. Gebräuchlich ist es, den Planwert aus dem Vorjahreswert mit Veränderungen durch die Budget-Vorgaben und Planungserwartungen zu ermitteln.

Die Erfahrung der Mitarbeiter spielt bei der Aufstellung der Planung eine große Rolle. Vor allem die Festlegung von Planwerten auf nachgelagerten Ebenen ist von Erfahrung geprägt. Meist fehlt der mathematische Bezug zu bestimmten Entwicklungen (z.B. bei der Planung von Einkaufs- und Verkaufspreisen).

Gleichzeitig enthalten Planwerte viele Annahmen über die Entwicklung interner und externer Parameter. Tarifabschlüsse gehören ebenso dazu wie Annahmen über das Verhalten des Konkurrenten.

Zeigt der Controllingbericht Abweichungen zwischen dem aktuellen Wert und dem Planwert, dann wurde die zukünftige Situation im Zeitpunkt der Planung falsch eingeschätzt. Der Planwert ist wesentlich komplexer und exakter als z.B. ein Vorjahreswert, da er mögliche Entwicklungen vorhersagt und angenommene Veränderungen vorwegnimmt. Darum eignet er sich viel besser als der Vorjahreswert, um Problemzonen im Verantwortungsbereich eines Managers aufzuspüren.

Diese Argumente sprechen für den Planwert als Vergleichswert:

- Da der Planwert ein besserer Vergleichswert ist als der Vorjahreswert, sollte immer zunächst die Abweichung zum Planwert untersucht werden.

- Ein Vergleich mit dem Vorjahreswert ist nicht mehr legitim. Lediglich in Fällen großer Abweichungen vom Vergleichswert können Daten aus der Vergangenheit helfen, die Gründe dafür zu finden.
- Planwerte enthalten viel Arbeit. Die Planenden haben viel Zeit investiert, um die Entwicklung vorherzusehen. Eine vernünftige Planung sollte dazu führen, dass nur noch geringe Abweichungen auftreten.
- Abweichungen zwischen Ist und Plan haben große Auswirkungen. Die Unternehmensbereiche sind derart miteinander verknüpft, dass Veränderungen der Parameter in einem Bereich sofort auf andere übergreifen. Wird z.B. der Umsatzplan weit übertroffen, dann muss auch die Fertigung Mehrleistung bringen, der Einkauf größere Mengen bestellen und der Versand Mehrarbeit leisten.

Ist die Planabweichung ein Problem?

Es ist nicht möglich, einen Plan zu hundert Prozent exakt zu erstellen. Es wird immer Planabweichungen geben. Daher signalisiert nicht jede Differenz zwischen Ist und Plan ein Problem. Vor allem im Vergleich mit geplanten Daten gilt, was bereits zu den negativen und positiven Abweichungen gesagt wurde:

1. Kleinere Abweichungen werden akzeptiert, sowohl positiv als auch negativ.

!

Tipp: Mit Abweichungen von bis zu 10% rechnen

Selbst in der Planung erfahrene Unternehmen rechnen bei einer Jahresplanung, also der Planung für das nächste Jahr, mit Abweichungen von bis zu 10%. Je nach Grad der Detaillierung ist eine solche Abweichung eine gute Leistung. So kann z.B. der Außendienstmitarbeiter den Umsatz eines Kunden planen und mit einer Differenz von 10% ein gutes Planergebnis liefern. Wird der Umsatz des gesamten Verkaufsbezirks geplant, kann eine Abweichung von 5% akzeptiert werden. Der Wert ist kleiner, weil sich positive und negative Abweichungen in großen Summen teilweise aufheben sollten.

2. Ab einer zu bestimmenden Größe wird eine Abweichung auf jeden Fall untersucht (Alarmgröße). Es werden Auswirkungen auf weitere Unternehmensbereiche befürchtet.
3. Die restlichen Abweichungen werden je nach zeitlicher Kapazität untersucht.

!

Tipp: Prüfung von Abweichungen an zeitliche Kapazitäten anpassen

Diese bereits mehrfach angesprochenen Grenzen dienen dazu, die Untersuchung von Problemfällen an die zeitlichen Kapazitäten der Menschen anzupassen. Sie filtern aus der großen Anzahl von Abweichungen und Daten diejenigen heraus, die bearbeitet werden sollten.
Es kann daher sinnvoll sein, die Grenzen an die aktuelle zeitliche Belastung desjenigen anzupassen, der sich mit dem Controllingbericht befasst. Hat der Leser viel Zeit, werden die Grenzen für Minimalabweichungen eng gesetzt, hat er wenig Zeit, sind sie weiter. Niemals jedoch sollten die Alarmwerte verändert werden.

Die folgende Checkliste fasst zusammen, wie Sie aus der Vielzahl an Informationen, die in Controllingberichten enthalten sind, mögliche Probleme schnell und systematisch erkennen können.

Checkliste: Probleme erkennen

1. Gibt es Abweichungen zwischen dem Istwert eines Berichts und dem Vergleichswert?
2. Werden diese Abweichungen im Bericht ausgewiesen?
3. Welche Grenzen können für die Abweichungen nach unten gesetzt werden (Abweichung ist nicht signifikant)?
4. Welche Grenzen können für die Abweichungen nach oben gesetzt werden (Alarmwert)?
5. Ist sichergestellt, dass sich positive und negative Abweichungen nicht ausgleichen?
6. Gibt es im Controllingbericht Durchschnittswerte, deren Veränderungen nur langsam erkennbar sind oder überdeckt werden könnten?
7. Sind die Einzelwerte der Durchschnitte oder der kumulierten Werte verfügbar?
8. Gibt es Planwerte und sind die Abweichungen zu den Planwerten berechnet worden?
9. Müssen für die Analyse der Planabweichungen auch Vorjahreswerte herangezogen werden?

1.3 Die Gründe für Planabweichungen analysieren

Der Controllingbericht enthält eine Vielzahl an Abweichungen: Die Istwerte sind höher oder niedriger als ein Planwert, ein Vorjahreswert oder der Durchschnitt. Doch warum ist das so? Nur wenn bekannt ist, wo die Gründe für die Abweichungen liegen, können geeignete Maßnahmen ergriffen werden.

Wer einmal Abweichungen aus dem Controllingbericht analysiert hat, weiß, wie unterschiedlich und vielfältig die Gründe dafür sind:

- Eine veränderte Nachfrage nach den Produkten zieht sich durch das gesamte Unternehmen. Der Einkauf muss mehr oder weniger einkaufen, die Fertigung mehr oder weniger herstellen. Das Lager muss mit der sich daraus ergebenden veränderten Lagermenge fertigwerden, der Versand muss seine Arbeit anpassen.
- Veränderte Preise für Produkte, aber auch für Materialien, Rohstoffe, Personal und andere Leistungen lassen die Istwerte von Plan-, Vorjahres- oder anderen Vergleichswerten abweichen.
- Auch technisches Versagen kann eine Rolle spielen. Fällt z.B. in der Fertigung eine Anlage aus, kann u.U. nicht ausreichend produziert werden. Das wiederum führt dazu, dass Auslieferungen nicht erfolgen und damit Umsätze nicht geschrieben werden können.

So unterschiedlich die Gründe für eine Abweichung sind, so eindeutig ist deren Höhe bestimmbar. Sie lässt sich immer aus zwei Komponenten zusammensetzen:

1. Jedes Datum im Controllingbericht ist mit einem Preis bewertet, wenn Umsätze und Kosten betroffen sind. Weicht der Preis im Ist vom Vergleichswert ab, spricht man von einer Preisabweichung.
2. Eine Mengenkomponente hat jeder Controllingwert. Auch die Menge kann sich vom Vergleichswert unterscheiden, wenn z.B. die Absatzzahlen nicht erreicht werden oder die Materialverbräuche steigen.

Beispiel: Verschiedene Komponenten !

Der Umsatz eines Produkts, mit 10.000 € geplant, liegt nur bei 9.000 €. Der Plan war 1.000 Stück zu 10 €/Stück zu verkaufen. Erreicht wurden 1.000 Stück zu einem Preis von 9 €/Stück.
Für die Herstellung der 1.000 Stück wurde Material im Wert von 5.000 € verbraucht. Geplant war ein Materialverbrauch von 2.000 Einheiten (2 je Produkt) zu je 2 €. Im Ist wurden 2.500 Einheiten zu 2 € verbraucht.

Wenn sich beide Komponenten, also sowohl Preis als auch Menge, gegenüber dem Vergleichswert verändern, steigt die Komplexität der Abweichungsanalyse. Es müssen aus einer Gesamtabweichung sowohl die Mengen- als auch die Preisabweichung errechnet werden. Es gilt die folgende Beziehung:

Gesamtabweichung = Planmenge × Planpreis – Istmenge × Istpreis

Die Verantwortung für eine Abweichung liegt nicht immer in dem Einflussbereich, der am ehesten verantwortlich erscheint. Wenn der Verkauf die geplanten Mengen nicht absetzt, kann der Fertigungsleiter nicht für fehlende Fertigungsmengen verantwortlich gemacht werden. Wenn die Fertigung nicht in der Lage ist, die geplanten Mengen zu liefern, kann der Vertriebsleiter nicht für fehlenden Umsatz zur Rechenschaft gezogen werden.

!

Achtung: Differenzen gründlich untersuchen

Die Analyse der Abweichungen liegt also im Interesse aller Beteiligten. Sie sollten die Differenzen in Ihrem Bereich gründlich untersuchen bzw. den Controller bei der Analyse unterstützen, damit auch Sie vom richtigen Ergebnis profitieren können. Grundsätzlich geht es immer darum, die richtige Ursache zu finden, um mit wirksamen Maßnahmen eingreifen zu können.

Wir werden in den folgenden Berechnungen den Istwert mit einem Planwert vergleichen. Die Ergebnisse daraus sind dann Abweichungen zum Planpreis und zur Planmenge. Grundsätzlich können alle Aussagen auch zu anderen Vergleichswerten gemacht werden. Ein Vergleich mit dem Vorjahreswert würde also Abweichungen vom Vorjahrespreis und von der Vorjahresmenge ergeben.

1.3.1 Preise verändern sich

Eine wichtige Komponente, die einen Einfluss auf den Istwert und den Vergleichswert hat, ist der Preis. Das gilt sowohl für die Erlösseite als auch für Controllingberichte, die sich mit den Kosten befassen.

Umsatz = abgesetzte Menge × Verkaufspreis

Kosten = Faktorverbrauch × Faktorpreis

Beispiel: Preisveränderung

Für die Herstellung von bestimmten Produkten wurde in einer Fertigungsabteilung Material mit einem Wert von 51.500 € eingesetzt. Geplant waren 55.000 €.

	verbrauchte Menge	Preis je Einheit €	Gesamtkosten €
Ist	1.000 kg	51,50	51.500
Plan	1.000 kg	55,00	55.000
Abweichung			3.500

Die Differenz ist eindeutig erklärbar durch den geringeren Preis je Einheit.

Leider ist die Situation fast nie so eindeutig wie in diesem Beispiel. Meist spielen noch andere Komponenten bei der Entstehung der Abweichung eine Rolle.

Beispiel: Abweichung mit verschiedenen Gründen

Für die Herstellung von bestimmten Produkten wurde in einer Fertigungsabteilung 1.000kg Material eingesetzt. Dieses hat 51.500 € gekostet. Geplant war der Einsatz von 800kg mit einem Wert von 44.000 €.

	verbrauchte Menge	Preis je Einheit €	Gesamtkosten €
Ist	1.000 kg	51,50	51.500
Plan	800 kg	55,00	44.000
Abweichung			–7.500

Da sich sowohl die eingesetzte Menge als auch der Einzelpreis verändert haben, ist die Berechnung der Preisabweichung nicht mehr so einfach.

Damit die richtige Ursache für die Abweichung ermittelt werden kann, muss der Einfluss der Preisabweichung auf die Gesamtabweichung berechnet werden. Das geschieht anhand der folgenden Formel:

Preisabweichung = Istmenge × Planpreis – Istmenge × Istpreis

In unserem Beispiel ergibt sich durch einfaches Einsetzen in die Formel folgender Wert:

1.000 kg × 55,00 €/kg – 1.000 kg × 51,50 €/kg = 3.500 €

Wer trägt die Verantwortung?

Wer trägt nun die Verantwortung für eine Preisabweichung? Kurz gesagt: Derjenige, der die Preise beeinflussen kann. In der Regel ist das der Einkäufer. Er bestimmt, soweit dies möglich ist, durch seine Arbeit, sein Verhandlungsgeschick die Preise für das Material, das in der Fertigung verbraucht wird. Den Techniker interessiert nur die Menge, nicht der Preis.

Problematisch ist die Zuordnung der Verantwortung für Preisabweichungen dann, wenn abweichende Qualitäten verarbeitet wurden und sich dadurch Preise verändern.

!

Beispiel: Preisabweichungen bei abweichenden Qualitäten

Im obigen Beispiel ist der Einkaufspreis für das Material erheblich gesunken. Ohne weitere Informationen kann sich der Einkäufer diesen Vorteil zurechnen lassen. In der Praxis wurde diese Preissenkung durch eine niedrigere Qualität möglich. Diese wiederum wird durch zusätzlichen Energieaufwand kompensiert. Wer trägt nun die Verantwortung? Wer kann sich den Erfolg zurechnen lassen?

Noch komplexer wird die Situation, wenn ein bisher eingesetztes und geplantes Material durch ein ungeplantes ersetzt wird. Die Preisabweichung des neuen Materials ist nicht zu berechnen, da es keinen Vergleichspreis gibt.

!

Tipp: Berichte zu Preisabweichungen

Es ist die Aufgabe des Controllers, die Preisabweichung in seinen Berichten darzustellen oder in den Bereichen, in denen kein Einfluss auf die Preise genommen werden kann, zu eliminieren. Informieren Sie sich, ob in Ihren Berichten eine Korrektur der Abweichungen um die nicht von Ihnen zu beeinflussenden Preise stattgefunden hat oder nicht. Wenn nicht, dann beschaffen Sie sich die dafür notwendigen Informationen.

1.3.2 Die Leistung schwankt

Wenn die Preisabweichung eliminiert ist, bleibt noch die zweite Komponente, durch die Kosten und Leistungen bestimmt werden: die Menge. Steigt die Menge mehr als geplant, dann entwickeln sich Kosten negativ, da mehr Material, Energie, Arbeitszeit o. Ä. verbraucht wurde. Umsätze wiederum profitieren von steigenden verkauften Mengen.

In Abhängigkeit von der Leistung des im Controllingbericht dargestellten Bereichs entstehen also positive oder negative Abweichungen. Da es um die in den Abteilungen geleisteten Mengen geht, spricht man von einer Mengenabweichung.

Sie wird berechnet, indem die Preisveränderungen nicht berücksichtigt werden. Sowohl die Istmenge als auch die Planmenge werden mit dem Planpreis bewertet. Die dann noch auftretende Differenz ist die Mengenabweichung.

Mengenabweichung= Planmenge × Planpreis – Istmenge × Planpreis

Sie gibt Antwort auf die Frage, wie viel Differenz auszuweisen ist, wenn der Preis stabil geblieben wäre.

Beispiel: Mengenabweichung !

Im obigen Beispiel wurde eine Gesamtabweichung in Höhe von 7.500 € festgestellt. Es wurde also Material im Wert von 7.500 € mehr verbraucht als vorgesehen.

	verbrauchte Menge	Preis je Einheit €	Gesamtkosten €
Ist	1.000 kg	51,50	51.500
Plan	800 kg	55,00	44.000
Abweichung			–7.500

Durch Einsetzen der Werte in die Formel ergibt sich für die Mengenabweichungen der folgende Wert:

800kg × 55,00 €/kg – 1.000kg × 55,00 €/kg = -11.000 €

Die Mengenabweichung ist mit –11.000 € größer als die Gesamtabweichung. Das erklärt sich durch die gegenläufige Preisabweichung in Höhe von 3.500 €.

Die Verantwortung für die Mengenabweichung kann in verschiedenen Bereichen gesucht werden:

- Die Nachfrage nach der Leistung der Abteilung kann niedriger sein als vorhergesehen. Wenn z.B. der Umsatz sinkt, muss auch die Fertigung gedrosselt werden.
- Hat die Fertigung trotz der hohen Absatzplanung die Kapazitäten nicht rechtzeitig ausgebaut, können weniger als die geplanten Stückzahlen ausgeliefert und damit fakturiert werden.

! **Tipp: Nach Engpässen in vorgelagerten Bereichen suchen**

Wenn Sie für den Umsatz eines Produkts verantwortlich sind und Sie sich die gegenüber dem Vergleichswert niedrigen Verkaufswerte nicht erklären können, suchen Sie nach einem Engpass in den vorgelagerten Unternehmensbereichen.

- War ausreichend Material vorhanden, oder hat der Einkauf zu spät reagiert?
- Hat die Fertigung ausreichende Kapazitäten vorgehalten, oder konnte nicht genug hergestellt werden?
- Hat der Versand ausreichende Kapazitäten für das Verschicken der Produkte verfügbar gehabt oder kam es dort zu einem Engpass?

Je nach dem Bereich, der im Controllingbericht dargestellt wird, kann die Mengenabweichung unterschiedlich analysiert werden:

- Zum Beispiel im Vertrieb: Umsatz
  Beschäftigungsabweichung bedeutet fehlende oder überplanmäßige Auslieferung. Das kann auf schwankende Nachfrage zurückzuführen sein oder auf fehlende Lieferfähigkeit.
- Zum Beispiel in der Fertigung: Materialverbrauch
  Steigt oder sinkt der Materialverbrauch kann das eine Folge von Veränderungen im Absatz sein. Wurden mehr Produkte als geplant ausgeliefert, mussten auch mehr produziert werden. Der Verbrauch an Material steigt.

1.3.3 Verbrauch oder Beschäftigung: Grund für Mengenabweichung

Als Grund für die Mengenabweichungen wurde bisher die schwankende Beschäftigung der Abteilung angenommen. Steigt die Nachfrage nach Leistungen der Abteilung, steigen auch die verbrauchten Mengen. Das ist korrekt, wenn der Mengenverbrauch von der Beschäftigung abhängig ist. Die Mengenabweichung heißt dann auch *Beschäftigungsabweichung*.

Die verbrauchten Mengen können aber auch aus anderen Gründen schwanken, vor allem, wenn es um Kosten geht. Unwirtschaftliches Handeln in den Abteilungen kann dazu führen, dass pro Leistungseinheit eine größere Verbrauchsmenge angefallen ist als geplant. Im Gegenzug kann die Menge pro Einheit auch sinken, wenn besonders wirtschaftlich gehandelt wird.

Beispiel: Mengenabweichung !

Die Planung für das Beispiel aus Kapitel 1.3.2, in dem 800kg Planmenge durch 1.000kg Istmenge übertroffen werden, sieht vor, pro Stück des gefertigten Endprodukts 2,0kg des Materials einzusetzen. Bei 400 Stück Planproduktion ergibt sich ein Materialverbrauch von 800kg.
Die Istdaten zeigen jedoch, dass bei gleicher Beschäftigung, also bei 400 Stück Ist-Produktion, 1.000kg des Materials verbraucht wurden, also 2,5kg pro Stück. Der Mehrverbrauch ist in diesem Fall durch einen höheren Verbrauch pro Stück zu erklären.

Liegt die Ursache für eine Mengendifferenz in einem abweichenden Stückverbrauch, dann kann die Verantwortung wieder bei vielen unterschiedlichen Stellen zu suchen sein:

- Die Praxis zeigt ganz eindeutig, dass veränderte Verbräuche zum größten Teil von den Verbrauchern selbst zu verantworten sind. Damit ist der Leser des Controllingberichts in der Pflicht, den Mehrverbrauch an Materialien, die längere Dauer pro Auftrag im Versand oder den größeren Personaleinsatz pro Buchung im Rechnungswesen zu begründen.
- Der Mehr- oder Minderverbrauch an Kostenfaktoren kann auch durch die Anforderung anderer Bereiche zustande gekommen sein. Wenn z.B. der Vertrieb nicht mehr auf farbige Verpackungskartons besteht oder die

Fertigung auch Siloware für Rohstoffe akzeptiert, hat das Auswirkungen auf die Kosten pro hergestellter Einheit.

- Wenn die Suche gar keinen Verantwortlichen ergeben will, wird in der Praxis oft die höhere Gewalt bemüht. In wenigen Fällen trifft auch das zu. So kann z. B. eine verminderte Qualität des Rohstoffs zu einem Mehrverbrauch führen. Oder der Ausfall einer Maschine kann zu teureren Fertigungsverfahren zwingen.

Während die Beschäftigungsabweichung eines Bereichs immer dann, wenn eine einheitliche Leistung erbracht wird, relativ einfach mathematisch zu ermitteln ist, birgt die Berechnung der Verbrauchsabweichung einige Problematiken:

- Die Verbrauchsabweichung ist schwer zu identifizieren, da sie sich meist in einer Vielzahl von Parametern versteckt (z. B. unterschiedliche Auftragsgrößen, mehrere Materialien in einem Produkt ...)
- Für die exakte Berechnung der Verbrauchsabweichung ist es notwendig, die Vergleichs- und Istwerte vieler Parameter miteinander zu vergleichen (z. B. die Stücklisten und Arbeitspläne aller Produkte). Dazu ist eine gut ausgebaute Kostenrechnung notwendig.
- Flexible Fertigungsanlagen für viele unterschiedliche Produkte erschweren die exakte Zuordnung von Kosten pro Einheit ebenso wie der Einsatz eines Materials in vielen verschiedenen Produkten.

!

Tipp: Verbrauchsabweichungen ermitteln

Die Verbrauchsabweichung wird in ihrer Größenordnung erkennbar, wenn nach der Eliminierung der Preisabweichung von den Istkosten die Sollkosten (Istmenge × Sollverbrauch) abgezogen werden. Was übrig bleibt, müssen Verbrauchsabweichungen sein.

Wenn Ihr Unternehmen keine detaillierte Kostenrechnung für die Ermittlung der Verbräuche zur Verfügung stellen kann, dann sollten Sie bei Verdacht auf Verbrauchsabweichungen eine Einzeluntersuchung durchführen. Der Controller kann Sie dabei unterstützen.

!

Achtung: Abweichungen mit dem Controller besprechen

Die vorgestellten Abweichungen der Preise, Beschäftigung und des Verbrauchs gehören in den Aufgabenbereich des Controllers. Dieser sollte sie berechnen, Ihnen darstellen und mit Ihnen besprechen.

1.3.4 Verantwortung übernehmen

Für den Leser eines Controllingberichts ist es sehr angenehm, wenn die Analyse der Abweichungen in seinem Bereich ergibt, dass andere Abteilungen dafür verantwortlich sind. Der Zweck der Analyse ist jedoch nicht, Verantwortung zu verschieben.

Nur wenn eindeutig klar ist, welche Gründe zu der Abweichung geführt haben, können wirksame Maßnahmen ergriffen werden. Darum bedeutet Verantwortung für eine Abweichung, gleichgültig, ob sie im eigenen Controllingbericht auftaucht oder in anderen Bereichen aufgetreten ist, in erster Linie, die negativen Auswirkungen zu bekämpfen und positive Auswirkungen zu sichern bzw. zu verstärken.

Dazu muss der Verantwortliche gefunden werden. Verantwortung kann nur tragen, wer auch Einfluss nehmen kann. Wenn ein Parameter außerhalb des Einflussbereichs liegt, kann er nicht aktiv verändert werden. Damit ist ein »Verschulden« der Abweichung ausgeschlossen. Gleichzeitig wird klar, dass wirksame Maßnahmen nur von den Stellen initiiert werden, die auch Einfluss nehmen können.

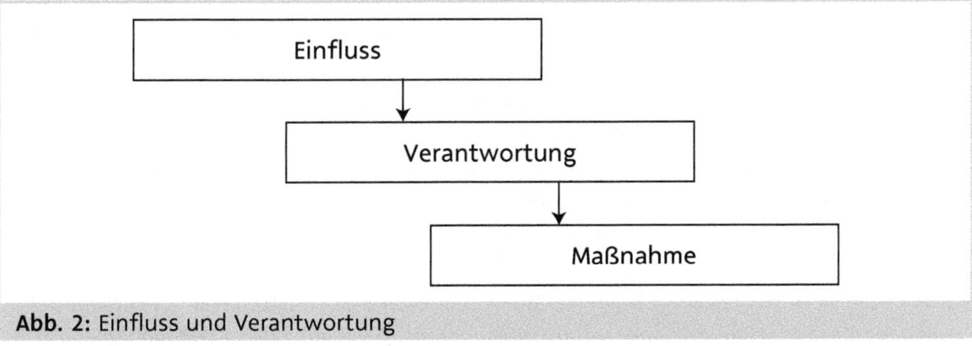

Abb. 2: Einfluss und Verantwortung

Durch diese Zuordnung wird garantiert, dass die Maßnahmen an der richtigen Stelle ansetzen können. Auf der anderen Seite wird die Verantwortung für eine Gesamtabweichung gesplittet.

!

Beispiel: Splitten der Verantwortung für Abweichungen

Die Abweichung zwischen dem Plan- und dem Ist-Verbrauch von 7.500 € im Controllingbericht für den Fertigungsbereich setzt sich zusammen aus

der Preisabweichung von	+3.500 €
der Beschäftigungsabweichung von	–7.000 €
der Verbrauchsabweichung von	–4.000 €

Der Einkauf trägt die Verantwortung für geringere Einkaufspreise, der Vertrieb hat weniger verkauft als geplant und trägt die Verantwortung für die Beschäftigungsabweichung. Die Verbrauchsabweichung ist in diesem Fall vom Fertigungsbereich zu tragen.

Die Checkliste hilft Ihnen, Planabweichungen zu analysieren:

Checkliste: Abweichungen analysieren

1. Fallen Ihnen für eine Abweichung spontan ein Grund oder mehrere Gründe ein?
2. Ist die Abweichung ganz oder teilweise auf einen veränderten Preis für die Kostenfaktoren oder die verkauften Produkte zurückzuführen?
3. Kann eine Preisabweichung errechnet werden (Preisabweichung)?
4. Ist die Abweichung durch eine veränderte Beschäftigung der Kostenstelle zurückzuführen (Beschäftigungsabweichung)?
5. Ist die Abweichungen auf einen veränderten Verbrauch von Kostenfaktoren zurückzuführen (Verbrauchsabweichung)?
6. Wer hat Einfluss auf den abweichenden Preis, trägt die Verantwortung für diesen Teil der Abweichung?
7. Wer hat die Veränderungen in der Auslastung der Kostenstelle und die damit verbundenen Kostenabweichungen zu verantworten?
8. Aus welchen Gründen wurden mehr oder weniger Kostenfaktoren (Material, Arbeitszeit, Verbrauchsmaterial ...) verbraucht?
9. Liegt die Verantwortung in der Kostenstelle, in der die Abweichungen aufgetreten sind?
10. Wird die Verantwortung auch an die Stellen außerhalb der Kostenstelle weitergegeben?
11. Ist der Kostenstelleninhaber verantwortlich für Abweichungen, die sich in anderen Kostenstellen ergeben?

1.4 Was die Herkunft der Daten im Controllingbericht verrät

Daten in einem Unternehmen können aus den verschiedensten Quellen stammen. Dabei kommt es oft zu Unterschieden, obwohl oberflächlich betrachtet alle das Gleiche auszusagen scheinen.

Beispiel: Daten aus verschiedenen Quellen !

Der Umsatz eines Unternehmens ist eine relativ einfach zu ermittelnde Größe und dennoch gibt es viele Interessenten dieser Information. Daher gibt es auch viele Quellen:

- Die Mitarbeiter in der Produktion stellen fest, wie viel Stück sie hergestellt haben und rechnen daraus einen fiktiven Umsatz hoch.
- Der Vertriebsleiter lässt sich jeden Tag die Liste aller Auslieferungen geben und berechnet daraus den monatlichen Umsatz.
- Die Finanzbuchhaltung verbucht alle Rechnungen, Gutschriften und Erlösschmälerungen und ermittelt, wie viel Umsatz das Unternehmen gemacht hat.
- Die Kostenrechnung teilt die Erlöse auf Produkte, Kundengruppen und Verkäufer auf und verbucht interne Leistungen.
- Externe Experten (z.B. von der Konkurrenz) errechnen aus Marktpräsenz, Anzahl Mitarbeiter usw. den Umsatz des Unternehmens.

Diese Vielzahl von Quellen sorgt dafür, dass es auch unterschiedlichste Inhalte gibt. So wird der Vertriebsleiter andere Werte errechnen als die Buchhaltung, weil er Skonti, Garantielieferungen und andere Abzüge nicht einbezieht und eine andere zeitliche Abgrenzung hat als das Rechnungswesen.

Tipp: Feststellen, woher die Daten stammen !

Bevor Sie sich mit den Werten im Controllingbericht näher beschäftigen, sollten Sie unbedingt feststellen, woher die Daten darin stammen. Es ist durchaus üblich, dass unterschiedliche Quellen in einem Bericht verwendet werden.

1.4.1 Exakt, aber unflexibel: Daten aus der Buchhaltung

Die häufigste Quelle für Berichte, Analysen und Kennzahlen ist die Finanzbuchhaltung. Dort werden alle wirtschaftlich relevanten Vorgänge im Unternehmen gesammelt und verbucht, solange sie in Euro oder einer anderen Währung bewertet sind.

Das sind die Vor- und Nachteile der Datenquelle Buchhaltung:

- Da fast jedes Unternehmen, das sich mit Controllingberichten befasst, der Buchhaltungspflicht unterliegt, sind die Daten aus dieser Quelle vorhanden. Sie müssen nicht erst beschafft werden.
- Das macht die Informationen aus der Buchhaltung sehr kostengünstig, Aufwand wird nur in geringem Maße betrieben.
- Gleichzeitig stehen die Werte relativ schnell dem Schreiber der Berichte zur Verfügung. In der Regel werden monatliche Abschlüsse erstellt.
- Mit geringem Aufwand können für begrenzte Anforderungen an den Kontenrahmen und die Verbuchungen auch Strukturen in der Buchhaltung erstellt werden, die eine detailliertere Beurteilung der Werte zulassen.

!

Beispiel: Beurteilbare Werte aus der Buchhaltung

Das Erlöskonto »8000 ERLÖSE 19% MwSt.« kann unterteilt werden in
8010 ERLÖSE 19% MwSt. Pumpen
8020 ERLÖSE 19% MwSt. Schläuche
8030 ERLÖSE 19% MwSt. Motore
8090 ERLÖSE 19% MwSt. Sonstiges
Dadurch entstehende detaillierte Erlösdaten, die im Controllingbericht verwendet werden können.

- Die Daten aus der Buchhaltung sind inhaltlich bei den verantwortlichen Mitarbeitern bekannt, da sie nach allgemein gültigen Regeln erstellt werden.
- Die Werte aus der Buchhaltung werden vielfach als richtig hingenommen. Dabei wird vergessen, dass sie nach besonderen Regeln berechnet werden und durchaus Bewertungsspielraum lassen.

!

Beispiel: Bewertungsspielraum in der Buchhaltung

Da die Buchhaltung die Grundlage für den zu versteuernden Gewinn liefert und da möglichst Steuern gespart werden, werden die Abschreibungen für Wirtschaftsgüter wie Maschinen und Autos mit einer möglichst kurzen, finanzrechtlich gerade noch zulässigen Nutzungsdauer berechnet.
Ein Lkw wird so z.B. in sieben Jahren abgeschrieben. In der Realität kann er aber wesentlich länger genutzt werden. Die steuerrechtlich verbuchten Abschreibungsbeträge sind zu hoch.

- Die Finanzbuchhaltung des Unternehmens wird auch als externes Rechnungswesen bezeichnet. Das macht klar, dass die Empfänger der Informationen vorwiegend Externe sind. Dem entspricht auch der Inhalt der Werte, soweit es Bewertungsspielräume gibt. Für interne Analysen sind viele Informationen dagegen wenig geeignet.
- Die Daten aus der Buchhaltung sind trotz aller Möglichkeiten der Strukturierung nicht detailliert genug, um praxisnahe Aussagen zu machen und eine echte Abweichungsanalyse betreiben zu können.
- In der Buchhaltung werden nur bewertete Daten verbucht, in Euro oder einer anderen Währung. Mengen und technische Daten liefert die Buchhaltung in der Regel nicht.
- Die Grundsätze ordnungsgemäßer Buchführung, deren Einhaltung Voraussetzung für die rechtliche Anerkennung der Unternehmensabschlüsse ist, verlangen ein weitestgehende Kontinuität der Abläufe und Vorgehensweisen. Das widerspricht dem Gebot der Flexibilität, das bei der Controllingarbeit beachtet werden muss.
- In manchen Fällen gibt es in der Buchhaltung zeitliche oder sachliche Zuordnungen, die für einen Controllingbericht nicht akzeptabel sind (z.B. Erlöse verbucht nach Fakturierung im neuen Monat obwohl die Leistung bereits im alten erbracht wurde).

Wann eignen sich Daten aus der Finanzbuchhaltung?

Trotzdem sind die Informationen aus der Finanzbuchhaltung für viele Controllingzwecke geeignet:

- Die Beurteilung langfristiger Vorhaben und Entwicklungen erfolgt auf der Ebene des Gesamtunternehmens anhand von Finanzkennzahlen, die sich aus Bilanz und Gewinn- und Verlustrechnung ergeben. Hierfür werden die Daten aus der Buchhaltung selbstverständlich verwendet.

- Unternehmen werden von externen Stellen begutachtet. So führt die Bank bei der Kreditvergabe ein Rating durch. Inhalt von Controllingberichten können diese extern weitergegebenen Daten aus der Finanzbuchhaltung sein. Deren Steuerung erfolgt auch über Controllingberichte.
- Die Finanzbuchhaltung ist in der Regel schneller als eine ausgebaute Kostenrechnung. Viele Controllingberichte verwenden für erste schnelle Übersichten die Daten aus den Abschlüssen der Buchhaltung.

1.4.2 Komfortabel und teuer: Daten aus der Kostenrechnung

Die typische Datenquelle für Controllingberichte ist die Kostenrechnung. Im Gegensatz zur Finanzbuchhaltung, dem externen Rechnungswesen, ist dieser Bereich des Rechnungswesens auf interne Informationsempfänger ausgerichtet. Darum wird er auch internes Rechnungswesen genannt.

Die Kostenrechnung als Datenquelle für das Controlling zu verwenden, hat Vor- und Nachteile:

- Die Strukturen der Kostenrechnung können flexibel auf unternehmensindividuelle Belange ausgerichtet werden. Damit sind auch die Daten in den Controllingberichten, die aus der Kostenrechnung stammen, exakt für die entsprechende Aufgabe ermittelt.
- Daraus folgt, dass der Inhalt des Werts vom Unternehmen bestimmt wird und nicht von externen Belangen.
- In der Kostenrechnung können neben Geldwerten auch Mengen, technische Einheiten und andere Größen dargestellt und verarbeitet werden.
- Die Abläufe im Unternehmen, z. B. die Vertriebsstrukturen oder die Technik in der Fertigung, sind in der Kostenrechnung durch die Kostenstellenhierarchien gut darstellbar. Damit ergeben sich Daten für die Controllingberichte, die entsprechend gut auf die Inhalte ausgerichtet sind.
- Die zeitliche und sachliche Zuordnung von Kosten und Leistungen wird in der Kostenrechnung sichergestellt.
- Die Werte entstehen in der Kostenrechnung auf bekannten Wegen. Damit können die Daten in den Berichten intern interpretiert werden. Abweichungen sind einfacher zu analysieren.

- Die Kostenrechnung stellt auch für viele Sonderberichte die Daten schnell und zuverlässig zur Verfügung.
- Der Aufbau einer funktionierenden Kostenrechnung ist langwierig und verursacht erhebliche Kosten. Auch für die tägliche Arbeit in den jeweiligen Abteilungen bedeutet die Datenaufbereitung durch Kontierung und Stellenzuordnung zusätzlichen Aufwand.

Tipp: Die Kostenrechnungsfunktionen verwenden !

Die meisten Unternehmen setzen in der Praxis eine Buchhaltungssoftware ein. Diese verfügt in der Regel auch über einfache Kostenrechnungsfunktionen, mit der eine kleine Kostenrechnung aufgebaut werden kann. Sie verbessern damit die Qualität der Daten in Ihren Controllingberichten.

- Die Kostenrechnung ist im Wesentlichen abhängig von der Finanzbuchhaltung, da dort die Daten erfasst und dann weitergegeben werden. Erst nach dem Abschluss in der Buchhaltung kann die Kostenrechnung tätig werden. Damit ist sie langsamer als die Buchhaltung.
- Die Flexibilität der Kostenrechnung, ein erheblicher Vorteil, bedingt, dass die Definition der Dateninhalte nicht exakt ist. Zusätzliche Informationen sind notwendig.
- Um den Nachteil der Langsamkeit auszugleichen, wird in der Kostenrechnung für die laufende Periode mit verrechneten Werten gearbeitet. Diese beruhen auf Schätzungen und müssen später in der Ist-Abrechnung korrigiert werden, was für bereits fertige Berichte oftmals vergessen wird.

Beispiel: Geschätzte Deckungsbeiträge aus der Finanzbuchhaltung !

Die Absatzzahlen liegen der Kostenrechnung sofort nach Monatsende vor. Die Verkaufspreise kommen aus der Fakturierung. Die Kosten liegen hingegen erst später vor, weil dazu erst die Buchungen in der Finanzbuchhaltung abgeschlossen sein müssen. Um dennoch schnelle Auswertungen erstellen zu können, wird mit geplanten Kosten gerechnet.
Bei 1.000 Stück, verkauft zu 100 € und mit geplanten direkten Kosten von 55 €, ergibt sich ein Deckungsbeitrag von 45.000 € (vorläufig).
Nach Abschluss der Buchhaltung ergibt sich ein Wert von 57 € Kosten pro Stück. Die Berichte müssten korrigiert werden auf 1.000 Stück, verkauft zu 100 € und mit direkten Kosten von 57 €. Das ergibt einen Deckungsbeitrag von 43.000 €.

!

Achtung: Daten von Kostenrechnung und Finanzbuchhaltung vergleichen

Die in der Kostenrechnung verarbeiteten Daten müssen in der Summe exakt mit den Daten der Finanzbuchhaltung übereinstimmen. Eine Abstimmung muss immer vorgenommen werden, Umbuchungen und Verrechnungskonten sind notwendig und können die Daten verfälschen.

Daten aus der Kostenrechnung für viele Anwendungen

Wenn eine Kostenrechnung im Unternehmen vorhanden ist, stammen die meisten Werte in den Controllingberichten aus dieser Quelle:

- Alle Kostenberichte und Leistungsdaten werden durch exakt ausgerichtete Inhalte aus der Kostenrechnung optimal gefüllt.
- Auch die Vergleichswerte aus dem Vorjahr oder dem Planungsprozess werden in der Kostenrechnung erstellt und verwaltet.
- Kommt es zur Abweichungsanalyse, liefert die Kostenrechnung die Grundlagen für die mathematischen Berechnungen von Preis-, Beschäftigungs- und Verbrauchsabweichungen.
- Sämtliche Kalkulationen und Bewertungen erfolgen mit Daten aus der Kostenrechnung.
- Controllingberichte enthalten auch Informationen aus Sonderaufgaben wie z. B. Wirtschaftlichkeitsberechnungen oder Investitionsrechnungen.

!

Achtung: Buchhalterische Werte aus der Kostenrechnung

Mit der steigenden Bedeutung der internationalen Rechnungslegungsvorschriften (IFRS) schwindet die Grenze zwischen der Buchhaltung und der Kostenrechnung. Letztere liefert immer mehr Daten auch für die Abschlüsse in der Buchhaltung, was zu einer Zusammenlegung der Verantwortung führt. Dabei können sich unbemerkt die Definitionen für Daten in Controllingberichten verändern.

1.4.3 Unbestimmt, aber schnell: Daten aus den Fachbereichen

Als Leser eines Controllingberichts werden Ihnen viele der dort enthaltenen Werte bekannt vorkommen. Verantwortliche eines Unternehmensbereichs warten in der Regel nicht, bis sie die Abrechnung aus dem Controlling zur

Verfügung haben, um die beeinflussbaren Parameter zu beobachten. Es werden eigene Aufschreibungen gemacht.

In solche in der Fachabteilung entstandenen Daten wird die Erfahrung der Betroffenen ebenso einfließen wie deren Gefühl. So kennt ein guter Fertigungsleiter zumindest ungefähr die von ihm geleisteten Fertigungsstunden, Rüststunden und Verteilzeiten. Der Vertriebsleiter wird sich aus schnellen Quellen laufend einen Überblick über den Umsatz seines Verantwortungsbereichs verschaffen.

Worin liegen die Vor- und Nachteile, wenn Sie Daten aus den Fachbereichen als Quelle für das Controlling verwenden?

- Die Daten aus den Fachbereichen stehen schnell zur Verfügung. Außerdem werden sie in der Regel laufend, also auch während der Abrechnungsperiode, festgestellt.
- Die Daten werden von den Betroffenen selbst ermittelt und verfügen somit über eine hohe Akzeptanz in den Fachabteilungen.
- Die Daten werden, oft intuitiv, als Kontrollwert benutzt, um die Werte im Controllingbericht zu verifizieren.
- Die in den Fachbereichen von den Betroffenen selbst ermittelten Werte sind nicht definiert und von persönlichen Zielen geprägt.
- Die Daten aus den Fachbereichen sind nicht exakt festgestellt, oft geschätzt. Es fehlt meist eine korrekte zeitliche und fachliche Abgrenzung.

Beispiel: Zeitliche Abgrenzung !

Für den Vertriebsleiter ist es leicht, aus den Lieferscheinen des Monats den Umsatz zu errechnen, noch bevor er fakturiert wird. Dabei treten Differenzen zum buchhalterischen Umsatz auf, weil dieser zeitlich exakt abgegrenzt wird. Der Lieferschein, der im betrachteten Monat ausgestellt, aber erst im Folgemonat fakturiert wird, ist ein Beispiel für solche Abweichungen.

- Vor allem im Kostenbereich fehlt den Betroffenen der Bezug zu den Verbrauchspreisen. Daher werden intern in den Abteilungen eher Mengen festgestellt. Die Bewertung in Euro fehlt.

Im Bericht nur selten gebraucht

Vor allem die Ungenauigkeit führt dazu, dass die internen Daten aus den Fachabteilungen in Controllingberichten nur selten gebraucht werden.

Beachten Sie deshalb:

- Interne Daten werden hauptsächlich für erste Einschätzungen und Berichte, die sehr schnell erscheinen müssen, verwendet.

!

Achtung: Der ersten Einschätzung muss ein Korrekturbericht folgen

Berichte, die dem Leser diese ungenauen Inhalte darstellen, müssen eindeutig die ungenaue Qualität der Daten anzeigen. Titel wie »Überblick«, »Schnellbericht«, »Erste Schätzung« machen dies deutlich. Auf jeden Fall muss ein Korrekturbericht folgen, wenn die echten Daten vorliegen.

- Die persönlichen Daten der Betroffenen werden auch in offiziellen Berichten, die als Planungsgrundlage dienen, eingesetzt. Denn während der Planung sind diese Schätzungen und Erfahrungen gefragt.
- Sind Daten schwer zu ermitteln, z.B. der Energieverbrauch in der Fertigung, können sie durch solche Schätzwerte ersetzt werden.

1.4.4 Eine sinnvolle Ergänzung: technische Daten

Wer an Controllingberichte denkt, denkt meist in Euro. Das ist falsch. Die meisten Auswertungen zeigen auch nicht monetäre Werte. Es gibt sogar Berichte, die nur technische Daten und Mengen darstellen.

Die technischen Daten werden vor Ort ermittelt. Sie werden abgelesen und manuell weitergegeben oder durch digitale Messgeräte mit direkter Anbindung an die EDV übertragen. In aller Regel gehen die Mengen, Verbräuche, Leistungseinheiten usw. über die Kostenrechnung, die neben den bewerteten Faktoren auch die Mengenkomponente bearbeitet.

Beachten Sie die Vor- und Nachteile technischer Daten als Quelle für das Controlling:

- Technische Daten haben bei Technikern eine hohe Akzeptanz. Sie werden meist besser verstanden als rein monetäre Werte.
- Technische Daten ermöglichen im Controllingbericht Vergleiche ohne den verfälschenden Einfluss von Preisveränderungen.
- Informationen über Mengen aus der Technik sind Voraussetzung für die Abweichungsanalyse. Nur damit können Verbrauchs-, Beschäftigungs- und Preisabweichung ermittelt werden.
- Um die technischen Daten ermitteln zu können, sind Messgeräte notwendig. Diese können erhebliche Kosten verursachen.

Achtung: Nur korrekte technische Daten verwenden !

Wenn technische Daten im Controllingbericht verwendet werden, müssen sie auch korrekt sein. Veraltete analoge Messgeräte liefern ungenaue Messwerte mit hohen Toleranzen. Das ist für viele Ziele eines Berichts nicht akzeptabel.

- Nicht jeder Entscheider hat das notwendige technische Verständnis, um die Daten richtig beurteilen zu können.
- Es erfolgt eine separate Bewertung in Euro. Dadurch steigt die Datenflut und es entstehen unübersichtliche Berichte.

1.4.5 Nicht zu beeinflussen: Daten von außen

Das Unternehmen ist durch vielfältige Beziehungen in die Umwelt integriert. Parameter von außen bestimmen das wirtschaftliche Handeln des Unternehmens, angefangen von den Einkaufspreisen bis zur Konsumneigung der Bevölkerung.

Beispiel: Externe Parameter !

Beispiele für externe Parameter, die Einfluss haben auf das Handeln der Unternehmen:

- Wechselkurse bestimmen Einkaufspreise und Erlöse über Währungsgrenzen.
- Rohstoffpreise beeinflussen das Verbrauchsverhalten und damit Einkauf und Absatz (z.B. Ölpreise, Zuckerpreise …).
- Die Entwicklung der Lohntarife bestimmt die Kosten und die Geschwindigkeit der Auslagerung bzw. der Rationalisierung.

- Die Umweltgesetzgebung regelt die Abgabe von Emissionen und Abfällen bzw. Abwässern und bestimmt damit die Höhe der Kapazität und die Kosten der Fertigung.
- Der örtliche Bebauungsplan nimmt Einfluss auf die Entwicklungsmöglichkeiten der Unternehmen.

Das sind die Vor- und Nachteile, wenn technische Daten in das Controlling einfließen:

- Die Daten sind relativ neutral und werden nicht durch unternehmensinterne Zielrichtungen bestimmt.
- Eine Vielzahl von externen Daten kann relativ einfach beschafft werden (z. B. Rohstoffpreise, statistische Entwicklung der Kaufkraft ...).
- Die Inhalte externer Daten gehorchen einer eigenen Definition, die nicht immer bekannt ist. Vor allem die zeitliche und räumliche Abgrenzung unterscheidet sich oft vom benötigten Wert im Controllingbericht.
- Ebenso wie es einfach zu beschaffende externe Daten gibt, gibt es auch schwer und teuer zu beschaffende Informationen (z. B. Marktanteile, Größe des Markts, verfügbare Rohstoffmengen ...).
- Externe Daten werden von Dritten erstellt und veröffentlicht. Haben diese ein bestimmtes Interesse, dann sind die Werte u. U. manipuliert.

!

Tipp: Vorsicht bei Daten aus dem Internet

Wenn Sie Daten aus dem Internet verwenden, müssen Sie besonders vorsichtig sein. Wichtige Informationen sollten mit Daten einer zweiten Quelle verifiziert werden. Ist auch die zweite Quelle eine Internetseite, dürfen die Berichte nicht voneinander abhängig sein.

Kein Fokus auf externe Daten

Externe Daten werden nicht als hauptsächliche Information in Controllingberichten verwendet. Sie haben bestimmte Aufgaben:

- Sie dienen als Vergleichswert für die eigenen internen Daten.
- Externe Daten über Märkte, Tarif- und Preisentwicklungen oder das Verhalten der Konkurrenz werden für die Planung benötigt. Damit kann die eigene Situation eingeschätzt werden.

- Nicht zuletzt werden externe Daten benutzt, um die eigenen Werte zu bestätigen. So kann z. B. der selbst errechnete Marktanteil mit dem durch ein Institut ermittelten verglichen werden.

Beispiel: Benchmarking !

Typische Verwendung finden externe Daten im Benchmarking. Dabei werden die unternehmenseigenen Daten mit denen anderer vergleichbarer Unternehmen oder dem Durchschnitt der Branche verglichen. Die Abweichungsanalysen sind dann schwer zu erstellen, da die Voraussetzungen und Hintergründe meist unbekannt sind. Die Ergebnisse gestalten so manchen Controllingbericht sehr spannend.

1.4.6 Richtiges Verhalten im Zweifelsfall

Die unterschiedliche Bedeutung scheinbar gleicher Daten aus unterschiedlichen Quellen macht es notwendig, dass der Leser eines Controllingberichts die Herkunft der benutzten Daten kennt. Da für einen Bericht unterschiedliche Quellen verwendet werden können, muss theoretisch für jeden Wert eine Klärung herbeigeführt werden. Wenn die Quelle feststeht, muss der dargestellte Wert entsprechend beurteilt werden:

Datenquelle	Hauptüberlegung
Buchhaltung	Wie weit ist der Inhalt der Information durch Vorschriften und steuerliche Gesichtspunkte bestimmt?
Kostenrechnung	Welcher Definition entspricht der Inhalt des Datums?
Fachbereich	Müssen die Daten entsprechend den Vergleichswerten korrigiert werden (zeitliche, sachliche Anpassung)?
Technik	Die Relevanz der Daten ergibt sich erst durch die Bewertung mit Geldeinheiten.
Extern	Welches Ziel verfolgte derjenige, der die Informationen bereitgestellt hat?

Am Schluss dieses Abschnitts fasst die folgende Checkliste zusammen, worauf Sie hinsichtlich der Herkunft der Daten achten sollten:

Checkliste: Herkunft der Daten

1. Welche der Daten im Controllingbericht stammen aus der Buchhaltung?
2. Können die Werte aus der Buchhaltung trotz der Ausrichtung auf steuerliche Gesichtspunkte im Controllingbericht korrekt verwendet werden?
3. Welche Daten aus dem Controllingbericht stammen aus der Kostenrechnung?
4. Können die Werte aus der Kostenrechnung rechtzeitig für einen aktuellen Bericht ermittelt werden?
5. Ist die Bereitstellung der Werte aus der Kostenrechnung unter wirtschaftlichen Bedingungen möglich?
6. Werden vorläufige Werte aus der Kostenrechnung später durch Istwerte ersetzt?
7. Welche der Daten im Controllingbericht stammen aus dem Fachbereich selbst?
8. Gibt es exakte Definitionen dieser Werte aus den anderen Fachbereichen?
9. Werden die Daten aus den Fachbereichen geschätzt oder auf andere unsichere Art ermittelt?
10. Kann der Fachbereich die Werte, die er für den Controllingbericht abgibt, manipulieren?
11. Stimmt der zeitliche Bezug der Fachbereichswerte mit dem des Controllingberichts überein?
12. Gibt es technische Daten im Controllingbericht, die aus Vereinbarungen, Verträgen oder Planungsrechnungen stammen?
13. Sind Daten aus externen Quellen im Controllingbericht vorhanden?
14. Ist bekannt, woher diese externen Daten stammen?
15. Sind die externen Daten definiert, bzw. ist den Lesern des Controllingberichts der Inhalt dieser Werte bekannt?

1.5 Starten Sie die richtigen Maßnahmen

Das Lesen eines Controllingberichts heißt, wichtige Abweichungen zu erkennen, die Gründe dafür zu suchen und zuzuordnen, wer die Verantwortung für die Entwicklung trägt. Die Beschäftigung mit dem Bericht endet damit, Maßnahmen einzuleiten, die auf die Daten im Bericht reagieren.

Maßnahmen werden vor allem dann ergriffen, wenn es negative Abweichungen gibt. Dass auch positive Abweichungen Maßnahmen nach sich ziehen müssen, bleibt in der Praxis leider oft unerkannt.

Beispiel: Maßnahme nach positiver Abweichung !

Der Controllingbericht in der industriellen Fertigung eines Unternehmens für Backwaren zeigt erhebliche Einsparungen an Energiekosten für eine Backstraße gegenüber dem Vorjahr. Der Fertigungsleiter findet als Grund den Einsatz eines neuen Backmittels, das eine kürzere Backzeit in den Öfen mit sich bringt.
Als Maßnahme wird daraufhin sichergestellt, dass dieses Backmittel weiterhin in den Produkten eingesetzt wird, und dass auch die Verwendung in den Produkten der anderen Backstraßen geprüft wird.

Vor allem negative Abweichungen sind nie vorteilhaft für den Verantwortlichen des betroffenen Bereichs. Dennoch darf dies nicht dazu führen, dass nur im eigenen Bereich versucht wird, die Abweichung zu bekämpfen. Die Praxis zeigt, dass eine frühzeitige Zusammenarbeit mit allen Abteilungen und Verantwortungsbereichen die besten Ergebnisse garantiert.

Beispiel: Maßnahmen in unterschiedlichen Bereichen !

Der Controllingbericht weist beim Materialverbrauch eine Preisabweichung auf. Die Materialien werden zu erheblich höheren Preisen eingekauft als geplant. Hier kommt es zu einer konzertierten Aktion vieler Bereiche, um die Auswirkungen dieser Abweichung zu minimieren:

- Der Einkauf verhandelt neu mit den Lieferanten und sucht neue Beschaffungsquellen.
- Der Fertigung untersucht, ob durch alternative Fertigungsverfahren Material eingespart werden kann.
- Der Vertrieb prüft, ob durch eine andere Qualität, die für den Kunden noch akzeptabel ist, der Einsatz des Materials verringert werden kann.
- Die Entwicklungsabteilung versucht, durch alternative Materialien in den Stücklisten der Produkte einen preiswerten Ersatz zu finden.

Maßnahmen gegen negative Abweichungen und zur Unterstützung positiver Abweichungen sind komplex und vielfältig. Sie beschränken sich fast nie auf nur einen Bereich und benötigen zur erfolgreichen Durchführung die Unterstützung aller. Darum ist es so wichtig, bereits beim Lesen des Controllingberichts frühzeitig die richtigen Schlüsse zu ziehen.

1.5.1 Wann sind Maßnahmen notwendig?

Nicht jede Abweichung muss mit einer Maßnahme beantwortet werden. Es ist jedoch notwendig, Richtlinien für die Initiierung von Maßnahmen aufzustellen. Damit wird sichergestellt, dass immer dann, wenn reagiert werden muss, auch gehandelt wird.

1. Maßnahmen werden nur dann angestoßen, wenn die Abweichungen, die dazu führen, signifikant sind. Dafür sorgen schon die Minimalgrenzen, die dem Leser des Controllingberichts die Konzentration auf wichtige Differenzen erlauben.
2. Als zweite Voraussetzung für Aktionen muss sich die Maßnahme auf den Erfolg des Unternehmens oder auf andere wichtige Kennzahlen auswirken.

! **Beispiel: Auswirkungen auf den Unternehmenserfolg**

Eine Verschlechterung der Zahlungsmoral von Kunden, also ein langsameres Zahlen, hat nicht unbedingt Einfluss auf das Ergebnis des Unternehmens. Solange keine Ausfälle entstehen, bleibt der Gewinn gleich. Muss sich der Unternehmer Fremdkapital auf den Finanzmarkt besorgen, kann dagegen diese Abweichung im Zahlungsverhalten zu Problemen führen, die bis zur Insolvenz gehen können. Maßnahmen sind im ersten Fall nicht unbedingt erforderlich, im Falle der knappen Liquidität lebensnotwendig.

3. Die im Controllingbericht ausgewiesenen Differenzen zwischen dem Istwert und dem Vergleichswert sind nicht nur durch den Stichtag bedingt. Können Sie als Leser des Berichts eindeutig erkennen, dass es sich um Verschiebungen handelt, die sich ohne weitere Maßnahmen ausgleichen, müssen Sie auch nicht reagieren.

! **Beispiel: Keine Maßnahmen erforderlich**

In einem Fertigungsbetrieb für Kunststoffspritzteile werden immer im August, in den Schulferien, umfangreiche Wartungsarbeiten an den Maschinen vorgenommen. Die dort entstehenden Kosten werden auch im August geplant. Der Controllingbericht weist jedoch bereits im Juli erhebliche Wartungskosten für die Maschinen auf, die das Ergebnis des Monats wesentlich beeinflussen.
Der Fertigungsleiter weiß, dass in diesem Jahr aufgrund einer Nachfrageverschiebung um einen Monat, die Wartungsarbeiten bereits im Juli durchgeführt wurden. Die Abweichung wird sich also im August ausgleichen, da die dort geplanten Kosten nicht anfallen werden. Maßnahmen sind nicht notwendig.

4. Aktivitäten für den Ausgleich von Abweichungen sind dann möglich und sinnvoll, wenn es vom Unternehmen beeinflussbare Faktoren gibt, die eine Veränderung herbeiführen können. Gibt es diese nicht, dann machen Maßnahmen auch keinen Sinn.

Treffen alle vier der eben genannten Bedingungen zu, können und müssen Maßnahmen ergriffen werden.

1.5.2 Welche Maßnahmen sind richtig?

Welche Maßnahmen geeignet sind, um auf die im Controllingbericht ausgewiesene Abweichung zu reagieren, hängt von der jeweiligen Situation ab. Grundsätzlich muss hier der Verantwortliche seine Erfahrung einsetzen und die Mitarbeit der anderen Bereiche nutzen.

Maßnahmen bei negativen Abweichungen
Um die Wirksamkeit von Maßnahmen bei negativen Differenzen beurteilen zu können, ist die Einordnung in eine von drei Gruppen vom Maßnahmen sinnvoll:

1. Optimal sind Maßnahmen, deren Erfolg dazu führt, dass die negative Abweichung wieder aufgeholt wird. Dazu ist es notwendig, den Verlust in der Vergangenheit auszugleichen und für die Zukunft dafür zu sorgen, dass keine weiteren Abweichungen entstehen.

Tipp: Maßnahmen realistisch einschätzen !

Die Praxis zeigt, dass es nur selten gelingt, Abweichungen vollständig aufzuholen. Seien Sie bei der Einschätzung der Maßnahmen daher realistisch, wenn es um das Ausmaß des Erfolgs geht. Versprechen Sie sich und anderen nicht zu viel.

2. Die meisten Maßnahmen führen dazu, dass die bisherige Abweichung nicht vergrößert wird. Dazu werden die Parameter so gesetzt, dass in der Zukunft die Vergleichswerte erreicht werden.
3. Leider kommt es immer wieder auch zu Situationen, in denen alle erdenklichen Maßnahmen nur dazu führen, dass sich die Abweichung in den Folgemonaten weniger stark entwickelt als bisher. Es geht z.B. darum, den Umsatzrückgang zu reduzieren oder die Kostensteigerung zu verlangsamen.

Maßnahmen bei positiven Abweichungen

Ist die Abweichung zwischen Ist- und Vergleichswert für das Unternehmen positiv, können die Maßnahmen eingeteilt werden in solche, die den

- positiven Trend verstärken,
- die für die Weiterführung der Entwicklung sorgen und
- die einen Rückbau der positiven Abweichung verlangsamen.

Wirtschaftlichkeit von Maßnahmen

In den meisten Fällen verursachen die Maßnahmen, die wegen der Abweichungen im Controllingbericht in die Wege geleitet wurden, Kosten. Für die notwendige Umsatzverbesserung sind z. B. zusätzliche Werbemaßnahmen notwendig oder werden neue Verkäufer eingestellt. Um die Zahlungsmoral zu erhöhen, kann z. B. ein höheres Skonto angeboten werden.

Der Aufwand für solche Maßnahmen kann enorm sein. Dagegen steht die gewünschte positive Auswirkung. Klar ist, dass die Kosten geringer sein müssen als der Erfolg der Maßnahme. Sonst würde zwar die Verbesserung der Abweichung im nächsten Controllingbericht ablesbar sein. An anderer Stelle treten dafür zusätzliche Belastungen auf.

Maßnahmen auswählen

Interne Maßnahmen bieten die größten Chancen auf einen Erfolg. Sie können in der Regel leicht durchgesetzt werden. Spielen externe Parameter in der Maßnahme eine Rolle, steigt die Komplexität. Dabei ist es nicht ausschlaggebend, ob die Abweichung auf interne oder externe Gründe zurückzuführen ist.

!

Beispiel: Interne und externe Maßnahmen

Der Preis für das in der Produktion eingesetzte Material ist wesentlich höher als geplant. Grund dafür ist eine Verknappung auf dem Markt. Extern kann nun versucht werden, andere Einkaufsquellen zu finden. Intern wird reagiert, indem alternative Materialien und Fertigungsverfahren geprüft werden. Wie so oft, liegt der größte Erfolg in einer optimalen Mischung beider Wege.

Geeignete Maßnahmen müssen zwei Voraussetzungen erfüllen:

- Die Wirkung der Maßnahme muss zeitlich absehbar sein. Schnelle Reaktionen und Ergebnisse zeitigen den besseren Erfolg.
- Die Reaktionen anderer am Prozess beteiligter Stellen auf die Aktionen müssen kalkulierbar sein.

!

Beispiel: Reaktionen auf Maßnahmen

Auf Abweichungen zwischen geplanten Umsätzen und erzielten Erfolgen wird häufig durch zusätzliche Verkaufsanstrengungen wie z.B. Werbung reagiert. Das kann den Mitbewerber am Markt dazu bewegen, ebenfalls Maßnahmen einzuleiten. Das wiederum führt dann zur gleichen Situation wie zuvor, allerdings auf höherem Werbekostenniveau.

Abweichungsgründe und Maßnahmen

Grund für Abweichung	Maßnahme	Beispiel
intern	interne Parameter verändern	Reduktion der Verarbeitungsgeschwindigkeit, um Ausschuss zu reduzieren.
extern	externe Parameter verändern und/oder interne Parameter anpassen	Durch zusätzliche Werbung Nachfrage erhöhen oder durch bessere Bearbeitung der Lieferungen Fehlsendungen reduzieren.
technisch	Veränderung der Technik oder Anpassung der »Akteure«	Verbesserung der Webautomaten, um Fadenbrüche zu vermeiden, oder Verwendung stärkerer Garne
höhere Gewalt	Vorsorge, Versicherung	Zusätzlicher Bestand an Fertigwaren sichert Lieferfähigkeit bei Unfällen.
menschliches Versagen	Veränderung der Umgebungsparameter oder Verbesserung der Ausbildung	Eindeutige Beschriftung der Schalter an Maschinen, Schulung der Mitarbeiter.
Fehleinschätzung	prüfen, ob Ziel auf anderem Weg erreicht werden kann	Markt in Ungarn kann aus rechtlichen Gründen nicht erschlossen werden, als Ersatz wird der tschechische Markt bearbeitet.

1.5.3 Maßnahmen müssen überwacht werden

Die Erfolge der gestarteten Maßnahmen sollten sich in den kommenden Controllingberichten daran zeigen, wie sich die Abweichung entwickelt. Gibt es keine Veränderung, lässt die gewünschte Auswirkung auf sich warten.

Als Leser von Controllingberichten wissen Sie, dass Einzelinformationen in der Menge von Daten schnell untergehen. Außerdem entsteht eine Ungewissheit über den Stand der Maßnahme. Wurde sie bereits komplett ausgeführt? Hat es Hindernisse gegeben? Ist der gewünschte Erfolg eingetreten? Wie hoch sind die Kosten der Maßnahme?

Um diese Fragen beantworten zu können, ist eine individuelle Beobachtung der Maßnahmen notwendig:

- Der aktuelle Stand der geplanten Aktionen ist jederzeit bekannt und nachvollziehbar.
- Die Erfolge der Maßnahmen lassen sich feststellen, ebenso die Kosten.
- Eine Überlagerung der Auswirkungen mit anderen Entwicklungen wird erkennbar.

Der Controller kann bei der Überwachung helfen!
Die angestoßenen Maßnahmen sind wirtschaftliche Aktionen, die sich in Zahlen darstellen lassen. Sie zeigen sich auf der Erfolgsseite mit Kosteneinsparungen bzw. Erlössteigerungen. Die Kostenseite findet von der Buchhaltung über die Kostenrechnung zum Controller. Dieser erstellt daraus wieder einen Bericht, der wie jeder andere Controllingbericht gelesen und interpretiert wird.

! **Tipp: Den Controller nicht aus der Pflicht entlassen**

Er ist verantwortlich dafür, dass Sie die wirtschaftlichen Vorgänge in Ihrem Verantwortungsbereich korrekt aufbereitet bekommen.

Wie sollten die Maßnahmen dargestellt werden?

- Ist die Maßnahme sehr umfangreich, entspricht sie oft den Anforderungen eines Projekts. Dann kann sowohl die Kostenseite als auch das Ergebnis durch das Projektcontrolling optimal überwacht werden. Außerdem kann eine Überwachung der Zeitplanung integriert werden.

- Immer müssen zumindest die Kosten, die durch die Maßnahme entstehen, besonders festgehalten und dargestellt werden. Das kann auf einfache Weise erfolgen, indem eigene Kostenarten oder Kostenstellen gebildet werden.
- Um den Grund für die Maßnahme im Blick zu behalten und um die gewünschte Auswirkung besser kontrollieren zu können, sollte der Bericht über die Maßnahme im regelmäßigen Controllingbericht integriert sein.

Achtung: Nicht alle Maßnahmen eignen sich zur direkten Integration !

Diese Integration darf nicht dazu führen, dass die Übersicht über den Berichtsinhalt verloren geht. Es eigenen sich auch nicht alle Maßnahmen zur direkten Integration. Die Berichte darüber sollten aber gleichzeitig mit dem regelmäßigen Bericht erstellt und für den Leser verfügbar sein.

Beispiel: Ziel erreicht mit höheren Kosten !

Der Controllingbericht für die Fertigungsabteilung hat gezeigt, dass die benötigten Stückzahlen (12.000 Stück) auf der vorhandenen Anlage nicht gefertigt werden konnten.
Als Maßnahme wurde eine kleinere Anlage gekauft, die 2.000 Stück pro Zeiteinheit herstellen kann und mit der Kapazität der alten Maschine von 10.000 Stück die Anforderungen erfüllt.

Maschine	lfd. Kosten	kalk. Abschreibung	Menge produziert	Stückkosten
1 alt	5.000 €	2.000 €	10.000	0,70 €
2 neu	2.000 €	500 €	2.000	1,25 €
Summe Ist	7.000 €	2.500 €	12.000	0,79 €
Plan	6.640 €	2.000 €	12.000	0,72 €

Es zeigt sich im Controllingbericht, dass das Ziel, die Einhaltung der Planmenge, erreicht werden konnte. Dafür musste jedoch eine Steigerung der Stückkosten in Kauf genommen werden.

Ergebnis der Überwachung

Auch die Überwachung der Maßnahmen führt zu Abweichungen, die analysiert werden wollen und auf die eventuell reagiert werden muss. Hinzu kommt noch eine Entscheidung, die sich nach dem bisherigen Erfolg und der Höhe der Abweichungen im ursprünglichen Bericht richtet:

- Wenn die Abweichung ohne diese Maßnahme wieder entstehen oder sich weiterentwickeln wird, muss die Maßnahme weitergeführt werden.
- Ist die Abweichung größer geworden oder kommt es aufgrund anderer Einflüsse zu größeren Differenzen, muss die bestehende Maßnahme eventuell ausgebaut werden.
- Konnte die Abweichung aufgeholt werden oder haben sich die Parameter, die zur Abweichung geführt haben, geändert, kann die Aktion eventuell zurückgefahren oder die Maßnahme beendet werden.

! **Tipp: Regelmäßig prüfen, ob eine Maßnahme sinnvoll ist**

Da Maßnahmen als Reaktionen auf Abweichungen immer zusätzliche Kosten verursachen, muss immer wieder neu geprüft werden, ob eine Weiterführung bzw. der Ausbau oder die Rückführung der Maßnahme sinnvoll ist.

Abschließend eine Checkliste, die Ihnen dabei hilft, folgende Fragen zu klären:

- Sind Maßnahmen zu ergreifen?
- Wenn Ja, welche Maßnahmen sind geeignet?
- Wie können Sie die Wirksamkeit der Maßnahmen überwachen?
- Wie lassen sich die Maßnahmen optimieren?

Checkliste: Richtige Maßnahmen

1. Gibt es negative Abweichungen im Controllingbericht, die signifikant sind und für die Maßnahmen nützlich sein könnten?
2. Gibt es positive Abweichungen im Controllingbericht, die signifikant sind und deren positive Auswirkung durch Maßnahmen gesichert werden muss?
3. Sind die Abweichungen nur durch den Stichtag bedingt oder sind es tatsächlich Abweichungen, die sich nicht von allein wieder ausgleichen?
4. Haben die möglichen Maßnahmen eine Auswirkung auf den Erfolg des Unternehmens?
5. Gibt es Einflussfaktoren auf die Abweichungen, die durch Maßnahmen des Unternehmens verändert werden können?
6. Kann die Maßnahme dafür sorgen, dass eine negative Abweichung in absehbarer Zeit ganz abgebaut wird?
7. Führt die Maßnahme dazu, dass die Abweichung sich nicht weiter vergrößert?
8. Kann die Maßnahme nur dafür sorgen, dass sich die Ausweitung der Abweichung reduziert?
9. Können Maßnahmen zur Unterstützung positiver Abweichungen gefunden werden, die den Trend stabilisieren und unterstützen?
10. Sind die Kosten der Maßnahme bekannt oder können sie ermittelt werden?
11. Ist es möglich, die Auswirkungen der Maßnahme vorherzusagen und den Erfolg in Euro darzustellen?
12. Ist die Maßnahme wirtschaftlich (Auswirkungen größer als Kosten)?
13. Ist die Maßnahme in ihrer Wirkung zeitlich so terminiert, dass die Ergebnisse absehbar sind?
14. Können die Reaktionen der anderen Beteiligten (intern und extern) auf diese Maßnahme berechnet und in die Wirtschaftlichkeitsbetrachtung einbezogen werden?
15. Gibt es Strukturen, die eine wirksame Überwachung der Maßnahmen, der Kosten und Ergebnisse, ermöglichen?
16. Kann die Maßnahme als Projekt organisiert und entsprechend überwacht werden?

1.6 Die Ziele des Controllers

Es ist bekannt, dass jede Information mehr oder weniger subjektiv ist. Derjenige, der sie verbreitet, beeinflusst den Inhalt oder die Wirkung der Nachricht. Das geschieht bewusst oder unbewusst. Die Richtung der Beeinflussung ist abhängig vom Ziel des Informationsgebers. Auch ein Controller hat Ziele.

Der Empfänger eines Controllingberichts muss sich darüber im Klaren sein, dass schon allein die Art und Weise, wie berichtet wird, Einfluss auf die Wahrnehmung des Inhalts hat. Der Controller eines Unternehmens verfolgt eigene, persönliche Ziele. Er will durch seinen Bericht etwas erreichen. Was er erreichen will, ist meist abhängig von der Reaktion des Berichtsempfängers.

!

Achtung: Die Absichten des Berichtenden erkennen

Die Versuche eines Controllers, die Reaktionen auf seine Berichte zu beeinflussen, geschehen sowohl bewusst als auch unbewusst. Dabei spielt immer das Unternehmenswohl eine Rolle. Wir unterstellen niemandem, dass er Informationen verfälscht oder erfindet, damit sie seinen persönlichen Zielen entsprechen. Dennoch ist es wichtig, die Intention desjenigen zu kennen, der die Berichte erstellt und präsentiert. Der Empfänger kann dann objektiver urteilen.

1.6.1 Welche Ziele hat der Controller

Die Ziele eines Controllers werden durch viele Parameter bestimmt. Einige sind allen bekannt, andere können nur angenommen werden.

- Das Unternehmen verfolgt eine Strategie, aus der **Unternehmensziele** entstanden sind. Diese sind allen entscheidenden Stellen im Unternehmen bekannt. Daran richtet auch der Controller grundsätzlich seine Aktionen aus. Wenn z.B. das Ziel des Unternehmens darin besteht, Marktanteile zu gewinnen, wird er andere Berichte bevorzugt erstellen als bei einem Ertragsziel. Er wird dann mehr Umsatz- und Marktzahlen berichten und analysieren. Bei einem Ertragsziel spielen Preise und Kosten eine dominierende Rolle.
- Der Controller selbst hat ein eigenes Ziel mit seinem Vorgesetzten vereinbart, das **Stellenziel**. Ein Stellenziel kann es sein, die Abweichungen zwischen Budget und Istdaten durch geeignete Maßnahmen gemeinsam mit den Fachbereichen zu minimieren. Dann wird im Controlling besonders Wert auf die Analyse auch kleiner Abweichungen und der Verfolgung von Maßnahmen gelegt.
- Neben diesen durch das Unternehmen vorgegebenen Zielen hat der Controller auch **fachliche Ziele**. Er will z.B. eine Deckungsbeitragsrechnung auf Kundenbasis erfolgreich aufbauen und muss daher besonders im Bereich der Zuordnung von Logistikkosten aktiv sein. Entsprechend intensiv sind die Berichte im Bereich der Logistik.

- Niemand kann seine **persönlichen Ziele** vollständig ausblenden. Auch der Controller setzt Schwerpunkte auf für ihn persönlich bedeutende Bereiche. Wenn z.B. durch das Controlling ein stark defizitärer Produktbereich ermittelt wurde und dieser dennoch nicht verändert werden soll, werden die Ergebnisse dieses Bereichs vielleicht eine positivere Darstellung durch den Controller erfahren.

1.6.2 Auswirkung der Zielkonzentration

Die Intention des Controllers kann auf zwei Arten dazu führen, dass Controllingberichte unterschiedlich sind. Der Inhalt des Berichts und dessen Darstellung können genutzt werden.

Inhalte
Zum einen bestimmt der Controller, welche Berichte regelmäßig erstellt werden. Er muss dabei zwar einige Vorgaben einhalten, kann aber grundsätzlich Schwerpunkte setzen. Wenn er z.B. sehr an Autos interessiert ist, kann er das Fuhrparkcontrolling für die Firmen-Pkws regelmäßig als Bericht darstellen.

Zum anderen kann der Controller in seiner Funktion als interner Berater Adhoc-Berichte erstellen oder auch nicht. Wenn es das Ziel ist, den Umsatz zu steigern, wird er bei Bedarf besondere Auswertungen der Daten rund um den Kundenauftrag erstellen. Wenn im Unternehmen der Deckungsbeitrag gestärkt werden soll, werden Umsatzberichte den Reports über die Kosten zugeordnet.

Darstellung
Wenn der Inhalt und der Schwerpunkt feststehen, kann der Controller noch immer über die Darstellungsform Einfluss auf die Interpretation der dargestellten Inhalte nehmen. Dazu wählt er die Form des Berichts so, dass seine Vorstellung erfüllt wird. Ein Bericht in Zahlen lädt dazu ein, ihn sehr detailliert zu lesen und zu interpretieren. Eine Grafik hilft, dem Adressaten einen Überblick zu verschaffen, kann aber Detailentwicklungen verbergen oder hervorheben.

!

Beispiel: Darstellung und Interpretation von Absatzentwicklungen

Der Controller soll den Absatz in monatlichen Zahlen darstellen und dabei Plan- und Istwerte vergleichen. Die erste Darstellung zeigt eine relativ gleichmäßige Absatzentwicklung mit kleineren Ausschlägen. Der Trend im Ist liegt relativ gleichmäßig unter dem Planwert.

Darstellung eines ruhigen Absatzverlaufs

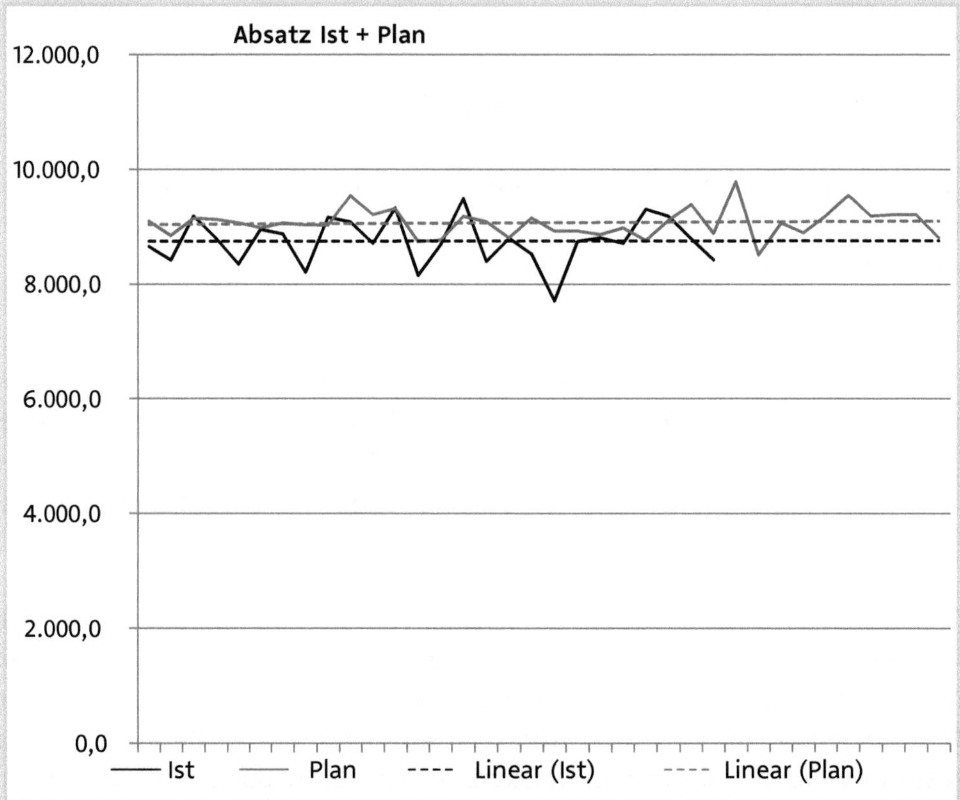

Wenn der Controller das Bild dramatischer gestalten will, ändert er nur die Achse der Grafik. Alle anderen Werte bleiben unverändert. Die Daten sind exakt die gleichen, und dennoch entsteht ein vollkommen anderes Bild:

Darstellung eines dramatischen Absatzverlaufs

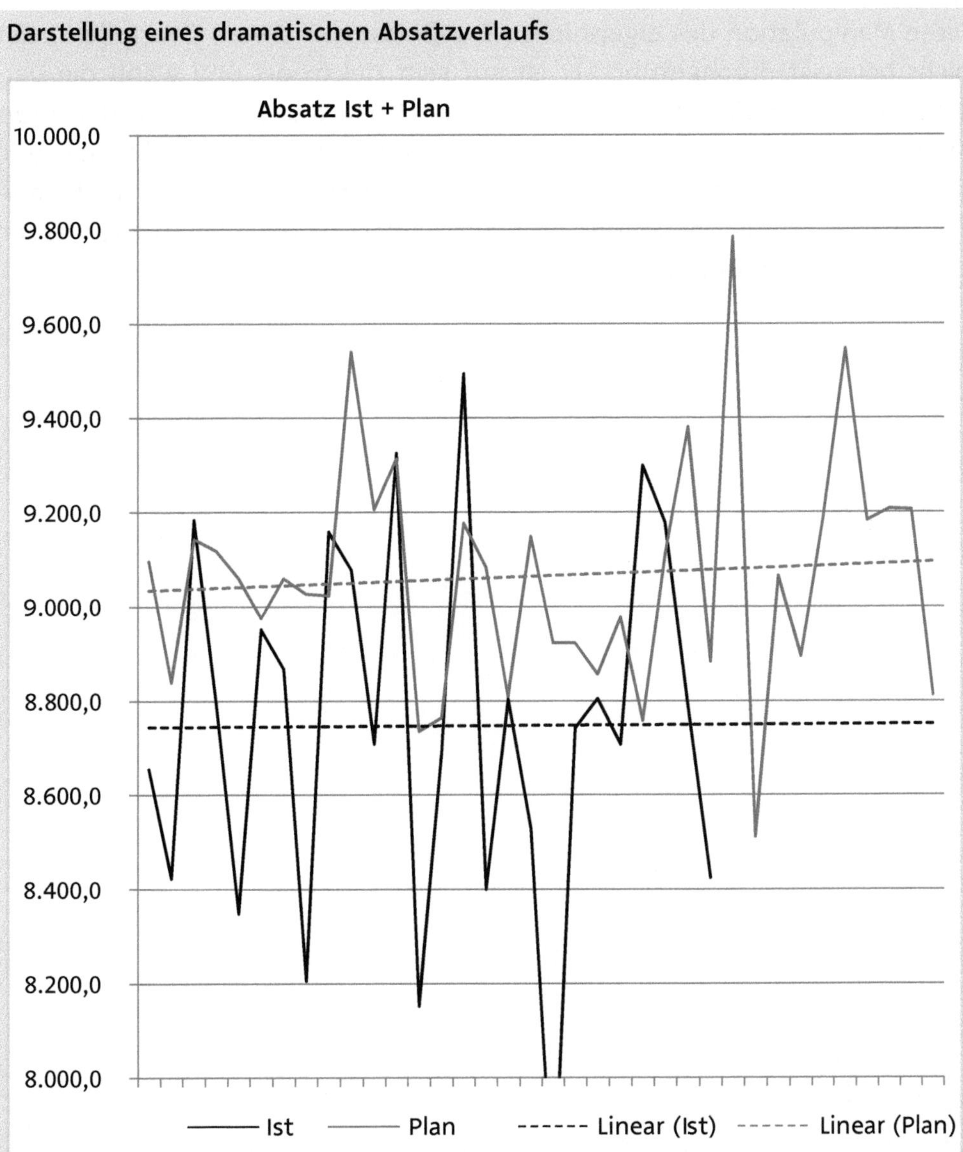

Der Verlauf des Absatzes ist sehr unregelmäßig, Abweichungen vom Plan sind zum Teil dramatisch. Der Trend zeigt eine langsam größer werdende Abweichung des Istwerts vom Plan.

Diese Manipulation des eigentlichen Ergebnisses wird vom Controller meist nicht bewusst durchgeführt. Er ist auf sein Ziel fixiert und wählt die Darstellung, die ihn am schnellsten dahin führt. Für den Empfänger der Informationen ist es wichtig, diese möglichen Einflussnahmen zu kennen und die Berichte entsprechend zu analysieren. Regelmäßige Berichte sind weniger anfällig, da die Darstellung dort nicht anlassbezogen verändert werden kann. Das würde auffallen.

2 Controllinginstrumente für Ihren Werkzeugkasten

Auch wenn es manchmal so scheint, Controlling ist keine Hexerei, sondern eine seriöse Wissenschaft. Der Controller hält sich an Regeln, Vorgaben und das, was üblich ist. In der Praxis sind bestimmte Vorgehensweisen, Formeln und Definitionen entstanden, die Controllinginstrumente. Diese sind auch von der betriebswirtschaftlichen Theorie abgesichert

Dabei handelt es sich um Kennzahlen, Zahlenreihen oder ganze Controllingberichte, die wichtige unternehmerische Aussagen und wirtschaftliche Entwicklungen auf vorbestimmte Art darstellen können. Die wichtigsten Instrumente lassen sich in vier Gruppen gliedern:

1. Kennzahlen – sie bieten viel Informationen auf wenig Platz
2. Analysen – für wichtige wiederkehrende Aufgaben
3. Planung – für qualitative hochwertige Vorhersagen
4. Behandlung indirekter Kosten – um den Durchblick zu schaffen

2.1 So arbeiten Sie mit Kennzahlen

Was sind Kennzahlen?

Kennzahlen sind numerische Werte, relativ oder absolut, die aus anderen Daten anhand von vorgegebenen Rechenwegen ermittelt werden. Die Aussagen der Kennzahlen sind sehr komplex und stark verdichtet.

Wofür werden Kennzahlen eingesetzt?

Kennzahlen dienen dazu, komplexe wirtschaftliche Sachverhalten komprimiert in einer oder wenigen Zahlen darzustellen. Eindeutige Werte dienen der Entscheidungsfindung oder der Einschätzung, ob weiterer Handlungsbedarf besteht oder nicht.

!

Beispiel: Kennzahl Marktanteil

Ein Beispiel für eine Kennzahl, die in ihrer Aussage sehr komplexe Sachverhalte darstellt, ist der Marktanteil. Diese Kennzahl misst den Erfolg des Unternehmens am Markt mit einer einfachen Formel:

$$\text{Marktanteil} = \frac{\text{Unternehmensumsatz}}{\text{Marktvolumen}} \times 100$$

Wenn der Markt für Gartenpumpen in Deutschland z.B. 500 Mio. € pro Jahr groß ist und der eigene Umsatz 80 Mio. € pro Jahr beträgt, dann ist der Marktanteil 16%. Diese einfache Zahl wird dazu verwendet, die Entwicklung am Markt zu beobachten. Die einfach erscheinende Kennzahl »Marktanteil« muss jedoch auch kritisch hinterfragt werden. Das werden wir noch tun.

Wie werden Kennzahlen ermittelt?

Kennzahlen werden anhand von vorgegebenen Formeln und Rechenwegen aus definierten Werten berechnet:

- In einer Kennzahl werden mehrere Parameter zusammengefasst. Würde die Aussage nicht auf die Kennzahl komprimiert, müssten alle Parameter gleichzeitig beobachtet und eingeschätzt werden.
- Dadurch ergeben sich schnelle Aussagen über komplexe wirtschaftliche Sachverhalte. Es wird möglich, schnell und wirksam zu reagieren.
- Durch die Zusammenfassung mehrerer Parameter zu einer Zahl geht Information über die Details verloren. Sichere Interpretationen sind nur möglich, wenn auch diese Parameter beachtet werden.
- Es sind exakte Definitionen für die Berechnung der Kennzahlen und für die einfließenden Parameter zu beachten. Geschieht dies nicht, verlieren die dargestellten Werte an Aussagekraft.
- Die Kennzahlen sind nur in der Lage, numerische Werte zu verarbeiten und darzustellen. Qualitative Inhalte müssen vor der Verarbeitung zu Kennzahlen in numerische Daten umgewandelt werden. Dabei kommt es zu einem zusätzlichen Verlust an Informationen.

Achtung: Wissen, aus welchen Daten eine Kennzahl berechnet wird

!

Wenn Ihnen eine Kennzahl Veränderungen signalisiert, müssen Sie diese auf der Ebene der Parameter untersuchen. Sie müssen also wissen, aus welchen Daten die Kennzahl berechnet wird. Damit haben Sie die Möglichkeit, auf der Ebene der Parameter zu agieren und so die Zahl, die der Controller berechnet, zu beeinflussen.

Grundsätzlich gibt es in jedem Bereich eine Vielzahl von möglichen Kennziffern, die Ihnen in diesem Buch immer wieder begegnen werden.

Die Kennzahlen aus den wichtigsten Bereichen sind:

- Finanzkennzahlen für die externe Beurteilung,
- Liquiditätskennzahlen für die Sicherung der Zahlungsfähigkeit,
- Leistungskennzahlen für die interne Beurteilung und
- Kennzahlensysteme für eine systematische Betrachtung.

2.1.1 Finanzkennzahlen, die externe Betrachter berechnen

Die Finanzkennzahlen zeigen die wirtschaftliche und finanzielle Lage eines Unternehmens an.

Externen Betrachtern des Unternehmens stehen meist nur die veröffentlichten Finanzdaten (Bilanz, Gewinn- und Verlustrechnung) zur Verfügung, wenn überhaupt. Daraus berechnen sie Kennzahlen, die mit den gleichen Werten anderer Unternehmen oder mit optimalen Inhalten verglichen werden.

Tipp: Kennzahlen auch intern berechnen

!

Um zu wissen, wie externen Partner – z. B. Banken und große Lieferanten – Ihr Unternehmen beurteilen, sollten diese Finanzkennzahlen auch intern berechnet werden. Sie können dann durch gezielte Veränderung der Parameter die Kennzahl in eine gewünschte Richtung bringen.

Finanzkennzahlen sind:

- statisch, beziehen sich also auf einen Zeitpunkt (meist der Bilanzstichtag),
- stammen aus der Buchhaltung, die für die Bilanz und Gewinn- und Verlustrechnung verantwortlich ist,

- sind relativ einfach zu ermitteln, da die Parameter für die Berechnung vorhanden sind.

Für die Berechnung der im Weiteren dargestellten Kennzahlen, die vor allem der Bilanzanalyse dienen, wird als Beispiel die folgende Bilanz und Gewinn- und Verlustrechnung benutzt. Damit sich die Arbeit mit den Kennzahlen besser veranschaulichen lässt, sind sowohl die Bilanz als auch die GuV vereinfacht dargestellt.

Bilanz zum 31.12.20XX			
Aktiva			**Passiva**
Anlagevermögen	1.000.000	750.000	Eigenkapital
Vorräte	850.000	1.000.000	langfristiges Fremdkapital
Forderungen aus LuL	620.000		
Bankguthaben	30.000	750.000	Verbindlichkeiten aus LuL
Summe Umlaufvermögen	1.500.000	1.750.000	Summe Fremdkapital
	2.500.000	2.500.000	

Gewinn- und Verlustrechnung für 20XX	
Erlöse	2.000.000
Abschreibungen	150.000
sonstige betriebliche Kosten	1.500.000
Betriebsergebnis	350.000
Zinsen	45.000
Ergebnis	305.000
Gewerbesteuer	54.900
Ergebnis vor Ertragsteuer	250.100
Ertragsteuer	65.026
Ergebnis nach Steuern	185.074

Die Eigenkapitalquote

Mit der Eigenkapitalquote wird der Anteil des Eigenkapitals am gesamten Unternehmensvermögen dargestellt. Dazu wird das in der Bilanz ausgewiesene Eigenkapital ins Verhältnis zur Bilanzsumme gesetzt.

Die Formel zur Berechnung der Eigenkapitalquote lautet:

$$\text{Eigenkapitalquote} = \frac{\text{Eigenkapital}}{\text{Bilanzsumme}} \times 100$$

Beispiel: Eigenkapitalquote !

Die Beispielbilanz weist ein Eigenkapital von 750.000 € und eine Bilanzsumme von 2.500.000 € auf. Das ergibt

$$\text{Eigenkapitalquote} = \frac{750.000}{2.500.000} \times 100 = 30\ \%$$

Damit wird ausgesagt, dass 30% des Unternehmensvermögens durch Eigenkapital finanziert wird.

Je höher die Eigenkapitalquote, desto größer ist der durch Eigenkapital finanzierte Anteil. Das ist positiv, weil Eigenkapital langfristig verfügbar und meist preiswerter ist als Fremdkapital.

Vor allem bei der Beschaffung von Fremdkapital versucht der potenzielle Kapitalgeber mit dieser Kennzahl die Sicherheit des Engagements einzuschätzen.

Der im Beispiel ermittelte Wert von 30% ist in Deutschland weitverbreitet, wird aber von den Fremdkapitalgebern meist als zu gering angesehen.

Die Fremdkapitalquote

Das Gegenstück zum Eigenkapital (EK) ist das Fremdkapital (FK), entsprechend ist das Gegenstück zur Eigenkapitalquote die Fremdkapitalquote. Sie gibt an, wie viel Prozent des Unternehmensvermögens durch Fremde finanziert wird.

!

Tipp: Die FK-Quote aus der EK-Quote berechnen

Da es in der betriebswirtschaftlichen Theorie nur Eigen- oder Fremdkapital gibt, muss die Fremdkapitalquote die Differenz der Eigenkapitalquote zu 100% sein. Ist die EK-Quote bekannt, kann die FK-Quote schnell errechnet werden.
Ansonsten wird das in der Bilanz ausgewiesene Fremdkapital ins Verhältnis zur Bilanzsumme gesetzt.

$$\text{Fremdkapitalquote} = \frac{\text{Fremdkapital}}{\text{Bilanzsumme}} \times 100$$

!

Beispiel: Fremdkapitalquote

Bei einem Fremdkapital in Höhe von 1.750.000 € und der Bilanzsumme von 2.500.000 € ergibt sich:

$$\text{Fremdkapitalquote} = \frac{1.750.000}{2.500.000} \times 100 = 70\ \%$$

Je höher die Fremdkapitalquote ist, desto größer ist der durch Fremde finanzierte Anteil am Gesamtvermögen. Fremdkapital erhöht die Kosten und verringert die Sicherheiten eines Kapitalgebers. Daher sind niedrige FK-Quoten erwünscht.

Der im Beispiel ermittelte Wert in Höhe von 70% ist in Deutschland durchaus üblich, wird aber als zu hoch angesehen.

Eignung von Kennzahlen am Beispiel von EK- und FK-Quote

Bereits anhand der Kennzahlen EK- und FK-Quote kann verdeutlicht werden, wie anfällig diese gegen bewusste oder unbewusste Manipulationen sein können. Vor allem dann, wenn Vergleiche durchgeführt werden, ist die Kenntnis aller Parameter notwendig.

Sehen Sie dazu folgendes Beispiel:

!

Beispiel: Manipulierbarkeit von Kennzahlen

Das Unternehmen mit der Beispielbilanz, die Sie bereits zu Beginn des Kapitels 2.1.1 kennengelernt haben, hat noch im Dezember eine neue Fertigungsanlage im Wert von 500.000 € gekauft und durch eine Bank finanziert. Dadurch ist auf der Aktivseite die Position »Anlagevermögen« um den Kaufpreis gestiegen, auf der Passivseite die Position »langfristiges Fremdkapital«.

Hätte das Unternehmen die Anlage nicht gekauft und finanziert, sondern geleast, wären beide Bilanzpositionen um 500.000 € niedriger.

Aktiva			Passiva
Anlagevermögen	500.000	750.000	Eigenkapital
Vorräte	850.000	500.000	langfristiges Fremdkapital
Forderungen aus LuL	620.000		
Bankguthaben	30.000	750.000	Verbindlichkeiten aus LuL
Summe Umlaufvermögen	1.500.000	1.250.000	Summe Fremdkapital
	2.000.000	2.000.000	

Werden die Quoten jetzt für die Situation unter Leasing berechnet, ergeben sich folgende Werte:

$$\text{Eigenkapitalquote} = \frac{750.000}{2.000.000} \times 100 = 37{,}5\ \%$$

$$\text{Fremdkapitalquote} = \frac{1.250.000}{2.000.000} \times 100 = 62{,}5\ \%$$

Obwohl technisch und wirtschaftlich beide Situationen vollkommen identisch sind, zeigen die Kennzahlen aufgrund bilanzpolitischer Überlegungen nun wesentlich besser Werte.

Wer also die Entstehung und Hintergründe von Kennzahlen nicht kennt, muss sich darauf verlassen, dass die Art der Berechnung bekannt ist bzw. entsprechende Informationen offengelegt werden. So verlangen z. B. die internationalen Rechnungslegungsvorschriften, dass in der Bilanz finanzielle Verpflichtungen wie Leasingverträge angegeben werden müssen.

Der Verschuldungsgrad

Eine dritte Kennzahl hinsichtlich der Finanzierung des Unternehmens verbindet die Aussagen der Eigenkapital- und der Fremdkapitalquote miteinander. Der Verschuldungsgrad zeigt das Verhältnis von Fremd- zu Eigenkapital.

$$\text{Verschuldungsgrad} = \frac{\text{Fremdkapital}}{\text{Eigenkapital}} \times 100$$

! **Beispiel: Verschuldungsgrad**

Aus der Beispielbilanz, die Sie zu Beginn des Kapitels 2.1.1 finden, errechnet sich ein Verschuldungsgrad von 233%:

$$\text{Verschuldungsgrad} = \frac{1.750.000}{750.000} \times 100 = 233\ \%$$

Die Interpretation dieser Kennziffer ist einfach:

- Je höher der Verschuldungsgrad, desto weniger Eigenkapital steht dem Unternehmen zur Verfügung.
- Ein hoher Verschuldungsgrad weist auf ein hohes Risiko bei der Fremdkapitalvergabe hin.
- Vorsicht: Auch die Höhe des Verschuldungsgrads kann durch einfache bilanzpolitische Mittel (z. B. Leasing) beeinflusst werden.

Der Anlagendeckungsgrad I und II

Das Anlagevermögen bindet langfristig finanzielle Mittel im Unternehmen. Je höher der Anteil der langfristigen Finanzierung (z. B. durch Eigenkapital) für das Anlagevermögen ist, desto sicherer ist eine zusätzliche Kapitalanlage im Unternehmen. Kurz- und mittelfristige Finanzierungen können gekündigt oder nicht mehr verlängert werden, wenn die wirtschaftliche Situation schlecht ist. Steckt das Geld in den Anlagen, ist es nicht möglich, die Forderungen zu bedienen.

Um für dieses Risiko eine aussagefähige Zahl zu haben, wurde der Anlagendeckungsgrad definiert. Der Anlagendeckungsgrad I wird nach folgender Formel berechnet:

$$\text{Anlagendeckungsgrad I} = \frac{\text{Eigenkapital}}{\text{Anlagevermögen}} \times 100$$

Dieser Wert zeigt, wie viel Prozent des Anlagevermögens durch das langfristige, sichere und preiswerte Eigenkapital finanziert wurden. Je höher der Wert ist, desto besser wird das Unternehmen eingeschätzt.

Der Anlagendeckungsgrad II erweitert die Vergleichsbasis um das langfristige Fremdkapital:

$$\text{Anlagendeckungsgrad II} = \frac{\text{Eigenkapital + langfristiges Fremdkapital}}{\text{Anlagevermögen}} \times 100$$

Dieser Wert sollte in Ihrem Unternehmen mehr als hundert Prozent ausweisen. Liegt der Anlagendeckungsgrad II unter einhundert Prozent, dann sind Teile des Anlagevermögens durch kurz- oder mittelfristiges Fremdkapital finanziert. Ein hohes Risiko!

Beispiel: Anlagendeckungsgrade !

Die Anlagendeckungsgrade für unsere Beispielbilanz zu Beginn des Kapitels 2.1.1 errechnen sich folgendermaßen:

$$\text{Deckungsgrad I} = \frac{750.000}{1.000.000} \times 100 = 75\ \%$$

Je nach Branche ist die Bewertung unterschiedlich. Im Durchschnitt sind 75% durchaus akzeptabel.

$$\text{Deckungsgrad II} = \frac{750.000 + 1.000.000}{1.000.000} \times 100 = 175\ \%$$

Der Deckungsgrad II weist einen Wert weit über 100% aus. Das dürfte in den meisten Fällen zu einer positiven Bewertung führen.

Das Working Capital

Mit Working Capital ist, frei übersetzt, das arbeitende Kapital des Unternehmens gemeint. Es werden zwei Arten des Working Capitals unterschieden: das Net Working Capital und das Working Capital.

Das Net Working Capital

Das Net Working Capital gibt an, wie viel des vorhandenen kurzfristig fälligen Vermögens (Umlaufvermögen) nicht durch kurzfristiges Fremdkapital gedeckt ist.

Net Working Capital = Umlaufvermögen – kurzfristiges Fremdkapital

Je größer dieser Wert ist, desto positiver. Die entstandene Differenz ist ja durch langfristiges Fremdkapital oder Eigenkapital gedeckt, was eine größere Sicherheit verspricht.

Diese Kennzahl wird auch als relative Zahl ermittelt, in der der prozentuale Anteil des durch kurzfristiges Fremdkapital gedeckten Umlaufvermögens berechnet wird:

$$\text{Net Working Capital} = \frac{\text{Umlaufvermögen}}{\text{kurzfristiges Fremdkapital}} \times 100$$

!

Beispiel: Net Working Capital

Für unsere Beispielbilanz ergeben sich die folgenden Werte:

$$\text{Net Working Capital} = \frac{1.500.000}{750.000} \times 100 = 200\ \%$$

Net Working Capital = 1.500.000 – 750.000 = 750.000 €

Die hier ermittelten Werte sind außergewöhnlich positiv und nicht typisch, besonders nicht für deutsche Unternehmen. Dort ist es eher der Fall, dass das Umlaufvermögen und Teile des Anlagevermögens durch kurzfristiges Kapital finanziert werden. Ein erhöhtes Risiko.

Das Working Capital

Das Working Capital soll möglichst gering gehalten werden, damit möglichst wenig finanzielle Mittel verbraucht werden. Das Umlaufvermögen besteht zum größten Teil aus den Vorräten und den Forderungen. Diese fressen finanzielle Mittel. Kurzfristiges Fremdkapital besteht hauptsächlich aus Lieferantenkrediten.

Ein derzeit diskutierter Managementansatz verlangt, dass die Vorräte und Forderungen des Unternehmens zu einem möglichst großen Teil durch Lieferantenkredite und andere kostenlose Fremdkapitalien (Verbindlichkeiten gegen andere Stellen, keine Banken) finanziert werden.

Working Capital = Vorräte + Forderungen – Verbindlichkeiten

Damit zeigt das Working Capital den Betrag an, den das Unternehmen zur Finanzierung des laufenden Betriebs benötigt. In unserem Beispiel sind das

Working Capital = 850.000 + 620.000 – 750.000 = 720.000 €

Dieser Wert wiederum ist nicht gut, da erhebliche finanzielle Mittel für das Working Capital aufgewendet werden müssen.

Achtung: Exakte Definitionen und Wissen um die Ziele sind notwendig

!

Hier zeigt sich, dass selbst gleiche Bezeichnungen von Kennzahlen zu unterschiedlichen Interpretationen kommen können. Wird der Fokus auf die Finanzierungsart gelegt ist die Aussage ein andere als beim Fokus auf die Höhe der Finanzierung. Exakte Definitionen und Wissen um die Ziele sind notwendig.

Der Cashflow

Nicht nur der rechnerische Erfolg, wie er sich in der Gewinn- und Verlustrechnung darstellt, bestimmt den Wert eines Unternehmens. Dieser Erfolg muss sich auch im Cash darstellen, es muss Liquidität entstehen. Wie viel finanzielle Mittel das Unternehmen selbst erwirtschaftet hat, zeigt der Cashflow.

Der Cashflow ermittelt aus den Zahlen der Gewinn- und Verlustrechnung, wie viel Geld dem Unternehmen zugeflossen ist. Im Gegensatz zu den bisherigen Zahlen bezieht sich der Cashflow auf einen Zeitraum (meist ein Jahr).

	Bilanzgewinn oder Bilanzverlust
./.	Gewinnvortrag aus Vorjahren
+	Verlustvortrag aus Vorjahren
+	Erhöhung von Rücklagen zu Lasten des Ergebnisses
./.	Auflösung von Rücklagen zu Gunsten des Ergebnisses
+	Abschreibungen auf das Anlagevermögen
=	Cashflow I
+	Zuführung zu langfristigen Rückstellungen
./.	Auflösung von langfristigen Rückstellungen
=	Cashflow II

+	außerordentlicher betriebs- und periodenfremder Aufwand
./.	außerordentlicher betriebs- und periodenfremder Ertrag
=	Cashflow III
./.	Dividende
=	Cashflow IV

Der Gewinn wird also um nicht zahlungswirksame Erfolgskomponenten korrigiert. Das Ergebnis stellt die Möglichkeit der Selbstfinanzierung des Unternehmens dar. Je größer der Cashflow ist, desto weniger Fremdkapital muss aufgenommen werden, um z. B. Investitionen zu finanzieren.

!

Beispiel: Cashflow

Die Beispielbilanz zu Beginn des Kapitels 2.1.1 enthält keine detaillierten Angaben über viele der Zu- und Abschläge in der Formel. Das wird auch in vielen Praxissituationen so sein. Es zeigt sich aber immer wieder, dass, bis auf Ausnahmejahre, keine großen Korrekturen notwendig sind, um den echten Cashflow zu erhalten. Dennoch ist auch das Beispielergebnis mit Skepsis zu betrachten:

Bilanzgewinn	185.074 €
+ Abschreibungen	150.000 €
= Cashflow	335.074 €

2.1.2 Renditekennzahlen

Wer als Gesellschafter oder Aktionär sein Geld in ein Unternehmen gesteckt hat, will wissen, welchen Erfolg diese Investition gebracht hat. Dieser Erfolg wird durch eine Verzinsung des investierten Kapitals dargestellt. Zu dieser Kapitalrendite kommt noch die Kennzahl, die auf den Umsatz bezogen wird.

Die Kennzahl Eigenkapitalrendite gibt an, mit welchem Zinssatz das eingesetzte Kapital der Anteilseigner verzinst wurde. Sie wird folgendermaßen berechnet:

$$\text{Eigenkapitalrendite} = \frac{\text{Gewinn}}{\text{Eigenkapital}} \times 100$$

Eine hohe Eigenkapital(EK)-Rendite ist immer besser als eine niedrige. Problematisch wird die Situation, wenn die im Unternehmen erzielbare EK-Rendite unter die Verzinsung von alternativen Kapitalanlagen sinkt. Dann werden die Kapitalgeber die Konkurrenzanlage wählen, sofern sie ihr Engagement im Unternehmen zurückfahren können.

Da Unternehmen unterschiedlich finanziert werden, also über unterschiedliche Anteile an Eigenkapital und Fremdkapital verfügen, ist für einen Vergleich die Rendite des gesamten eingesetzten Kapitals zu berechnen.

$$\text{Gesamtkapitalrendite} = \frac{\text{Gewinn} + \text{gezahlte Zinsen}}{\text{Gesamtkapital}} \times 100$$

Die für das Fremdkapital gezahlten Zinsen müssen dem Gewinn wieder zugerechnet werden, da diese Kosten bereits für die Finanzierung entstanden sind. Die so entstehende Kennzahl gibt an, wie rentabel das Unternehmen als Ganzes ist.

Mit der Umsatzrendite wird eine Kennzahl errechnet, mit der der Anteil des Gewinns an jedem Euro Umsatz festgestellt werden kann.

$$\text{Umsatzrendite} = \frac{\text{Gewinn}}{\text{Umsatzerlöse}} \times 100$$

Im Unternehmensvergleich ist eine hohe Umsatzrendite besser als eine niedrigere. Mit der Umsatzrendite können auch verschieden große Unternehmen verglichen werden, obwohl verschieden hohe Umsätze erzielt wurden.

Beispiel: Umsatzrendite !

Die Renditenberechnung für das Beispielunternehmen, dessen Bilanz Sie bereits zu Beginn des Kapitels 2.1.1 kennengelernt haben, ergibt die folgenden Werte:

$$\text{Eigenkapitalrendite} = \frac{185.074}{750.000} \times 100 = 24{,}7\ \%$$

$$\text{Gesamtkapitalrendite} = \frac{185.074 + 45.000}{2.500.000} \times 100 = 9{,}2\ \%$$

$$\text{Umsatzrendite} = \frac{185.074}{2.000.000} \times 100 = 9{,}3\ \%$$

Was ist eigentlich EBIT und EBITA?
Im Zuge der Unternehmensbewertungen und des Engagements vieler Bürger an der Börse haben Begriffe wie EBIT und EBITA den profanen Unternehmensgewinn ersetzt. Dabei handelt es sich um korrigierte Gewinnzahlen.

EBIT bedeutet:

Earnings	Gewinn
Before	vor
Interest	Zinsen
and	und
Taxes	Steuern

Der Gewinn wird also um Steuern und Zinsen korrigiert, also erhöht. Damit wird die Vergleichbarkeit von Unternehmen ermöglicht, die
- eine unterschiedliche Finanzierungsstruktur haben und
- die in unterschiedlichen Ländern unterschiedliche Steuern zahlen.

Für die Bewertung des Managements und des Unternehmens als Ganzes sind solche Vergleiche notwendig. Beim EBITA wird der Gewinn noch um die Abschreibungen (Amortisation) korrigiert. Dadurch werden auch unterschiedliche Politiken hinsichtlich der Entscheidung Kauf, Miete, Eigenfertigung (mit eigenen Maschinen) oder Fremdfertigung ausgeglichen.

!

Beispiel: EBIT und EBITA

EBIT und EBITA stellen sich für unser Beispielunternehmen folgendermaßen dar (die zu Grunde gelegten Zahlen stammen aus der Beispielbilanz und GuV zu Beginn des Kapitels 2.1.1):
EBIT = 185.074 (Gewinn) + 119.926 (Steuern) + 45.000 (Zinsen) = 350.000 €
EBITA = 350.000 (EBIT) + 150.000 (Abschreibung) = 500.000 €
Neben dem Unternehmen, das uns die Beispielbilanz zur Verfügung stellt, gibt es im Mutterkonzern ein weiteres, vergleichbares Unternehmen. Dessen Gewinn beträgt jedoch nur 150.000 €. Dieser errechnet sich aus einem Betriebsergebnis von 350.000 € (wie bei unserem Beispielunternehmen) folgendermaßen:

Betriebsergebnis	350.000
Zinsen	92.356
Ergebnis	257.644
Gewerbesteuer	46.376
Ergebnis vor Ertragsteuer	211268
Ertragsteuer	61.268
Ergebnis nach Steuern	150.000

EBIT = 150.000 (Gewinn) + 138.732 (Steuern) + 92.356 (Zinsen) = 350.000 €
Trotz unterschiedlich ausgewiesener Gewinne haben beide Unternehmen den gleichen EBIT. Unter vergleichbaren Bedingungen liefern beide das gleiche Ergebnis. Wenn die Konzernmutter dem zweiten Unternehmen weitere finanzielle Mittel zur Verfügung stellen würde, könnte auch dieses mit weniger Zinszahlungen das gleiche Ergebnis liefern.

2.1.3 Einen schnellen Überblick mit Liquiditätskennzahlen

Die Liquidität eines Unternehmens muss unter allen Umständen gewahrt bleiben. Ohne die Möglichkeit, fällige Verbindlichkeiten vertragsgemäß zu bezahlen, geraten selbst erfolgreiche Unternehmen in Gefahr. Dass es Kennzahlen gibt, mit denen auch Außenstehende, z.B. Banken oder andere Kapitalgeber, die Liquidität beurteilen wollen, verwundert daher nicht.

- Die Liquiditätskennzahlen sind statisch, auf den Bilanzstichtag bezogen.
- Die Quelle der Daten für die Berechnung ist die Bilanz des Unternehmens.
- Die Liquiditätskennziffern können ohne großen Aufwand ermittelt werden.

Achtung: Nicht für operative Arbeit !

Die hier angesprochenen Kennziffern zur Liquidität eines Unternehmens dienen vor allem der Beurteilung eines Unternehmens durch Externe. Für die tägliche Arbeit im Unternehmen können diese schon allein aufgrund der Datenquelle Bilanz, die nur einmal jährlich aufgestellt wird, nicht verwendet werden. Für die operative Sicherstellung der Liquidität ist eine dynamische Liquiditätsplanung notwendig. Diese wird in Kapitel 3.2.1 besprochen.

Die geläufigsten Liquiditätskennzahlen sind die Liquiditätsgrade 1, 2 und 3.

Liquidität 1. Grades
Hintergrund dieser Kennzahl ist die Annahme, dass kurzfristige Verbindlichkeiten (von bis zu einem Jahr) durch kurzfristig verfügbare Mittel gedeckt sein sollten.

$$\text{Liquidität 1. Grades} = \frac{\text{flüssige Mittel}}{\text{kurzfristiges Fremdkapital}} \times 100$$

Ein Wert unter hundert Prozent gibt an, dass kurzfristig fällige Verbindlichkeiten nicht aus den Bankguthaben und Kassenbeständen bezahlt werden können. Dazu müssten zusätzlich andere Vermögensteile zu Geld gemacht werden (z. B. Vorräte oder Forderungen). Da dies durchaus Zeit in Anspruch nimmt, entsteht eine gewisse Gefahr. Die meisten Unternehmen leben recht gut mit diesem Risiko.

! **Tipp: Auf nicht ausgeschöpfte Kreditlinien hinweisen**

Zu den flüssigen Mitteln, die nicht in der Bilanz ausgewiesen werden, gehören nicht ausgeschöpfte Kreditlinien bei den Banken. Diese können auch dazu herangezogen werden, kurzfristige Verbindlichkeiten zu bezahlen. Weist Ihre Bilanz eine schlechte Liquidität 1. Grades auf (z. B. < 25 %), und verfügen Sie über solche Kreditlinien, dann sollten Sie in Ihrer Bilanz darauf hinweisen.

Liquidität 2. Grades
Da viele der kurzfristigen Verbindlichkeiten innerhalb eines Jahres fällig werden, wird für deren Begleichung auch der Forderungsbestand des Unternehmens herangezogen. Forderungen können in der Regel im laufenden Prozess kurzfristig realisiert werden. Außerdem besteht die Möglichkeit, Forderungen zu verkaufen.

$$\text{Liquidität 2. Grades} = \frac{\text{Forderungen + flüssige Mittel}}{\text{kurzfristiges Fremdkapital}} \times 100$$

Liquidität 3. Grades
Mit der Liquidität 3. Grades wird geprüft, ob das Umlaufvermögen, also vorwiegend flüssige Mittel, Forderungen und Vorräte, ausreicht, um die kurz-

und mittelfristigen Verbindlichkeiten, die sich auf einen Zeitraum von bis zu fünf Jahren erstrecken, zu finanzieren.

$$\text{Liquidität 3. Grades} = \frac{\text{Umlaufvermögen}}{\text{kurz- und mittelfristiges Fremdkapital}} \times 100$$

Diese Kennzahl ist dann optimal, wenn sie ca. 100% beträgt. Dann können die Verbindlichkeiten mit entsprechend terminierten Vermögensteilen bezahlt werden. Auf der anderen Seite wird auch nicht zu viel teures kurzfristiges Fremdkapital eingesetzt, um mehr als das Umlaufvermögen, also das Anlagevermögen, zu finanzieren.

Beispiel: Liquiditätsgrade !

Für die Beispielbilanz aus Kapitel 2.1.1 ergeben sich die folgenden Werte.

$$\text{Liquidität 1. Grades} = \frac{30.000}{750.000} \times 100 = 4\ \%$$

$$\text{Liquidität 2. Grades} = \frac{620.000 + 30.000}{750.000} \times 100 = 87\ \%$$

$$\text{Liquidität 3. Grades} = \frac{1.500.000}{750.000} \times 100 = 200\ \%$$

Obwohl der Wert für die Liquidität 1. Grades wesentlich zu gering erscheint, ist die grundsätzliche Situation hinsichtlich der Zahlungsfähigkeit des Unternehmens gut.

Achtung: Liquiditätsgrade für externe Stellen verbessern !

Wenn auch die Liquiditätsgrade 1–3 für die eigentliche Arbeit im Unternehmen nicht praktikabel sind, kann die Verbesserung der Werte durchaus wichtig sein. Externe Stellen, also auch Banken und andere Kapitalgeber, ermitteln diese Kennziffern aus den ihnen zur Verfügung stehenden Daten der Bilanz. Damit deren Beurteilung positiv ausfällt, ist es wichtig, sich unternehmensintern mit diesen Kennzahlen zu beschäftigen.

2.1.4 Leistungskennzahlen

Während die Finanz- und Liquiditätskennzahlen für die externe Begutachtung entwickelt wurden, werden andere Zahlen benötigt, um die Vorgänge im Unternehmen intern zu bewerten. Leistungskennzahlen sind Teil der internen Begutachtung.

- Je nach Aufgabe der Kennzahl werden statische und dynamische Kennziffern berechnet. Statische beziehen sich auf einen Zeitpunkt, dynamische berichten über einen Zeitraum.
- Die Daten für die Leistungskennzahlen stammen aus den unterschiedlichsten Quellen. Neben der Buchhaltung liefert vor allem die Kostenrechnung wichtige Beiträge.
- Leistungskennzahlen sind nicht immer definiert oder werden nicht immer so angewandt, wie sie in der Theorie definiert sind. Die interne Aufgabe bestimmt den Inhalt.

!

Achtung: Interne Definitionen von Leistungskennzahlen bekannt machen

Damit fehlerhafte Interpretationen vermieden werden, muss dafür gesorgt sein, dass die internen Definitionen von Leistungskennzahlen bekannt sind. Eine regelmäßige Kontrolle vor allem der bereits seit langem berechneten Kennziffern stellt sicher, dass ein Abweichen von den internen Vorgaben erkannt wird.

Es gibt sehr viele Leistungskennzahlen. An dieser Stelle und im weiteren Verlauf des Buchs werden Sie die für die Praxis wichtigsten Zahlen und die Möglichkeiten, die sie bieten, kennen lernen.

Kapazitätsauslastung

Im Fertigungsbereich wird in jedem Unternehmen die Frage nach der Kapazitätsauslastung gestellt. Diese errechnet sich als Prozentzahl aus dem Verhältnis der maximal möglichen Kapazität zur tatsächlichen Leistung.

$$\text{Kapazitätsauslastung} = \frac{\text{tatsächliche Leistung}}{\text{maximale Kapazität}} \times 100$$

Beispiel: Kapazitätsauslastung !

Die Produktion kann maximal 25.000 Einheiten eines Produkts pro Monat herstellen. Im abgelaufenen Monat wurde 20.000 Einheiten produziert. Das entspricht einer Kapazitätsauslastung von 80%.

Am Beispiel dieser Kennzahl sei noch einmal darauf hingewiesen, dass trotz einer vordergründig eindeutigen Definition – der Rechenweg ist klar vorgegeben – durchaus noch Interpretationsspielraum bleibt. Enthält die maximale Kapazität bereits Abschläge für Wartung und Reparaturen? Gehört zur tatsächlichen Leistung auch die Menge der fehlerhaft produzierten Teile? Solche Fragen müssen definitiv geklärt sein.

Fehlerquote

Eine beliebte Kennzahl in Fertigungsbetrieben ist die Fehlerquote. Diese gibt die Höhe des Ausschusses, also der fehlerhaft produzierten Teile, an. Wichtig bei dieser Kennzahl ist die Dimension der eingesetzten Parameter. Bei gleichen oder ähnlichen Teilen kann die Berechnung mit Mengendaten erfolgen. Bei heterogenen Produktionen, die Regel in deutschen Fertigungsbetrieben, werden Eurowerte angesetzt.

$$\text{Fehlerquote} = \frac{\text{Anzahl der fehlerhaften Produkte}}{\text{Gesamtproduktion}} \times 100$$

oder

$$\text{Fehlerquote} = \frac{\text{Wert der fehlerhaften Produkte}}{\text{Wert der Gesamtproduktion}} \times 100$$

Achtung: Gleiche Werte bei fehlerhafter Produktion und Gesamtproduktion !

Wenn der Eurowert als Parameter eingesetzt wird, muss darauf geachtet werden, sowohl bei der fehlerhaften Produktion als auch bei der Gesamtproduktion den gleichen Wert einzusetzen. Also z.B. bei beiden die Herstellkosten oder bei beiden die Materialkosten.

Beispiel: Fehlerquote !

In der Produktion werden zwei Teile hergestellt. Teil A wurde mit 5.000 Stück produziert, 25 davon waren fehlerhaft. Die Herstellkosten betragen 7,50 €. Teil B wurde mit 10.000 Stück und davon 180 fehlerhaften hergestellt. Die Herstellkosten betragen hier 3,25 €.

Die Fehlerquote beträgt für

$$\text{Teil A} = \frac{25}{5.000} \times 100 = 0{,}5\ \%$$

$$\text{Teil B} = \frac{180}{10.000} \times 100 = 1{,}8\ \%$$

Insgesamt ergibt sich:

$$\text{Fehlerquote} = \frac{25 \text{ x } 7{,}50\ € + 180 \text{ x } 3{,}25\ €}{5.000 \text{ x } 7{,}50\ € + 10.000 \text{ x } 3{,}25\ €} \times 100 = 1{,}1\ \%$$

Kosten/Verbräuche

Das Interesse der verantwortlichen Personen im Unternehmen liegt in der Praxis oft auf den Kosten, die im Verantwortungsbereich entstehen. Um diese Werte in ihrer Aussagekraft zu verbessern, werden daraus Kennzahlen entwickelt. Auch die Verwendung technischer Einheiten in Verbrauchskennzahlen kann die Aussagekraft der Kennzahlen verbessern.

Wie vielfältig die Kostenkennziffern sein können, zeigen einige Beispiele:

$$\text{Personalkosten pro Stück} = \frac{\text{Summe der Personalkosten}}{\text{Anzahl der gefertigten Produkte}}$$

$$\text{Kosten pro Fertigungsstd.} = \frac{\text{Summe aller Kosten der Fertigungskostenstelle}}{\text{Anzahl der geleisteten Fertigungsstunden}}$$

$$\text{Materialkosten pro Stück} = \frac{\text{Summe aller Materialkosten}}{\text{Anzahl der gefertigten Produkte}}$$

$$\text{Mischkosten pro kg} = \frac{\text{Kosten des Mischers}}{\text{Gewicht aller Mischungen}}$$

$$\text{Zeit pro Anruf} = \frac{\text{Summe der im Callcenter geleisteten Zeit}}{\text{Anzahl der Anrufe}}$$

$$\text{Gas pro Tonne} = \frac{\text{Summe des verbrauchten Gases}}{\text{Menge des hergestellten Produkts}}$$

Trotz der großen Unterschiede zwischen diesen Kennzahlen, ist allen eines gemeinsam: Die Kennzahl alleine ist nicht Grundlage einer Aussage. Erst der Vergleich mit der gleichen Kennzahl aus anderen Zeiten oder von anderen Orten macht sie brauchbar.

Beispiel: Vergleich für Aussagekraft !

Im Werk I (Deutschland) eines internationalen Konzerns werden 45 Stunden benötigt, um ein Produkt herzustellen. Die Kennzahl 45 Stunden/Stück lässt keine weitere Aussage zu. Erst wenn dieser Wert mit dem Vorjahreswert von 50 Stunden/Stück oder dem Wert aus dem Werk IV in Polen (53 Stunden/Stück) verglichen wird, wird die Aussagekraft einer solchen Kennzahl deutlich.

Umsatzkennzahlen

Weitverbreitet sind Kennzahlen, die den Umsatz in irgendeiner Form beinhalten. Das liegt an der leichten Beschaffbarkeit des Parameters Umsatz und an der schon früh einsetzenden Beurteilung der Vertriebsmitarbeiter anhand von Leistungskennzahlen. Dabei wird der Umsatz als Leistung angesehen.

Schon der Umsatz selbst ist eine Kennzahl, die aus der Addition der Fakturierungen über einen gewissen Zeitraum entsteht. Der Umsatz, gleichgültig ob der Gesamtumsatz des Unternehmens oder Teile daraus, wird in Kennzahlen mit verschiedenen Dimensionen in Beziehung gesetzt:

- Die wohl wichtigste Dimension aller Umsatzkennzahlen ist die Zeit. Auf welchen Zeitraum bezieht sich die Kennzahl. Es gibt Umsatz pro Jahr, Umsatz pro Monat, Umsatz pro Tag. Aber auch der Umsatz im Planjahr 2019 oder der Umsatz im Vorjahr sind zeitliche Bezüge.
- Der Gesamtumsatz im Unternehmen wird unterteilt in Regionen, in denen der Umsatz erreicht wurde. Umsatz in Deutschland, Umsatz in Europa oder Umsatz in Verkaufsbezirk 10.

Tipp: Summe prüfen !

Wenn Sie Controllingberichte erhalten, in denen der Umsatz nach Dimensionen aufgeteilt ist, prüfen Sie, ob die Summe dieser Umsatzkennzahlen den Gesamtumsatz ergibt. In solchen Berichten verstecken sich zu gerne Erfassungs- oder Berechnungsfehler.

Umsatz pro Mitarbeiter

Der Umsatz pro Mitarbeiter ist eine Kennzahl, die entweder den echten Umsatzwert zeigt oder als Durchschnittswert dargestellt wird. Sie dient dazu, die Leistung des Mitarbeiters zu beurteilen.

Dazu werden entweder alle Umsätze, die dieser Mitarbeiter zu verantworten hat, addiert. Es entstehen dann Kennzahlen wie Umsatz des Mitarbeiters Müller.

Wird aber der Umsatz pro Mitarbeiter als Durchschnittskennzahl ermittelt, dividiert man den Umsatz durch die Anzahl der Mitarbeiter:

$$\text{Umsatz pro Mitarbeiter} = \frac{\text{Umsatz}}{\text{Anzahl der Mitarbeiter}}$$

Diese Kennzahl kann für das gesamte Unternehmen oder nur für Teilbereiche berechnet werden. Dann ist jedoch auch nur der dem Teilbereich zuzurechnende Umsatz zu verwenden.

!

Achtung: Beurteilung durch Externe

Die Kennzahl »Umsatz pro Mitarbeiter« kann von Externen leicht errechnet werden. Sowohl der Umsatz des Unternehmens als auch die Anzahl der Mitarbeiter werden in vielen Veröffentlichungen genannt. Da Personal ein erheblicher Kostenfaktor ist, wird tendenziell davon ausgegangen, dass hohe Werte positiv sind.

Umsatz pro Kunde

Die Kennzahl »Umsatz pro Kunde« kann ebenso wie »der Umsatz pro Mitarbeiter« der echte Umsatzwert des Kunden sein oder ein Durchschnittswert. Der echte Umsatz eines Kunden wird benötigt, um die Geschäftsbeziehung zu bewerten. Der durchschnittliche Umsatz pro Kunde zeigt Potenzial und Leistung.

!

Beispiel: Umsatz pro Kunde

Ein Unternehmen ist in Norddeutschland tätig und vertreibt aus Asien importierte Hilfsmittel an Blumengeschäfte, Geschenkartikelläden u. Ä. Zurzeit wird ein Umsatz von 1.500.000 € mit 3.000 Kunden erzielt. Das ist ein Umsatz von 500,00 €/ Kunde.

Es gibt Überlegungen, den Vertrieb auch auf Süddeutschland auszuweiten. Bei gleichem Marktanteil wird davon ausgegangen, dass in absehbarer Zeit ca. 2.000 vergleichbare Kunden gewonnen werden können. Das lässt auf einen Umsatz von 1.000.000 € schließen.

Umsatz nach Produkten

Eine weitere wichtige Dimension für Umsatzkennzahlen lautet »Umsatz nach Produkten«. Hier wird in der Regel wieder der Gesamtumsatz eines Produkts ermittelt. Dividiert durch die abgesetzte Stückzahl für das Produkt entsteht der durchschnittliche Verkaufspreis pro Stück, im Grunde auch eine Umsatzkennzahl.

Achtung: Der Umsatz kann für viele Kennzahlen verwendet werden !

Mit dieser Aufzählung sind noch lange nicht alle möglichen Umsatzkennzahlen genannt worden. Der Umsatz als leicht zu ermittelnde Größe kann als Parameter für viele weitere Kennzahlen verwendet werden. So ist z. B. die bereits in Kapitel 2.1.2 beschriebene Umsatzrendite im Grunde auch eine Umsatzkennzahl. Sie werden in den folgenden Kapiteln weitere Umsatzkennzahlen kennen lernen.

Marktanteil

Verantwortliche Vertriebsmitarbeiter in Unternehmen starren wie gebannt auf die Kennzahl »Marktanteil«. Diese gibt an, wie groß der Anteil des Unternehmens am Gesamtmarkt ist.

$$\text{Marktanteil} = \frac{\text{Unternehmensumsatz}}{\text{Marktvolumen}} \times 100$$

Die Formel sieht sehr einfach aus, insgesamt aber gibt es einige Kritik an dieser Kennzahl:

- Das Marktvolumen kann im Gegensatz zum eigenen Umsatz meist nur sehr ungenau geschätzt werden. Quellen für solche Werte sind z. B. das Statistische Bundesamt, das grobe Werte für manche Branchen ermittelt, oder Unternehmen, die solche Informationen am Markt erheben und teuer verkaufen.
- Die richtige Abgrenzung des Markts, und damit auch des Marktvolumens, lässt Spielraum für Manipulationen. Wird der Markt regional begrenzt, wenn das Unternehmen nur in bestimmten Regionen verkauft? Werden

billigste Produkte und Luxusprodukte mit gleichem Nutzen (z.B. Kugelschreiber zwischen 0,05 € und 5.000 € pro Stück) zu einem Markt zusammengefasst?

!

Achtung: Erfolge abhängig von Marktgrenzen

Geschickte Marketingmitarbeiter, die für die Marktanteile verantwortlich sind, können durch Definition der Marktgrenzen Erfolge herbeizaubern. Der Umsatz eines fachhändlerorientierten Unternehmens für Teichpumpen beträgt 10 Mio. €. Bezieht sich nun der berechnete Marktanteil auf den gesamten Gartenpumpenmarkt (ca. 500 Mio. €) oder nur auf den Markt, der über den Fachhandel befriedigt wird (150 Mio. €)? Entsprechend unterschiedlich sind die Ergebnisse: 2% Marktanteil im ersten Fall, 6,7% im zweiten.

Wird die Kennziffer mit dem richtigen Marktsegment gebildet, kann dennoch die positive Entwicklung des Marktanteils zu einer negativen Gesamtentwicklung führen, nämlich dann, wenn der Gesamtmarkt schrumpft. Das kann zu fehlerhaften Interpretationen führen.

!

Beispiel: Fehlinterpretationen

Das Unternehmen, das Teichpumpen über den Fachhandel verkauft, konnte seinen Marktanteil von den oben errechneten 6,7% auf 7,5% erhöhen. Da sich jedoch der Umsatz vom Fachhandel in die großen Märkte verlagert hat, wurden über den Fachhandel nur noch für 100 Mio. € Pumpen verkauft. Trotz erhöhtem Marktanteil besteht ein Umsatzrückgang auf 7,5 Mio. €.
Die positive Entwicklung des Marktanteils besagt in diesem Fall lediglich, dass das Unternehmen weniger verloren hat als andere Anbieter des Markts.

Auftragsgröße

Die Auftragsgröße wird ermittelt, um Entwicklungen im Kundenverhalten festzustellen. Je größer ein Auftrag, desto geringer sind die von der Auftragsabwicklung abhängigen Kosten insgesamt.

$$\text{durchschnittliche Auftragsgröße} = \frac{\text{Gesamtumsatz}}{\text{Anzahl der Aufträge}}$$

Auch hier gelangt man erst dann zur richtigen Aussage, wenn die Kennzahl mit der aus der Vergangenheit oder aus anderen Unternehmen verglichen wird.

Retourenanteil

Eine weitere Kennzahl aus dem Bereich Vertrieb/Versand ist der Anteil der Retouren.

Mit dieser Kennzahl kann die Qualität des Versands oder des Verkaufs beobachtet werden. Auch die Qualität der Produkte spielt eine Rolle.

$$\text{Retourenanteil} = \frac{\text{Anzahl der Warenrücknahmen}}{\text{Anzahl der gesamten Lieferungen}} \times 100$$

Da eine Retoure viele Gründe haben kann, ist die Kennzahl bei einer Analyse weiter zu differenzieren:

$$\text{Retourenanteil Qualität} = \frac{\text{Anzahl der Warenrücknahmen aufgrund von Qualitätsfehlern}}{\text{Anzahl der gesamten Lieferungen}} \times 100$$

$$\text{Retourenanteil Versand} = \frac{\text{Anzahl der Warenrücknahmen aufgrund falscher Versanddaten}}{\text{Anzahl der gesamten Lieferungen}} \times 100$$

usw.

Der Retourenanteil ist ein gutes Beispiel dafür, dass die Dimension der Kennzahl zu Interpretationsbedarf führen kann. Die Aussagekraft der Kennzahl kann durch viele Rücksendungen mit geringen Werten verfälscht werden. Besser ist es, diese Kennzahl zusätzlich für Euro-bewertete Parameter zu ermitteln:

$$\text{Retourenanteil Euro} = \frac{\text{Wert aller Warenrücknahmen}}{\text{Gesamtumsatz}} \times 100$$

Beispiel: Richtige Bezugsgröße für Retourenanteil !

Das obige Unternehmen, das Teichpumpen herstellt, hat die 10 Mio. € Umsatz mit 10.000 Lieferungen erreicht. Leider sind auch 500 Rücksendungen zu verzeichnen. Das macht einen Retourenanteil von 5%, ein dramatischer Wert.
Von diesen 500 Retouren betrafen 400 die Rücksendung eines falsch montierten Ersatzteils mit einem Wert von unter einem Euro. Insgesamt hatten die Rück-

sendungen einen Wert von 50.000 €. Auf den Wert bezogen ergibt sich also eine Retourenanteil von

$$\frac{50.000}{10.000.000} \times 100 = 0,5\,\%$$

Dieser Wert ist weit weniger Besorgnis erregend.

Durchlaufzeit

Die Durchlaufzeit eines Auftrags von der Unterschrift bzw. dem Eingang im Unternehmen bis zur Auslieferung ist interessant, wenn es um Lieferfähigkeiten und Servicefunktionen geht.

Durchlaufzeit (Tage) = Auslieferungstermin – Eingangstermin

Mit dieser Formel wird die Durchlaufzeit eines Auftrags gemessen. Um die durchschnittliche Zeit zu ermitteln, werden alle Durchlaufzeiten addiert und durch die Anzahl der Aufträge dividiert.

$$\text{durchschnittliche Durchlaufzeit} = \frac{\text{Summe aller Durchlaufzeiten}}{\text{Anzahl der Aufträge}}$$

Aufträge mit unterschiedlichen Inhalten können auch unterschiedliche Durchlaufzeiten aufweisen, und das zu recht. So ist ein Ersatzteilauftrag anders abzuwickeln als ein regulärer Auftrag. Ein Auftrag für Handelswaren ist meist schneller abgewickelt als der für Eigenfertigteile. Ein Auftrag über Dienstleistungen kann nicht mit einem Auftrag für Lagerwaren verglichen werden.

! **Tipp: Durchlaufzeiten für unterschiedliche Auftragsgruppen separat aufstellen**

Bereiten Sie die Kennzahl »Durchlaufzeit« für unterschiedliche Auftragsgruppen separat auf. Vergleichen Sie die Ergebnisse miteinander und stellen Sie fest, ob diese plausibel sind.

Durchschnittliche Zahlungsdauer

Eine Kennzahl aus dem Rechnungswesen ist das Zahlungsverhalten. Dieses kann sowohl für die Kunden, die an das Unternehmen zahlen, als auch für das Unternehmen, das an Lieferanten zahlt, ermittelt werden. In der Praxis geschieht das nur für die Kunden, da deren Zahlungsverhalten Einfluss auf die Liquidität haben kann.

Bei jeder Zahlung wird festgestellt, wie viele Tage seit der Rechnungsstellung vergangen sind. Damit eine Gewichtung des Zahlungsverhaltens mit der Höhe des Betrags erfolgen kann, wird die ermittelte Tagesanzahl mit dem Zahlungsbetrag multipliziert. Um den durchschnittlichen Wert berechnen zu können, muss der bisherige Wert und die zugrunde liegende bisherige Zahlsumme bekannt sein.

$$\text{durchschnittliche Zahlungsdauer} = \frac{\begin{pmatrix}\text{bisherige durchschnittliche Zahlungsdauer} \times \\ \text{bisheriger Zahlbetrag}\end{pmatrix} + (\text{aktuelle Zahlungsdauer} \times \text{aktueller Zahlbetrag})}{\text{bisheriger Zahlbetrag} + \text{aktueller Zahlbetrag}}$$

Beispiel: Durchschnittliche Zahlungsdauer

Ein Kunde hat über die Jahre bereits 500.000 € an das Unternehmen gezahlt und dafür im Durchschnitt 32 Tage benötigt. Jetzt hat er eine Zahlung von 100.000 € in 40 Tagen geleistet. Der neue Wert errechnet sich wie folgt:

$$\text{durchschnittliche Zahlungsdauer} = \frac{(32\ \text{Tage} \times 500.000\ €) + (40\ \text{Tage} \times 100.000\ €)}{500.000\ € + 100.000\ €} = 33{,}3\ \text{Tage}$$

Tipp: Zahlungsverhalten analysieren

Viele Finanzsoftwares, die für die Buchhaltung verwendet werden, bieten eine Zahlungsverhaltensanalyse an, aus der Sie dann die durchschnittliche Zahlungsdauer eines Kunden ersehen können. Beobachten Sie die Veränderungen, damit Sie eine Verschlechterung insgesamt oder bei einzelnen Kunden feststellen und darauf reagieren können.
Setzen Sie die Berechnung hin und wieder neu auf. Werden die Werte aus der Vergangenheit zu groß, können selbst starke Veränderungen nur schwer wahrgenommen werden. Ein erprobtes Mittel ist es, den alten Zahlbetrag maximal auf einen durchschnittlichen Jahresumsatz festzulegen. Sprechen Sie mit Ihrem IT-Betreuer.

Lagerreichweite/Umschlagshäufigkeit

Lager kosten Geld und verschlechtern u. U. die Waren. Daher legt jeder Lagerleiter sein Augenmerk auch auf die Disposition, die ihm Lagerreichweiten beschert. Die Kennzahl gibt an, für wie viel Tage ein Lagerbestand reicht. Exakt ermittelt wird der Wert für einzelne Lagerartikel in der Mengendimension (Stück, Meter, Liter ...).

$$\text{Lagerreichweite} = \frac{\text{Lagerbestand}}{\text{durchschnittlicher Verbrauch pro Tag}}$$

Um den Wert für einen gesamten Lagerbestand oder für den Bestand von Produktgruppen errechnen zu können, dürfen die unterschiedlichen Mengen nicht benutzt werden. Sie werden mit Euro bewertet.

$$\text{Lagerreichweite} = \frac{\text{Lagerwert}}{\text{durchschnittlich abgehender Lagerwert pro Tag}}$$

! **Beispiel: Lagerreichweite**

Die Teichpumpe 5011 Experience verkauft sich durchschnittlich mit 15 Stück pro Tag, der Lagerbestand beträgt 453 Stück:

$$\text{Lagerreichweite} = \frac{\text{453 Stück}}{\text{15 Stück pro Tag}} = 30{,}2 \text{ Tage}$$

Insgesamt hat das Unternehmen einen Lagerbestand mit Wert von 1.245.000 €. Täglich werden Waren im Lagerwert von 23.450 € verkauft und ausgeliefert, also dem Lager entnommen.

$$\text{Lagerreichweite} = \frac{\text{1.245.000 €}}{\text{23.450 € pro Tag}} = 53{,}1 \text{ Tage}$$

! **Achtung: Verbrauchte Mengen mit den gleichen Bewertungspreisen multiplizieren**

Bei der Berechnung mit den bewerteten Beständen wird in der Praxis häufig folgender Fehler gemacht: Die Bestandswerte selbst werden mit den Bewertungspreisen (z.B. durchschnittliche Anschaffungs- bzw. Herstellkosten) errechnet. Das regelt auch das Gesetz. Der Verbrauch für die Formel wird oft fälschlich mit dem Umsatz angesetzt. Die verbrauchten Mengen müssen aber mit den gleichen Bewertungspreisen multipliziert werden wie der Bestand. Sonst gibt es falsche Ergebnisse.

Während Disponenten häufig lieber mit den Lagerreichweiten arbeiten, verlangen vorgesetzte Stellen oft die Umschlagshäufigkeit. Diese lässt sich leicht aus der Lagerreichweite errechnen.

$$\text{Umschlagshäufigkeit} = \frac{365}{\text{Lagerreichweite}}$$

Die Formel gilt, wenn die Lagerreichweite in Tagen angegeben ist. Ist eine andere Zeiteinheit gewählt, muss der Fixwert (365) entsprechend verändert werden (Lagerreichweite in Wochen = Fixwert 52, Lagerreichweite in Monaten = Fixwert 12).

Die Umschlagshäufigkeit gibt an, wie oft der Lagerbestand in einem Jahr komplett ausgetauscht wird.

Beispiel: Umschlagshäufigkeit !

Die Lagerreichweite von 53,1 Tagen führt zu einer Umschlagshäufigkeit von 6,9. Theoretisch wird also das Lager 6,9 mal pro Jahr ausgetauscht.

2.1.5 Kennzahlensysteme

Die Vielfalt möglicher Kennzahlen, ihre unterschiedlichen Dimensionen und Quellen macht die Steuerung des Unternehmens oder seiner Teilbereiche mithilfe der Zahlen sehr schwer. Darum werden Kennzahlensysteme geschaffen, die einen festen Aufbau haben und in denen die einzelnen Werte zueinander in Beziehung stehen.

Tipp: Verwendete Kennzahlen prüfen !

Auch in Ihrem Unternehmen werden immer wieder die gleichen Kennzahlen ermittelt und für die Führung herangezogen. Damit haben Sie ein individuelles Kennzahlensystem geschaffen. Machen Sie sich dieses bewusst und untersuchen Sie die Zusammenhänge in Ihrem System. Sie werden fehlende, aber auch überflüssige Kennzahlen finden.

In der Theorie wurden viele Kennzahlensysteme entworfen, die eine optimale Information gewährleisten sollen. Typisch dafür ist der ROI-Baum. Seit Jahren wird die Balanced Scorecard diskutiert, findet in der Praxis aber kaum

Beachtung. Auch diese Form eines Kennzahlensystems hat positive Seiten, die von kleinen und mittleren Unternehmen ebenso genutzt werden können wie von großen Konzernen.

Der ROI-Baum

Die Kennzahl ROI (Return on Invest) gibt an, mit welchem Zinssatz das gesamte eingesetzte Kapital verzinst wird. Der ROI entspricht der Gesamtkapitalrendite und lässt sich entsprechend über folgende Formel berechnen:

$$\text{ROI} = \frac{\text{Gewinn}}{\text{Gesamtkapital}} \times 100$$

Beide Bestandteile der Kennzahl lassen sich auch anders, durch weitere Kennzahlen darstellen. Wird das bis zur letzten echten Zahl aufgelöst, entsteht der ROI-Baum. Aus ihm werden die Zusammenhänge zwischen den Werten und Parametern klar.

So errechnet sich z.B. die Kennzahl »Nettoumsatz«, indem vom Bruttoumsatz die Erlösschmälerungen abgezogen werden. Der Nettoumsatz ist wiederum Parameter bei der Berechnung der Kennzahlen »Deckungsbeitrag«, »Umsatzrendite« und »Kapitalumschlag«.

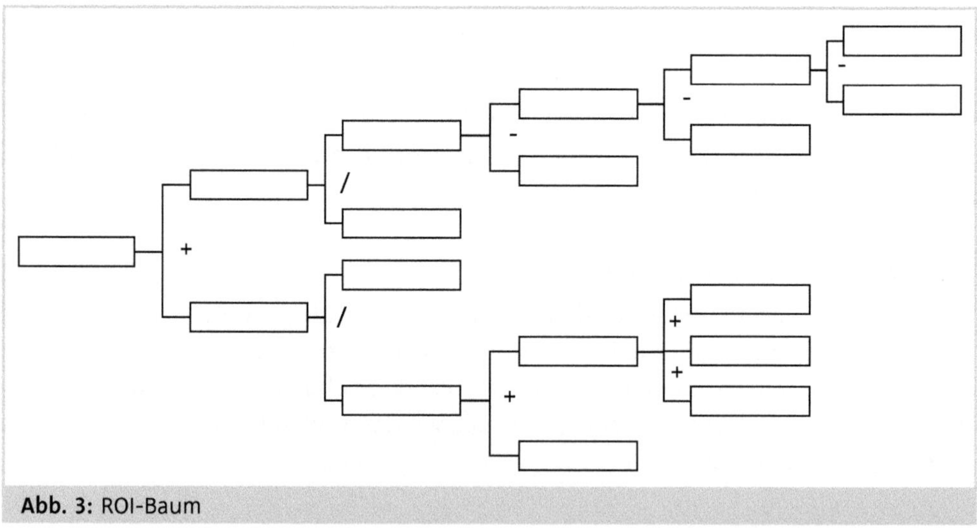

Abb. 3: ROI-Baum

Wird der ROI-Baum mit den entsprechenden Werten an jedem Feld ergänzt, können Veränderungen und Abweichungen sehr schnell erkannt und behandelt werden.

Tipp: Die Aussagekraft des ROI-Baums ist ungebrochen

!

Der ROI-Baum wurde von der Firma Dupont entwickelt und erstmalig 1917 eingesetzt. Seitdem haben sich die Ansprüche an Kennzahlen zwar stark verändert. Die Aussagekraft der Kennzahl ROI und damit all ihrer Parameter ist aber ungebrochen.

Worin liegen die Vor- und Nachteile des ROI-Baums?

- Alle verwendeten Parameter lassen sich schnell und ohne großen Aufwand aus der Finanzbuchhaltung entnehmen.
- Der ROI-Baum kann sowohl für ganze Unternehmen als auch für Profitcenter verwendet werden. Voraussetzung ist, dass ein Gewinn für den jeweiligen Unternehmensbereich ermittelt werden kann.
- Es wird eine einfache Kontrolle und damit eine wirksame Steuerung ermöglicht.
- Der ROI-Baum ist nur für monetäre Kennzahlen geeignet.
- Die Konzentration auf die Kapitalrendite ist kurzfristig. Langfristige Problemstellungen zeigen sich im ROI-Baum nicht.
- Eine flexible Anpassung an unternehmensindividuelle Fragestellungen ist nicht möglich.

2.1.6 Dynamische Informationen aus statischen Kennzahlen gewinnen

Kennzahlen werden in der Regel mit den aktuellen Werten berechnet. Grundsätzlich können und sollten sie für die unterschiedlichsten Zeitdimensionen berechnet werden, um auch für diese konzentrierten Inhalte Vergleichswerte zu haben.

- Zeitraumbezogene Kennzahlen können grundsätzlich für jeden denkbaren Zeitraum berechnet werden. Zahlen pro Stunde, Tag, Woche, Monat oder Jahr sind ebenso möglich wie jede andere Zeitspanne.

- Zeitpunktbezogene Kennzahlen können auch für andere Zeitpunkte berechnet werden, wenn die Parameter dafür vorliegen.
- Somit können die aktuellen Kennzahlen auch mit denen der Vergangenheit verglichen werden. Werte aus der Vergangenheit wurden entweder damals berechnet und gespeichert oder können aus Vergangenheitswerten neu ermittelt werden.
- Was für die Vergangenheit möglich ist, ist auch für die Zukunft möglich. Dafür werden die Planwerte der Parameter verwendet. So entstehen Kennzahlen des Budgets, die auch als Maßstab für die Qualität der Planung dienen.

!

Achtung: Bei jeder Kennzahl die zeitliche Dimension angeben

Zur Erinnerung: Die Möglichkeiten, Kennzahlen für jeden Zeitpunkt bzw. Zeitraum zu wählen, macht es notwendig, dass bei jeder Kennzahl die zeitliche Dimension angegeben wird.

Eine zusätzliche Aussage bieten Kennzahlen dem Leser dann, wenn nicht nur der Einzelwert veröffentlicht wird. Die Zeitreihe einer Kennziffer macht klar, welche Veränderungen erfolgt sind und was in Zukunft erreicht werden kann. Die Auswirkungen von bewussten Aktionen zur Veränderung von Kennzahlen werden erst durch Zeitreihen sichtbar.

!

Beispiel: Zeitreihe einer Kennzahl

Um die geplante Steigerung der Exportaktivitäten zu unterstützen, wurden im Unternehmen aktiv Maßnahmen ergriffen. So wurde zum einen bei Neueinstellungen darauf geachtet, dass die neuen Mitarbeiter über Englischkenntnisse verfügen. Zum anderen wurden unternehmensinterne Schulungsmaßnahmen durchgeführt und private Maßnahmen zu Erlernung der Sprache gefördert.
Diese Maßnahmen wurden im Jahre 2014 ergriffen. Die Zeitreihe des prozentualen Anteils an Englisch sprechenden Mitarbeitern zeigt dies sehr deutlich:

Anteil der Englisch sprechenden Mitarbeiter in Prozent aller Mitarbeiter (Ist und Plan)

2011	2012	2013	2014	2015	2016	2017	2018	2019	2020
15	12	14	16	20	25	28	30	33	33

Seit Beginn der Maßnahmen sind signifikante Steigerungen zu verzeichnen. Die Werte über das aktuelle Jahr hinaus sind Planwerte.

2.2 Analysen zur Entscheidungsvorbereitung

Kennzahlen bilden das Geschehen im Unternehmen für einen bestimmten Zeitpunkt oder einen Zeitraum ab. Mit Analysen wird das abgebildete Geschehen bewertet.

Achtung: Verantwortliche müssen Maßnahmen selbst ergreifen !

Auch die Controllinganalysen geben nur erste Hinweise auf bestimmte Situationen und Entwicklungen. Aktionen und Maßnahmen müssen von den Verantwortlichen selbst ergriffen werden.

Immer wieder auftretende Analyseaufgaben wurden im Controlling schnell zu Standardanalysen. Diese sind wissenschaftlich gut aufbereitet, bekannt und werden durch Standardsoftware unterstützt. So verwaltet z.B. jede ERP-Software im Artikelbereich das ABC-Kennzeichen aus der ABC-Analyse.

2.2.1 ABC-Analyse, flexibler als gedacht

Erfolgreich wirtschaften bedeutet, knappe Mittel optimal einzusetzen. Gleichgültig, ob es um Kapital, Arbeitszeit, Maschinenstunden oder Material geht. Wenn ein Faktor knapp ist, muss eine Entscheidung von einer kompetenten Stelle über den Einsatz getroffen werden.

Die ABC-Analyse hilft dabei, die für das Unternehmen wichtigen Einsatzbereiche zu finden:

!

Beispiel: ABC-Analyse

Vertriebsaktivitäten werden nur auf Erfolg versprechende Kunden konzentriert, um die knappe Zeit der Vertriebsmitarbeiter optimal zu nutzen.
Die knappen finanziellen Mittel für die Fertigungsoptimierung werden für die Herstellung der Artikel eingesetzt, die dem Unternehmen den größten Erfolg bringen.
Die Einkaufsaktivitäten werden auf die Materialien konzentriert, die für das Unternehmen wichtig sind. Große Beschaffungsmengen oder Abhängigkeiten von bestimmten Lieferanten sind dabei die Parameter.
Der Controller beschäftigt sich intensiv mit den Kostenstellen, die eine große Abweichung zwischen Plan- und Istwerten aufweisen.

Dies sind die Voraussetzungen, um eine ABC-Analyse durchführen zu können:

- Die zu untersuchenden Einheiten müssen durch einen oder mehrere numerische Parameter bestimmbar sein (z. B. Umsatz, Deckungsbeitrag, Einkaufsvolumen, Kosten).
- Die Größe des numerischen Parameters (oder bei mehreren das Ergebnis der mathematischen Verknüpfung) muss im Verhältnis zur Wichtigkeit des dazugehörigen Objekts stehen (z. B. große Umsätze = wichtige Kunden; niedrige Deckungsbeiträge = hohes Einsparpotenzial).
- Die untersuchte Gruppe muss homogen sein, also aus ähnlichen Objekten bestehen (z. B. Kunden des gleichen Vertriebswegs, Materialien eines Einkäufers).

Sind diese Voraussetzungen erfüllt, kann die ABC-Analyse relativ einfach durchgeführt werden, wenn die folgenden 6 Schritte beachtet werden:

Schritt 1: Parameter aufbereiten

Zunächst muss für jedes Objekt der beobachteten Gruppe festgestellt werden, wie groß der dazugehörige Wert ist. Gibt es eine Verknüpfung mehrerer Werte, muss diese ebenfalls durchgeführt werden.

Es wird z. B. für alle Kunden der dazugehörige Umsatz festgestellt.

Schritt 2: Sortieren der Gruppe

Die Mitglieder der Gruppe werden sortiert. Die Sortierreihenfolge wird durch den berechneten Wert des Parameters bestimmt. Dabei wird der für das Unternehmen wichtigste Wert an den Anfang der Liste gesetzt.

So wird z. B. die Kundenliste nach Umsatz sortiert, wobei der Kunde mit dem größten Umsatz oben steht.

Schritt 3: Anteile feststellen

Für jedes Mitglied der Gruppe wird festgestellt, welchen prozentualen Anteil der Wert an der Summe aller Parameterwerte hat. Die Prozentzahlen werden kumuliert.

Es wird z. B. für jeden Kunden der Liste festgestellt, wie viel Prozent des Gesamtumsatzes der Liste auf den Kunden entfallen. Die gefundenen Prozentsätze werden kumuliert.

Schritt 4: Bewerten

Die Mitglieder der Gruppe werden jetzt mit dem ABC-Kennzeichen bewertet. Dazu wird eine Einteilung der kumulierten Prozentsätze verwendet. Diese Einteilung muss individuell je nach Ziel der Analyse vergeben werden.

Die Kunden werden in der Reihenfolge der Sortierung betrachtet. Diejenigen, deren Umsätze zusammen mehr als 40% des Gesamtumsatzes ausmachen, erhalten das Kennzeichen A. Die Kunden, die in den Bereich von 40% bis 80% des Gesamtumsatzes fallen, erhalten das Kennzeichen B. Die restlichen Kunden das Kennzeichen C.

Tipp: Nur wenige Kunden machen 50% des Gesamtumsatzes aus !

Vor allem im Vertriebsbereich zeigt sich, dass nur wenige gute Kunden fast 50% des gesamten Umsatzes ausmachen. Dann kommt eine größere Gruppe von Kunden, die noch ordentliche Umsätze aufweisen und die nächsten 40% des Gesamtumsatzes bringen. Den Rest teilen sich dann viele kleine Kunden.
Das ist nicht nur typisch für den Vertrieb, das gilt auch für viele andere Objekte und Gruppen, wenn sie nur groß genug sind.

Schritt 5: Manuelle Übersteuerung

Bis hierher ist die ABC-Analyse eine rein technische Aufgabe, die oft auch von IT-Systemen selbstständig erledigt wird. Es gibt jedoch vielfältige Gründe, die eine manuelle Prüfung und Änderung notwendig machen.

!

Beispiel: Manuelle Übersteuerung

Ein Kunde mit sehr hohem Umsatz hat die Zusammenarbeit beendet. Dennoch würde er weiter ein A-Kunde bleiben, bis sich über die Zeit der Umsatz im Vergleich zu anderen Kunden relativiert hat.
Ein neuer Kunde mit noch geringem Umsatz hat erhebliches Potenzial. Automatisch würde er ein C-Kunde sein und entsprechend schlecht betreut werden. Der manuelle Eingriff macht daraus einen A-Kunden und sorgt für die richtige Betreuung.
Ein Material für die Fertigung wird nur in geringen Mengen eingesetzt, muss aber für die Herstellung unbedingt vorhanden sein. Der Einkäufer muss daher seine Zeit auch diesem C-Material widmen. Eine manuelle Übersteuerung ist notwendig.

Weitere Gründe für einen manuellen Eingriff können rechtliche Vorschriften, Abhängigkeiten oder z.B. Kuppelproduktionen sein.

!

Achtung: Manuelle Eingriffe strikt regeln

Die manuellen Eingriffe müssen strikt geregelt sein. Nur bestimmte Mitarbeiter dürfen die Berechtigung haben, das Kennzeichen zu verändern. Sonst wird die ABC-Analyse unübersichtlich.

Schritt 6: Veränderungen feststellen

Ein letzter Schritt wird in der Praxis häufig übersehen: Die Ergebnisse einer ABC-Analyse können sich im Laufe der Zeit ändern. Aus einem C-Teil wird ein B-Teil, ein A-Kunde kann zu einem B-Kunden werden. Solche Veränderungen müssen systematisch festgestellt werden.

Wenn ein bisher wichtiger Tatbestand plötzlich wegfällt, kann das Gründe haben die für das Unternehmen wichtig sind. Werden A-Kunden zu B- oder C-Kunden, verlieren sie Umsatz. Diese Entwicklung muss gestoppt werden. Entwickelt sich ein C-Kunde zu einem B-Kunden, kann er eventuell gefördert und zu einem A-Kunden werden.

Die ABC-Analyse ist also nicht nur ein Instrument für die Verteilung knapper Ressourcen. Sie gibt auch Hinweise auf Vorgänge, die sonst nicht so schnell erkannt würden.

Sind auch Situationen vorstellbar, in denen die Entwicklung eines in der ABC-Analyse klassifizierten Objekts von einer niedrigeren zu einer höheren Klasse unerwünscht ist? Ja. Es sollte z. B. unbedingt untersucht werden, wenn ein Ersatzteil zum A-Teil wird. Das kann auf einen nachlassenden Umsatz der Hauptprodukte schließen lassen oder auf Qualitätsprobleme.

Beispiel: Verborgene Entwicklungen aufdecken !

Ein Fertigungsunternehmen hat nur begrenzte Mittel für die Modernisierung und Wartung des Maschinenparks zur Verfügung. Darum werden die Maschinen einer ABC-Analyse unterzogen, die zwei Parameter berücksichtigt: die Auslastung der letzten zwölf Monate in Prozent von der Gesamtkapazität und die Möglichkeit des Ersatzes der Maschine im Falle eines Ausfalls. Der letzte Parameter wird von dem Techniker auf einer Skala von 1–10 eingeordnet, wobei 1 bedeutet, dass kein Ersatz möglich ist, 10 steht für einen problemlosen Ersatz der Maschine.

ABC-Analyse Fertigung Werk II

Zeitraum Jan–Dez 2017

Maschine	Art	Auslastung	Ersatz	Parameter
5874.1	Kunststoffspritzautomat	95 %	7	0,1357
5874.2	Kunststoffspritzautomat	85 %	7	0,1214
4788.0	CNC-Drehbank	75 %	2	0,3750
3577.9	Klebestation	95 %	1	0,9500
5774.3	Präzisionssäge	90 %	9	0,1000
6689.2	Manuelle Drehbank	20 %	9	0,0222
6689.1	Manuelle Drehbank	45 %	9	0,0500
1000.0	Verpackungsautomat	82 %	1	0,8200
3311.5	Lackierroboter	68 %	3	0,2267
9874.9	Funktionstester	100 %	5	0,2000

Der Parameter wird errechnet, indem die Prozentzahl für die Auslastung durch die Kennzahl für den möglichen Ersatz dividiert wird. Eine Sortierung ergibt die folgende Liste:

ABC-Analyse Fertigung Werk II

Zeitraum Jan-Dez 2017

Maschine	Art	Auslastung	Ersatz	Parameter	%	kum %	Klassif.
3577.9	Klebestation	95%	1	0,9500	31,7%	31,7%	A
1000.0	Verpackungs-automat	82%	1	0,8200	27,3%	59,0%	A
4788.0	CNC-Drehbank	75%	2	0,3750	12,5%	71,5%	B
3311.5	Lackierroboter	68%	3	0,2267	7,6%	79,0%	B
9874.9	Funktions-tester	100%	5	0,2000	6,7%	85,7%	B
5874.1	Kunststoff-spritzautomat	95%	7	0,1357	4,5%	90,2%	C
5874.2	Kunststoff-spritzautomat	85%	7	0,1214	4,0%	94,3%	C
5774.3	Präzisionssäge	90%	9	0,1000	3,3%	97,6%	C
6689.1	Manuelle Drehbank	45%	9	0,0500	1,7%	99,3%	C
6689.2	Manuelle Drehbank	20%	9	0,0222	0,7%	100,0%	C

Die Prozentzahlen für den errechneten Parameter werden ermittelt und kumuliert. A-Maschinen sind die, die im Bereich 1% bis 50% liegen, B-Maschinen liegen zwischen 50% und 80%. Der Rest sind C-Maschinen.
Die vorhandenen Mittel für die Modernisierung und besondere Wartung werden auf die A- und B-Maschinen verteilt. A-Maschinen werden bei der Verteilung bevorzugt. C-Maschinen können auch noch im Falle eines Ausfalls entsprechend repariert werden.

Die Vor- und Nachteile der ABC-Analyse im Überblick:

- Die ABC-Analyse ist sehr einfach anzuwenden.
- Auch komplexe Aufgabenstellungen können mit der ABC-Analyse gelöst werden.
- Die Anwendung kann auf verschiedensten unternehmerischen Ebenen und in unterschiedlichen Bereichen erfolgen.
- Die Vorgehensweise zur Erstellung einer ABC-Analyse ist leicht verständlich.
- Es müssen numerische Daten vorliegen, die eine Einordnung der Objekte möglich machen.
- Die Einteilung in drei Klassen wird in vielen Fällen als zu grob angesehen.

Achtung: Klassen nicht Ausweiten !

Technisch ist es kein Problem, auf die Forderungen nach differenzierteren Klassen einzugehen. Aus der ABC-Analyse wird dann eine ABCDEFG-Analyse. Das geht jedoch auf Kosten der Einfachheit der Methode. Das Ergebnis wird unübersichtlich. Von einer Ausweitung der Klassen ist daher abzuraten.

2.2.2 Break-even-Analyse: Entscheidungshilfe für Neuprodukte

Jedes Unternehmen muss permanent neue Produkte entwickeln und auf den Markt bringen. Das verursacht hohe Kosten und verlangt eine ausreichende Liquidität:

- Die neuen Produkte müssen entwickelt werden. Dabei entstehen vor allem Personalkosten oder, wenn die Entwicklung fremdvergeben wurde, Beratungskosten.
- Für Fertigungsunternehmen bedeuten neue Produkte oft hohe Investitionen in Maschinen und Anlagen. Dies führt später zu Abschreibungen und damit zu Kosten.
- Die Markteinführung neuer Produkte muss durch Marketingaktionen unterstützt werden. Auch diese müssen finanziert werden.

Bei der Entscheidung für ein neues Produkt müssen diesen Kosten die erwarteten Erträge gegenübergestellt werden. Den Beteiligten fällt es meist sehr schwer, die Absatzmengen mit ausreichender Sicherheit zu schätzen.

Einfacher ist es festzustellen, ob eine Mindestmenge mit einer gewissen Wahrscheinlichkeit in einem vorgegebenen Zeitraum überschritten wird oder nicht.

Welche Mindestmenge notwendig ist, also bei welcher Absatzmenge des neuen Produkts die entstehenden Entwicklungs- und Einführungskosten überschritten werden, wird mithilfe der Break-even-Analyse errechnet. Mit ihrer Hilfe lässt sich also feststellen, ab wann ein echter Überschuss bleibt.

Zwei Komponenten gehen in die Break-even-Analyse ein:

1. Die Erlöse berechnen sich aus der Menge multipliziert mit dem erwarteten durchschnittlichen Verkaufspreis.
2. Die Kosten ergeben sich als Summe von Fixkosten und variablen Kosten. Die Fixkosten sind die bereits erwähnten notwendigen Ausgaben für Entwicklung, neue Maschinen und Marketing zzgl. aller sonstigen von der Menge unabhängigen Kosten. Die variablen Kosten ergeben sich, wenn die Menge mit den direkten Kosten des Produkts multipliziert wird (Material, Fertigungslöhne …).

Bei dem Verkauf einer Einheit des neuen Produkts erzielt das Unternehmen Erlöse in Höhe des Verkaufspreises. Gleichzeitig fallen variable Kosten an. Die Differenz zwischen diesen Werten (der Deckungsbeitrag) dient dazu, die fixen Kosten zu decken. Wie viel Einheiten verkauft werden müssen, wird errechnet, indem die fixen Kosten durch den Deckungsbeitrag pro Stück dividiert werden.

$$\text{Break-even-Menge} = \frac{\text{Fixkosten}}{\text{Verkaufspreis/Einheit} - \text{variable Kosten/Einheit}}$$

!

Beispiel: Break-even-Menge

Die Markteinführung eines neuen Pumpentyps verursacht die folgenden Kosten:

Entwicklung	70.000 €
Maschinen	180.000 €
Marketing	50.000 €
Summe Fixkosten	300.000 €

Es entstehen variable Kosten pro Stück in Höhe von 70 € und es wird ein Verkaufspreis von 200 € erwartet. Das ergibt die folgende Berechnung:

$$\text{Break-even-Menge} = \frac{300.000\ €}{200\ €/\text{Stück} - 70\ €/\text{Stück}} = 2.307{,}7\ \text{Stück}$$

Ab dem Verkauf der 2.308en Pumpe entsteht dem Unternehmen ein echter Gewinn. Zu schätzen, ob die Menge in z. B. 2 Jahren erreicht wird, fällt erfahrenen Verkäufern leicht.

Die Break-even-Analyse wird oft auch grafisch durchgeführt. Dafür wird in einem Koordinatenkreuz mit den Kosten und Erlösen an der Y-Achse und der Menge an der X-Achse die Entwicklung von Kosten und Erlösen in Abhängigkeit von der Menge dargestellt. Dort, wo sich die Kosten- mit der Erlöskurve schneidet, liegt der Break-even-Punkt.

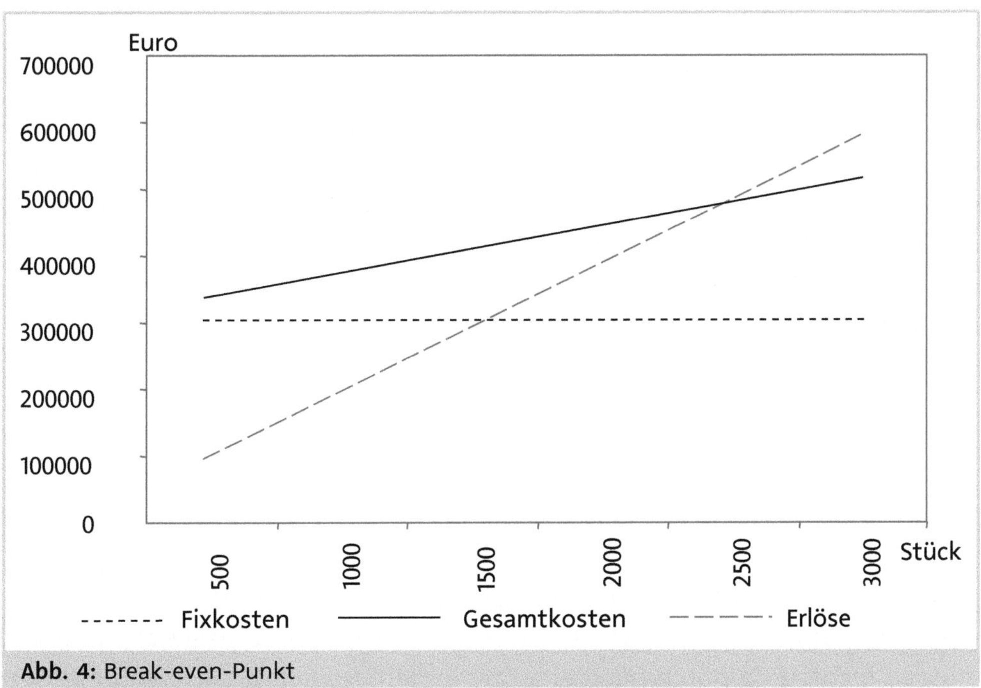

Abb. 4: Break-even-Punkt

Benutzen Sie für exakte Ergebnisse die Formel, da Sie über die Grafik Daten erhalten werden, die weniger genau sind. Andererseits ist die Grafik für die Empfänger der Informationen meist besser verständlich. Beide Darstellungsarten lassen sich problemlos gemeinsam verwenden.

Für die Break-even-Analyse sind nur 4 Schritte notwendig:

1. Die Fixkosten werden ermittelt. Sie sind die Summe aller einmaligen, zu Beginn und vor der Markteinführung anfallenden Kosten.
2. Die variablen Kosten enthalten alle während der Produktion entstehenden direkt dem Produkt zuzuordnenden Kosten.
3. Der durchschnittliche Verkaufspreis für das neue Produkt muss ermittelt werden. Hierbei sind alle Erlösschmälerungen abzuziehen.
4. Die Werte werden in die Formel eingesetzt. Das Ergebnis wird mathematisch einfach ermittelt.

Die Break-even-Analyse hat, wie jedes Controllinginstrument, Vor- und Nachteile:

- Das Controllinginstrument kann sehr einfach und schnell genutzt werden.
- Es werden nur wenige Parameter benötigt, die auch leicht zu schätzen sind.
- Das Ergebnis und der Inhalt der Analyse sind auch für Außenstehende leicht verständlich.
- Die Einfachheit der Datenbeschaffung verführt zu schnellen und wenig differenzierten Schätzungen. Das Ergebnis der Analyse hängt aber von der Qualität der Daten ab.
- Da die Analyse so einfach ist, wird ihr oft kein wirklich zuverlässiges Ergebnis zugetraut.

2.2.3 Lebenszyklusanalyse

Auch Produkte führen ein Leben, wobei ihre Lebensphasen einen erheblichen Einfluss auf den Erfolg des Unternehmens haben. Alternde Produkte müssen rechtzeitig durch neue ersetzt werden. Neue Produkte verursachen fixe Kosten, die sich erst ab der Break-even-Menge wirtschaftlich rechnen.

Das kann die Lebenszyklusanalyse leisten:

- Die Lebenszyklusanalyse gibt Hinweise auf alternde und sterbende Produkte, um sie rechtzeitig zu ersetzen.

- Die Analyse gibt Hinweise für die Planung von Absatzmengen und erzielbare Preise der untersuchten Produkte.
- Das Controllinginstrument hilft bei der Beurteilung von Produkten und Sortimenten.

Die fünf Phasen des Lebenszyklus

Das Leben eines Produkts wird in fünf Phasen eingeteilt:

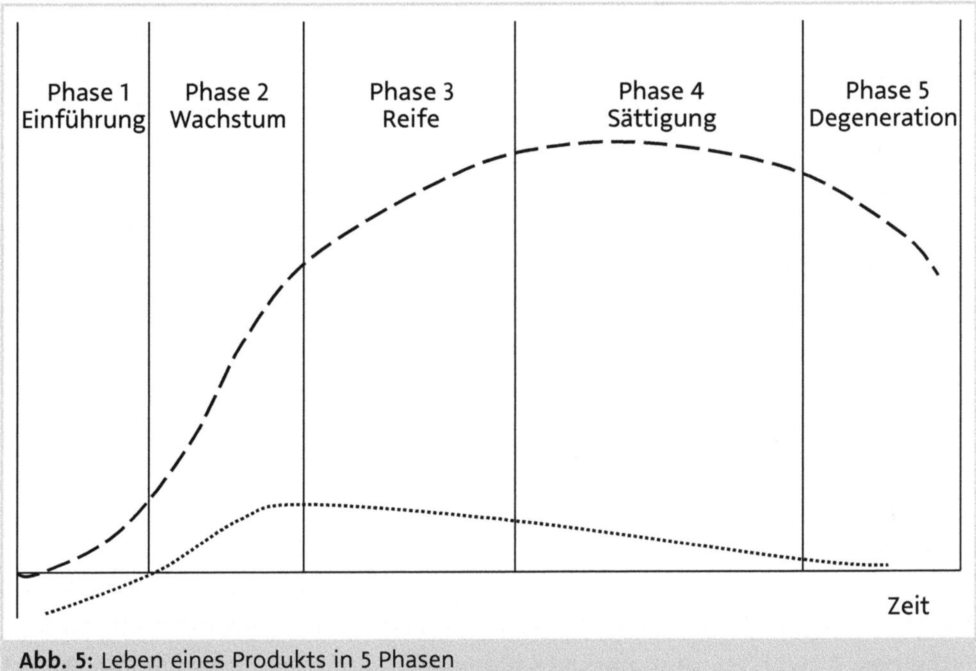

Abb. 5: Leben eines Produkts in 5 Phasen

- **Phase 1: Einführung**
  Wenn das Produkt marktreif ist, Entwicklung und Prototyping also abgeschlossen sind, beginnt die Markteinführung. Die verkauften Stückzahlen sind gering, damit liegen die Stückkosten auf einem hohen Niveau. Gleichzeitig entstehen hohe Marketingkosten, um das Produkt bekannt zu machen. Obwohl die Stückpreise hoch sind, entstehen Verluste.
- **Phase 2: Wachstum**
  Die Verkaufszahlen steigen nach erfolgreicher Einführung rasch an. Die Stückverkaufspreise bleiben auf hohem Niveau. Durch die steigenden Stückzahlen können die Fertigungskosten pro Stück gesenkt werden, da

die Mengenvorteile jetzt voll genutzt werden können. Die Einführungswerbung entfällt, die Marketingkosten sinken. In dieser Phase entstehen die höchsten Stückgewinne.

- **Phase 3: Reife**
  Zeichnet sich der Erfolg des Produkts am Markt ab, entsteht sehr schnell Konkurrenz. Der Kampf beginnt und wird fast immer über den Verkaufspreis geführt. Dieser wird gesenkt, die Verkaufszahlen steigen noch, aber wesentlich langsamer. Die Stückkosten erreichen das niedrigste Niveau. Die Konkurrenz zwingt zu steigenden Marketingausgaben. Trotz sinkender Deckungsbeiträge pro Stück entsteht in dieser Phase weiter Gewinn.
- **Phase 4: Sättigung**
  Wenn die Stückzahlen stagnieren oder sogar zurückgehen, ist die Phase der Sättigung erreicht. Die Verkaufspreise sinken weiter, trotz hoher Marketingausgaben. Die Stückkosten bleiben in der Regel auf niedrigem Niveau. Der Gewinn pro Stück geht zurück und wird vielleicht sogar zu einem Verlust.
- **Phase 5: Degeneration**
  Das Produkt ist veraltet oder durch neue technische Entwicklungen überholt. Die Verkaufszahlen sinken rapide, ebenso die Verkaufspreise. Die Stückkosten steigen wieder aufgrund der sinkenden Mengen. Das Produkt bringt dem Unternehmen nur noch Verluste.

Die Anwendungssituationen

Der Produktlebenszyklus ist also vorgegeben. Warum soll jetzt durch eine Analyse festgestellt werden, in welcher Phase sich die Produkte befinden? Einfaches Abwarten und passives Reagieren auf die Situation am Markt bringt ist nicht zu empfehlen.

Wer weiß, in welchen Stadien sich seine Produkte befinden, kann aktiv agieren und ist damit schneller als die Konkurrenz:

- Wenn ein Produkt sich in der Degenerationsphase befindet, sollte es aus dem Programm genommen werden. Es verursacht Verluste.
- Die gewinnträchtigsten Phasen Wachstum und Reife können durch geeignete technische und vertriebsorientierte Maßnahmen verlängert werden.

!

Beispiel: Reifephase verlängern

Produkte in der Reifephase können technisch leicht verändert werden, um dem Kunden als Neuprodukt zu erscheinen. Mit der notwendigen Marketingunterstützung wird die Phase der Sättigung herausgezögert.
Der Hersteller von Gartenpumpen hat den Typ 405T sehr erfolgreich am Markt positioniert und verdient gut daran. Die Konkurrenz hat für die neue Saison bereits ähnliche Produkte mit vergleichbaren Leistungen angekündigt. Durch einen Tausch des Pumpenkörpers aus Kunststoff gegen einen aus Edelstahl entsteht für die gleiche Pumpe ein neues Produkt.
Unterstützt durch das Marketing ersetzt der neue Typ 408E das kurz vor der Sättigungsphase stehende alte Produkt. Im Grunde wird aber die Reifephase der Pumpen verlängert.

- Der Übergang von der Sättigungsphase zur Degeneration erfolgt oft sehr schnell. Wenn dann keine neuen Produkte in früheren Phasen vorhanden sind, entsteht schnell ein Umsatzeinbruch. Mit der Lebenszyklusanalyse wird festgestellt, wann neue Produkte notwendig sind.

Optimal ist es, wenn die Maxima der aufeinanderfolgenden Produkte jeweils aneinander anschließen. Das heißt, während sich ein Produkt in seiner gewinnträchtigsten Phase befindet, sollte das Folgeprodukt soweit herangereift sein, dass es sein Maximum erreicht, sobald der Erfolg des Vorgängerprodukts nachlässt. Die folgende Grafik veranschaulicht dies:

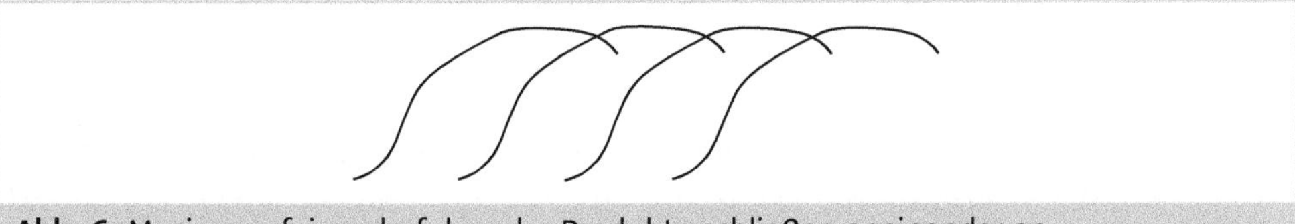

Abb. 6: Maxima aufeinanderfolgender Produkte schließen aneinander an

Die Anwendung

Wie führen Sie eine Lebenszyklusanalyse in Ihrem Unternehmen durch? Zunächst differenzieren Sie nach der Wichtigkeit der Produkte. Die Analyse für alle Verkaufsartikel durchzuführen ist wirtschaftlich meist nicht sinnvoll. Suchen Sie sich Schlüsselprodukte oder Produktgruppen, für die Sie die Analyse durchführen.

1. Ermitteln Sie die Verkaufszahlen, die Verkaufspreise, die Herstellkosten und die Marketingkosten für die ausgewählten Produkte und Produktgruppen. Daraus lässt sich dann auch ein Deckungsbeitrag als Gewinnbeitrag ermitteln.
2. Ermitteln Sie die gleichen Werte für die vergangene Periode.
3. Ermitteln Sie die gleichen Werte für die zukünftige Periode. Verwenden Sie dafür die Planzahlen.
4. Ermitteln Sie für jeden Wert, ob dieser steigt, stagniert oder sinkt.
5. Suchen Sie die meisten Übereinstimmungen mit der folgenden Tabelle.

Übersicht: In welcher Lebenszyklusphase befindet sich Ihr Produkt?

	Einführung	Wachstum	Reife	Sättigung	Degeneration
Stückzahl	gering	rasch steigend	steigend	stagnierend, leicht sinkend	rasch sinkend
Stückpreis	hoch	hoch	sinkend	sinkend	sinkend
Stückkosten	hoch	sinkend	niedrig	niedrig	hoch
Marketingausgaben	hoch	sinkend	hoch	hoch	hoch
Profit	Verlust	Gewinn	Gewinn, sinkend pro Stück	sinkender Gewinn	Verlust

6. Prüfen Sie das Ergebnis der Zuordnung durch logische Überlegung. Fragen Sie die zuständigen Techniker und Vertriebsmitarbeiter, ob sie mit der Einordnung übereinstimmen.

!

Tipp: Die Lebenszyklusanalyse regelmäßig wiederholen

Wenn Sie die Lebenszyklusanalyse regelmäßig wiederholen, werden Sie erhebliche Zeit einsparen. Sie können dann auf der Einordnung der letzten Analyse basierend prüfen, ob sich die Phasenzuordnung verändert hat. Sie müssen keine vollständig neue Zuordnung vornehmen.

2.2.4 Portfolioanalyse

Die Komplexität der Märkte, gleichgültig ob Absatz- oder Beschaffungsmarkt, nimmt zu. Der Vertriebsverantwortliche verliert schneller als früher die Übersicht über die Positionierung seiner Produkte. Die Lebenszyklusanalyse hilft ihm, die internen Faktoren hinsichtlich der Lebensdauer zu beurteilen. Die Portfolioanalyse untersucht mit Blick auf den Markt, wie die Zusammensetzung des Sortiments zu bewerten ist und wo es Ansatzpunkte für Optimierungen gibt.

Mit der Portfolioanalyse wird eine Gesamtsituation mit Blick auf einen Parameter (z.B. Markt) untersucht. Sie eignet sich sowohl für das gesamte Unternehmen als auch für Teile davon, solange sich ein eigener Ergebnisbeitrag ermitteln lässt.

Die Portfolioanalyse im Überblick:

- In einer einfachen grafischen Darstellung werden mehrere wichtige Parameter verarbeitet.
- Die grafische Darstellung erleichtert es dem Leser, die Informationen einfach und schnell aufzunehmen.
- Die Portfolioanalyse kann schnell durchgeführt werden, wenn die Daten vorliegen.
- Sie unterstützt einfach und schnell Entscheidungen.

Typische Anwendung

Typischerweise wird die Portfolioanalyse eingesetzt, um die Positionierung eines Produkts im Markt festzustellen. Es gibt aber noch weitere Anwendungsmöglichkeiten für die Portfolio-Analyse, wie Sie am Ende dieses Kapitels sehen werden.

So erstellen Sie die Portfolioanalyse:

- In einem Koordinatensystem wird auf der horizontalen Achse der Marktanteil eingetragen. Maximalwert ist dabei der Marktanteil, den das beste Produkt auf dem Markt aufweisen kann.
- Auf der vertikalen Achse wird das Marktwachstum eingetragen. Maximalwert sollte das größte Wachstum der letzten Jahre sein.

- Beide Achsen werden grob unterteilt in niedrig und hoch. Dadurch entstehen vier Quadranten. Jeder dieser Quadranten hat eigene Charakteristika.

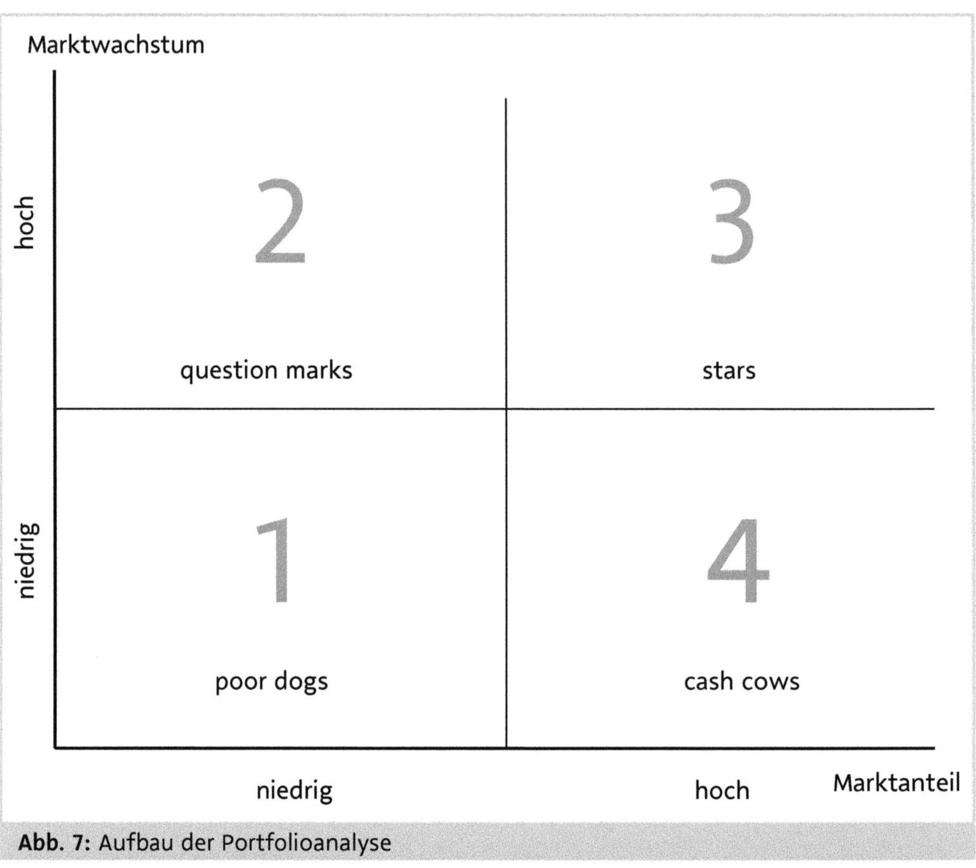

Abb. 7: Aufbau der Portfolioanalyse

Quadrant 1: Poor Dogs

Im Quadrant 1 finden sich die armen Hunde. Produkte, die dort einsortiert werden müssen, haben nur ein geringes Wachstum zu erwarten. Durch den niedrigen Marktanteil sind die Kosten relativ hoch. Die Gewinnaussichten sind schlecht.

Quadrant 2: Question Marks

Produkte mit niedrigem Marktanteil, aber mit hohem Wachstumspotenzial, können sich noch entwickeln. Da niemand voraussehen kann, wohin diese Entwicklung geht, werden sie Fragezeichen (Question Marks) genannt. Durch die geringen Mengen sind die Kosten sehr hoch.

Quadrant 3: Stars
Hier finden sich die Sterne aus dem Produktportfolio des Unternehmens. Der Marktanteil ist hoch und damit bringen hohe Stückzahlen niedrige Kosten. Das Wachstum ist ebenfalls hoch, so dass noch Zukunftsaussichten vorhanden sind. Solche Produkte wünscht sich der Unternehmer.

Quadrant 4: Cash Cows
Hohe Marktanteile und geringes Wachstumspotenzial kennzeichnen die Produkte dieses Quadranten. Die Kosten sind gering, die Erlöse hoch. Die Zukunftsaussichten sind jedoch schlecht.

Entsprechend der Parameter werden die untersuchten Produkte des Unternehmens in die Quadranten eingetragen. Um die unterschiedliche Bedeutung der einzelnen Produkte oder Produktgruppen für das Unternehmen deutlich zu machen, werden die Einträge mit unterschiedlich großen Punkten gemacht. Je größer der Punkt, desto höher ist z. B. der Umsatz.

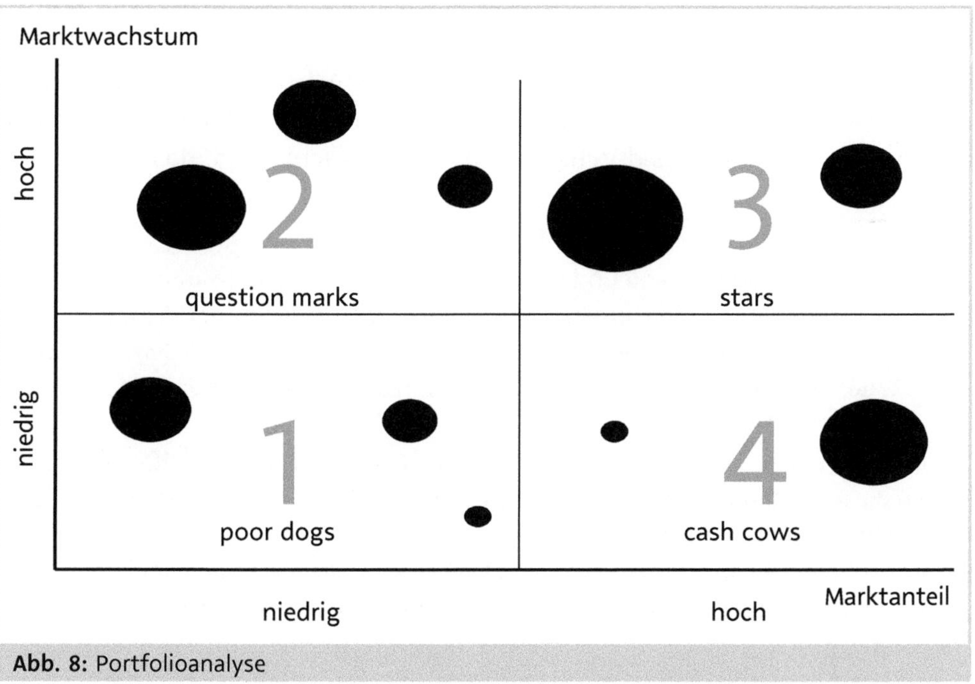

Abb. 8: Portfolioanalyse

Ist die Portfolioanalyse erstellt, können die ersten Schlüsse aus den Ergebnissen gezogen werden. Beim Produkt-Markt-Portfolio sind es immer wieder die gleichen Fragen, die beantwortet werden müssen:

- Können die Produkte oder Produktgruppen des Quadrant 1 weiterentwickelt werden, so dass sie in andere Quadranten kommen? Wenn nicht, sollte über eine Beendigung der Produktion entscheiden werden.
- Welche Möglichkeiten gibt es, die Question Marks aus dem zweiten Quadranten zu Stars zu machen?
- Gibt es ausreichende Cash Cows, die dem Unternehmen für die zukünftige Entwicklung notwendige Mittel bringen?
- In welchen Quadranten liegen die Produkte mit großer Bedeutung? Was heißt das für das Unternehmen?

Weitere Anwendungen

Die typische Beziehung zwischen Wachstumspotenzial und Marktanteil ist die am weitesten verbreitete Anwendung der Portfolioanalyse. In der Finanzwirtschaft wird damit auch das Portfolio an Wertpapieren bewertet. Die Achsen tragen dann die Parameter Ertragskraft und Risiko. Leider wird dieses Controllinginstrument nur selten für andere Bereich im Unternehmen verwendet. Dabei gibt es durchaus sinnvolle Möglichkeiten, das zu tun.

!

Beispiel: Wachstumspotenzial und Marktanteil

- Werden Ausbildungsstand und Alter auf den Achsen und die Mitarbeiter in die Quadranten eingetragen, ergibt sich schnell eine Übersicht über die Altersstruktur und das vorhandene Wissen im Unternehmen. Liegt der Schwerpunkt z.B. bei hohem Alter und viel Wissen, droht in absehbarer Zeit ein Abfluss dieses Know-how.
- Im Fertigungsbereich kann durch eine Portfolioanalyse festgestellt werden, ob die Ausstattung mit Maschinen bzgl. Flexibilität und Reparaturanfälligkeit optimiert werden muss.
- Der Fuhrpark kann mit der Portfolioanalyse feststellen, ob hohe jährliche Kilometerleistungen und Alter der Autos richtig korrespondieren.

Die Bezeichnung der Quadranten ist jedes Mal neu zu wählen. Außerdem stellen sich immer wieder andere Fragen als bei der typischen Anwendung im Vertrieb. Einmal eingeführt und kontinuierlich entwickelt, ist die Portfolioanalyse ein effektives Hilfsmittel.

Beispiel: Portfolioanalyse !

In einem Unternehmen aus der IT-Branche wurden die Mitarbeiter nach Alter und Know-how beurteilt. Die Werte wurden in das Koordinatensystem eingetragen.

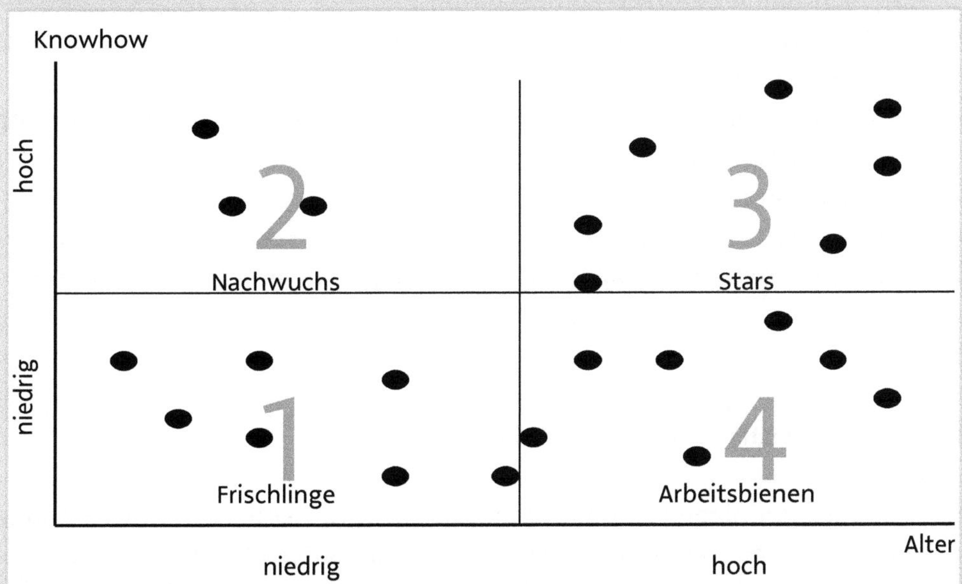

Als Ergebnis kann festgehalten werden:

- Es besteht ein deutlicher Schwerpunkt bei älteren Mitarbeitern.
- Davon besitzen viele Know-how in erheblichem Umfang, das in den kommenden Jahren verloren gehen wird (durch Pensionierung).
- Der Nachwuchs, junge und gut ausgebildete Mitarbeiter, ist zu gering vertreten, als dass der Verlust ausgeglichen werden könnte.
- Viele der Frischlinge wandern ohne Know-how in den Quadranten der Arbeitsbienen.

Maßnahmen müssen dafür sorgen, dass die Stars länger arbeiten, mehr Frischlinge zum Nachwuchs werden und mehr erfahrene Mitarbeiter eingestellt werden.

Vor- und Nachteile

Die Portfolioanalyse hat folgende Vor- bzw. Nachteile:

- Die Vorgehensweise ist sehr einfach und kann daher ohne großen Aufwand erledigt werden.
- Die grafische Darstellung und die Logik der Analyse sind den Verantwortlichen leicht zu vermitteln.
- Komplexe Sachverhalte werden in einer Grafik einfach dargestellt.
- Die Daten für die Einordnung der einzelnen Objekte in die Quadranten sind nicht immer einfach zu beschaffen.
- Es gibt keinen Zeitbezug. Dieser müsste durch den Vergleich zweier Analysen hergestellt werden.
- Die Bildung der Quadranten ist willkürlich. Maximalwert und Trennung zwischen hoch und niedrig werden frei gewählt und können daher der Manipulation dienen.
- Faktoren von außen, wie z.B. das Verhalten der Konkurrenz oder die Situation auf dem Personalmarkt, können nur schwer integriert werden.

2.3 Planung kann ganz einfach sein

Alle Jahre wieder plagen sich mehr und mehr Unternehmen mit der Planung herum. Denn immer mehr Manager erkennen die guten Gründe, die für eine Vorhersage der wirtschaftlichen Situation des eigenen Verantwortungsbereichs sprechen.

Gute Gründe, die für eine Planung sprechen:

- Mithilfe der Unternehmensplanung können zukünftige Entwicklungen erkannt werden. Das gilt nicht nur für die Geschäftsführer und Vorstände, auch Bereichsleiter und Kostenstellenverantwortliche erkennen die Auswirkungen ihres Handelns auf die Zukunft.
- Wer weiß, wie sich sein unternehmerisches Handeln in der Zukunft auswirkt, kann dieses so optimieren, dass der größtmögliche Erfolg entsteht.
- Durch die Planung kann sich das Unternehmen von der Vergangenheit lösen. Diese steckt zwar in den Planzahlen, der Fokus wird aber auf die Zukunft gelegt. Fehler der Vergangenheit werden abgestreift, die Chancen der Zukunft werden genutzt.

- Da die Entwicklungen durch die Planung bekannt werden, kann der Unternehmer frühzeitig agieren. Andere Unternehmen ohne Planung müssen warten, bis die Situation eintritt und können nur reagieren. Wer aktiv ist, bestimmt den Ablauf und hat einen Vorteil.
- Immer mehr Banken und Gesellschafter verlangen von den verantwortlichen Unternehmensleitern eine detaillierte und realistische Planung der wirtschaftlichen Abläufe als Voraussetzung für die Vergabe von Kapital.

Beispiel: Basel II !

Durch die Vorschriften zur Kreditvergabe (Basel II + III), an die sich die Banken zu halten haben, werden Steuerungssysteme des Managements und explizit die Unternehmensplanung eine Voraussetzung für die ausreichende und kostengünstige Beschaffung von Krediten.

Das wirtschaftliche Planungssystem erscheint Außenstehenden zunächst sehr komplex. Es beruht aber auf der Erfahrung der Praktiker und bindet diese auf dem Weg von der

- Langfristplanung über
- Budgetierung,
- Plan-Ist-Vergleich hin zu den
- Maßnahmen

ein.

2.3.1 Bis zu fünf Jahren: die Langzeitplanung

Sicherlich hat jeder Unternehmer Vorstellungen davon, wie sein Unternehmen in 10 oder 20 Jahren aussehen soll. Das nennt man Visionen und ist die Triebfeder des unternehmerischen Handelns. Etwas konkreter ist die Langzeitplanung, die sich mit dem Zeitraum zwischen einem und fünf Jahren befasst.

Jedes Unternehmen kann überraschenderweise durch nur wenige Eckpfeiler definiert werden. Tätigkeitsfelder wie Branche, Region, Kundengruppen sind ebenso vertreten wie numerischen Faktoren wie Absatz, Umsatz, Kostenniveau, Anzahl Mitarbeiter, Eigenkapitalausstattung, Fremdkapital, Vorräte usw. Diese Parameter sind auch die Inhalte der Langfristplanung.

Die Langfristplanung enthält meist nur wenige Details. Umsätze werden als Summe geplant, vielleicht noch nach Regionen, Vertriebsbereichen oder Kundengruppen getrennt. Berücksichtigt wird die Vorgabe der Geschäftsleitung, die sich wiederum aus der Unternehmensstrategie ergibt. Im Grunde handelt es sich bei der Langzeitplanung um eine Möglichkeitsstudie, die eine Umsetzung der Strategie prüft.

!

Tipp: Unmögliche Planung

Wenn der Controller von Ihnen eine artikelgenaue Umsatzplanung für fünf Jahre verlangt, muss er Ihnen erklären, wie das gehen soll. Dafür haben Sie nie ausreichend Informationen zur Verfügung. Die Planwerte wären nicht fundiert.

Die Langzeitplanung wird zwar vom Controller koordiniert. Die Daten kommen aber aus den Fachbereichen. Die Geschäftsführung macht die Vorgaben, die Abteilungs- und Bereichsleiter erstellen die Planung für den jeweiligen Verantwortungsbereich.

Informationen besorgen

Das wichtigste bei jeder Planung sind die Informationen, die bei der Berechnung der Planwerte verwendet werden. Je besser diese sind, desto besser ist auch das Planergebnis.

- Ausgangspunkt sind die bereits bekannten Werte für die Planungsparameter, also Vergangenheitswerte und aktuelle Zahlen.
- Informationen über die wirtschaftliche Entwicklung bis zum Planungshorizont sind bestimmend für die Veränderungen. Dabei müssen allgemeine Daten wie Ölpreis, Dollarkurs, Kaufkraftentwicklung oder Tariferhöhungen eingesetzt werden, um daraus auf die unternehmensindividuellen Planwerte zu kommen.
- Quelle dieser allgemeinen wirtschaftlichen Informationen ist immer häufiger das Internet. Dort veröffentlichen auch Banken und Verbände, Statistische Bundes- oder Landesämter ihre Daten.

Achtung: Informationen aus dem Internet bestätigen

!

Das Internet ist ein Medium, in dem jeder seine Meinung kundtun kann. Wie fundiert diese ist, wird nicht geprüft. Das müssen Sie als Empfänger der Information tun. Versuchen Sie auf jeden Fall, eine Information aus dem Internet durch eine weitere Quelle zu bestätigen, bevor Sie diese verwenden.

- Manche der globalen Annahmen müssen von der Unternehmensleitung festgelegt werden. So können z.B. für die Entwicklung vieler Märkte unterschiedlichste Vorhersagen gefunden werden. Die Unternehmensleitung muss solche Eckpfeiler der Planung vorgeben, damit jeder von gleichen Voraussetzungen ausgehen kann.
- Darüber hinaus gibt die Unternehmensleitung strategische Vorgaben für die Langzeitplanung. Welcher Umsatz soll in drei Jahren erreicht werden? Wo liegen die regionalen Schwerpunkte? Welche Fertigungsprozesse sollen genutzt werden? Solche Vorgaben engen den Planungsspielraum der Verantwortlichen ein.
- Gemischt werden alle Informationen mit der Erfahrung der Planenden. Diese kennen ihren Fachbereich und können sich die zukünftige Entwicklung vorstellen. Sie wissen, wie die Konkurrenz, wie der Kunde oder der Lieferant reagiert. Zumindest wissen sie es am besten von allen im Unternehmen.

Planzahlen berechnen

Das Berechnen der Planergebnisse ist Aufgabe des Controllers. Damit ist dieser in der Langzeitplanung häufig überfordert, da

- viel Erfahrung in den einzelnen Fachbereichen notwendig ist, um die Entwicklung in fünf Jahren einzuschätzen und
- es nur wenige mathematische Regeln gibt, mit denen die Planergebnisse ermittelt werden können.

Die Zusammenfassung der Ergebnisse zu einer Planbilanz und einer Plan-Gewinn- und Verlustrechnung ist dann wieder das Revier des Controllers. Dieser prüft auch die Planungen der beteiligten Fachbereiche auf Plausibilität. Er erkennt Fehler in den Überlegungen und falsche Zusammenhänge. Aber auch dabei ist er auf die Hilfe der Fachleute angewiesen.

!

Achtung: Planergebnisse genau prüfen

Prüfen Sie die Planergebnisse aus dem Controlling für Ihren Fachbereich sehr genau. Die Praxis zeigt, dass es dort häufig zu fehlerhaften Berechnungen durch das Controlling kommt. Sie als Fachmann können das besser beurteilen.

Die Langzeitplanung aktivieren

Nach Abschluss und Genehmigung der Langzeitplanung muss diese im Unternehmen umgesetzt werden:

- Die Planungsergebnisse für die nächsten fünf Jahre werden im Unternehmen bekannt gemacht. Dabei erhält jeder Mitarbeiter selbstverständlich nur die Daten, die seinen Bereich betreffen. Außerdem wird die allgemeine Strategie veröffentlicht.
- Es werden Controllingberichte erstellt, die Buch führen über die Entwicklung gegenüber dem Langfristplan. In bestehenden Controllingberichten wird an geeigneter Stelle der Vergleichswert aus der Fünfjahresplanung angegeben.
- Die Verantwortung für die Zielerreichung wird detailliert definiert. In der Langzeitplanung reicht das in der Regel bis zum Abteilungsleiter bzw. Kostenstellenverantwortlichen.
- Es werden sofort notwendige Maßnahmen ergriffen, um die Planvorgaben auch rechtzeitig erreichen zu können. So wird z. B. zusätzliches Personal eingestellt, wenn der Vertrieb ausgeweitet werden soll. Typisch ist auch die Aufstellung eines Masterplans für Gebäude und Grundstücke, mit dem die langfristige Platzverteilung festgelegt wird.

Auf Veränderungen reagieren

Es gibt keinen Langfristplan, in dem sich während der Laufzeit keine Veränderungen in den Planungsgrundlagen ergeben würden. Die Ist-Entwicklung zeigt, dass die Annahmen nicht eintreffen. Die externen Parameter wie die wirtschaftliche Entwicklung verändern sich anders als bisher angenommen. Damit der Langzeitplan nicht schon bald Makulatur ist, muss er entsprechend angepasst werden.

Achtung: Anpassung des Plans gilt nur für die Langfristplanung !

Die Anpassung des Plans an interne und externe Veränderungen gilt nur für die Langfristplanung, nicht für das kurzfristige Budget!

Wenn sich die Veränderungen als signifikant erweisen, müssen die Planwerte der Langfristplanung angepasst werden. Dazu wird eine Neuplanung teilweise notwendig.

Nach Ablauf des ersten Jahres des Planungszeitraums muss der Langzeitplan um das nächste Jahr ergänzt werden. Das ist die Gelegenheit, um die bisherigen Plandaten zu überprüfen und eventuell anzupassen.

Aus den Daten für das erste Jahr der Langzeitplanung werden die Werte für das Budget entwickelt.

Tipp: Langzeitplanung muss nicht aufwendig sein !

Langzeitplanung ist ein kontinuierlicher Prozess und weniger aufwendig, als es sich in der Beschreibung anhört. Sind die Planstrukturen einmal vorhanden, ist die jährliche Neuplanung recht einfach.

2.3.2 Die Budgetierung

Während die Langfristplanung noch relativ grob nur die wichtigsten Parameter plant und globale Vorhersagen macht, ist die Budgetierung sehr detailliert. Hier wird für das kommende Jahr festgelegt, welche wirtschaftlichen Ergebnisse erreicht werden sollen. Dazu gehören neben Erlösen und Kosten auch Materialpreise, Verbräuche, Einsatzzeiten und viele Details mehr.

Tipp: Rollierende Planung statt Jahresplanung !

Die im Folgenden beschriebene Budgetierung entspricht der am weitesten verbreiteten Vorgehensweise. Einmal pro Jahr wird die Jahresplanung durchgeführt. Das hat den Nachteil, dass bereits nach Ablauf des Januars nicht mehr zwölf Monate Planungszeitraum zur Verfügung stehen. Besser ist eine rollierende Planung, die immer nach Ablauf eines Monats einen neuen Planmonat anhängt. Damit stehen immer zwölf Monate Planung zur Verfügung.

Was wird budgetiert?

Es werden alle wirtschaftlichen Vorgänge geplant. Umsatz wird pro Kunde und pro Artikel geplant, Kosten pro Produkt, Maschine und Fertigungsbereich. Die Kostenstellen mit den indirekten Kosten ebenfalls.

Wie wird budgetiert?

Das Budget wird sehr detailliert aufgestellt. Es wird nicht nur der Umsatz geplant, vielmehr werden Mengen und Einzelpreise festgelegt. Materialkosten und Verbräuche, Fertigungsstunden und Tarife oder Investitionen und Abschreibungen sind einige der Planobjekte.

Wer budgetiert?

Die Geschäftsführung gibt auch für die Jahresplanung die Rahmenbedingungen vor. Geplant wird dann auf allen Ebenen. Die Bereichsleiter planen ebenso wie die Abteilungsleiter und Sachbearbeiter. Der Controller stimmt alle Planungen miteinander ab und errechnet die Ergebnisse.

Planzahlen ermitteln

Die Grundlagen für die Ermittlung der Budgetzahlen sind die Vergangenheitswerte, die aktuellen Daten und die Erfahrung der Planenden. Externe Einflüsse wie Lohnsteigerungen oder Preisniveaus werden von der Unternehmensleitung vorgegeben bzw. bestätigt. Damit wissen alle Beteiligten, dass z.B. von einer 3%igen Preissteigerung auszugehen ist oder eine Lohnsteigerung von 2,5% erwartet wird.

Darauf aufbauend schätzen die einzelnen Bereiche ihre Daten. Der Vertrieb sagt seine Stückzahlen und Durchschnittspreise voraus und verteilt diese auf Kunden, Artikel und/oder Verkaufsbereiche. Die Fertigungsabteilung plant die benötigten Fertigungszeiten und die dabei auftretenden Fertigungslöhne und Maschinenkosten. Der Einkauf plant die Mengen der zu beschaffenden Materialien und die dabei entstehenden Materialkosten.

!

Tipp: Mit dem Absatz beginnen

Sie müssen vor der Planung Ihres Verantwortungsbereichs wissen, was von Ihnen verlangt wird. Alle in den Kostenstellen entstehenden Kosten sind abhängig von den Leistungen, die dort erbracht werden. Verkauft der Vertrieb weniger Produkte, muss die Fertigung weniger herstellen und verursacht entsprechend geringere Kosten. Deshalb ist zuerst die Vertriebsplanung notwendig, weil sich daraus die Fertigungs- und Einkaufsmengen berechnen. Daraus wiederum ergeben sich alle benötigten Leistungen von der Fertigungsabteilung bis zum Rechnungswesen.

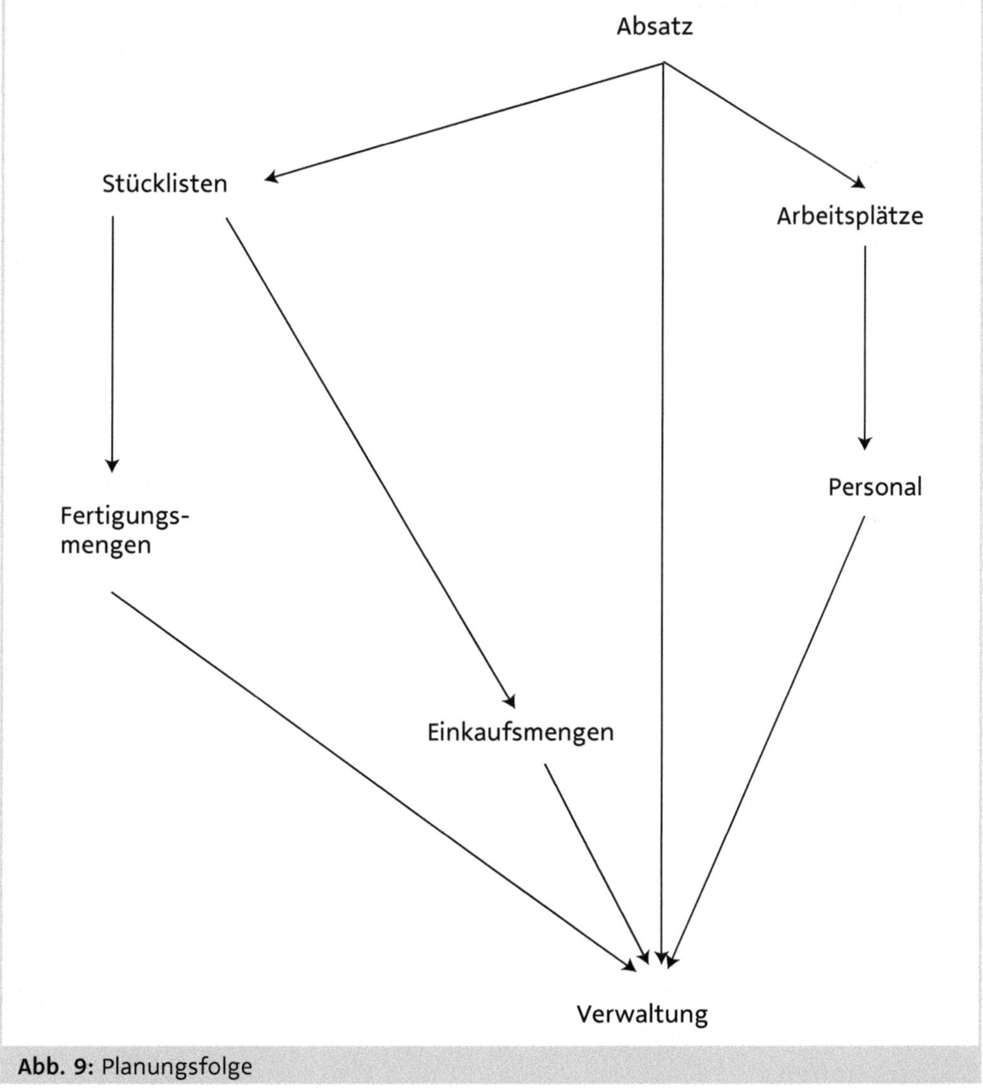

Abb. 9: Planungsfolge

!

Achtung: Nichts ist fix

Selbstverständlich gibt es Abteilungen, deren Abhängigkeit von der verlangten Leistung nur schwer erkennbar ist oder die nur sehr starr auf Veränderungen reagieren. Aber auch eine Finanzbuchhaltung muss prüfen, ob bei weniger Umsatz, Fertigung und Beschäftigung nicht auch weniger Leistung der Buchhaltung anfällt.

Planzahlen berechnen

Aus den einzelnen Planwerten der Bereiche und Kostenstellen ermittelt der Controller das Planergebnis.

Das Planergebnis umfasst die folgenden Inhalte:

- Für die Unternehmensleitung werden Planbilanz und Plan-Gewinn- und Verlustrechnung erstellt. Daraus wird erkannt, ob die gewünschten Ergebnisse erreicht werden.
- Für die einzelnen Verantwortlichen wird eine Kostenstellenabrechnung mit den Planwerten erstellt. Sie dient als Vergleich für die kommenden zwölf Monate.
- Die Plankalkulation der Herstell- und Selbstkosten der Produkte ist für die Preisfindung oder die Beurteilung der Wirtschaftlichkeit einzelner rtikel notwendig.
- Die Planverrechnungssätze legen fest, wie hoch die Leistungen einzelner Kostenstellen bei der Inanspruchnahme durch andere Stellen zu bewerten sind.
- Nicht zuletzt werden die aus dem Planabsatz ermittelten Leistungsmengen bekannt gegeben. Damit kann sich dann jeder verantwortliche Stelleninhaber auf die von ihm erwartete Leistung einstellen.

Das Budget in der täglichen Arbeit

Spätestens, wenn die verantwortlichen Kostenstellenleiter die positiven Auswirkungen der Budgetierung erkannt haben, findet diese auch den Eingang in die tägliche Arbeit. Unternehmen, die schon seit Jahren mit Budgets arbeiten, haben Mitarbeiter, die jede ihrer Entscheidungen mit Blick auf die Budgets treffen.

Für die tägliche Arbeit heißt das:

- Die eigenen Bereiche werden entsprechend den Budgets eingerichtet. Wenn z.B. die Investitionen genehmigt sind, werden sie entsprechend dem Plan umgesetzt. Eine zusätzliche Aufforderung ist nicht mehr notwendig. Das gilt auch für die Mitarbeiter (Anzahl, Ausbildung) oder Arbeitsverfahren.
- In den Controllingberichten werden die aktuellen Zahlen mit den Planwerten verglichen. Vergangenheitswerte als Maßstab sind passé.
- Die beim Plan-Ist-Vergleich festgestellten Abweichungen werden den Verantwortlichen zugeordnet. Diese tragen die Konsequenzen und werden versuchen, die Abweichungen aufzufangen.

2.3.3 Plan-Ist-Vergleich

Der Aufwand für die Budgetierung ist enorm und muss sich wirtschaftlich rechnen. Das geht nur, wenn die geplanten Ziele auch wirklich angestrebt werden. Um das zu erreichen, ist eine regelmäßige Kontrolle, ein Vergleich der Istzahlen mit der Planung notwendig.

Warum wird in den regelmäßigen Controllingberichten ein Vergleich der Istwerte mit dem Budget durchgeführt?

- Abweichungen des Ist vom Plan sollen erkannt werden.
- Die Verantwortung für diese Abweichungen muss festgestellt werden.
- Danach kann auf die Abweichungen mit entsprechenden Maßnahmen reagiert werden.

Abweichungsanalyse

Die verschiedenen Komponenten einer Abweichung haben wir bereits kennen gelernt. Bezogen auf die Abweichung zum Budget kommen neue Fragen hinzu. Bisher wurde gefragt, wer für Preis-, Beschäftigungs-, Verbrauchs- und sonstige Abweichungen verantwortlich ist.

Bei Abweichungen vom Budget muss zunächst festgestellt werden, ob der Fehler im aktuellen Verhalten oder in der Planung liegt.

!

Beispiel: Abweichungsanalyse

Für die Herstellung von 1.000 Pumpen wurde die Maschine 250 Stunden belegt. Das war nur durch Mehrarbeit mit entsprechenden Zuschlägen möglich. Die 15 Minuten Fertigungszeit pro Pumpe waren im Plan nicht zu finden. Hier wurde nur mit 12 Minuten gerechnet.

Zunächst suchte der Fertigungsleiter nach Gründen dafür, dass pro Pumpe 3 Minuten mehr benötigt wurden. Die Analyse der Ist-Abläufe ergab jedoch keine zufrieden stellende Erklärung.

Erst als die Planungsunterlagen geprüft wurden, stellte sich heraus, dass im Budget noch mit veralteten Arbeitsplänen gerechnet worden war. Die konstruktive Änderung, die eine längere Fertigungszeit verursachte, war nicht berücksichtigt worden. Das führte dazu, dass in der Planung auch die dadurch erreichbare Verbrauchsreduzierung an Material nicht berücksichtigt worden war.

Hier lag der Fehler also nicht im Ist, sondern im Plan. Dies muss Auswirkungen auf die nächste Budgetrunde haben.

Wie immer, wenn im Controllingbericht Abweichungen auftreten, müssen diese analysiert werden, um die Situation zu verbessern. Das bedeutet auch, dass

- Zusammenhänge von Parametern neu erkannt und bei der nächsten Budgetierung berücksichtigt werden.
- Möglichkeiten zur Einflussnahme ermittelt und genutzt werden, um Abweichungen zu minimieren.
- Maßnahmen ergriffen werden, mit deren Hilfe das Planungsergebnis trotz Abweichungen erreicht werden kann.

2.3.4 Planabweichungen: geeignete Maßnahmen ergreifen

Bei Abweichungen zwischen Ist und Plan ist besonders zu prüfen, ob Maßnahmen zum Ausgleich sinnvoll sind. Wenn der Plan zu ambitioniert war, sind Maßnahmen zur Verbesserung der Istsituation sehr teuer. Ob es dann noch wirtschaftlich ist, diese Aktionen auszuführen, muss jedes Mal neu entschieden werden.

Eine Maßnahme zur Verringerung der Abweichung könnte auch darin bestehen, den Plan anzupassen. Im Langfristplan ist das in Ordnung. Im Budget gibt es schnell Probleme.

Es gibt im kurzfristigen Plan viele Abhängigkeiten, die bei einer Planänderung berücksichtigt werden müssten. Sind die Absätze z.B. niedriger als erwartet, dann führt eine Verringerung der Planabsätze auch zu einer Verringerung der Planproduktion und des Planeinkaufs. Hier können Maßnahmen zur Verbesserung des Absatzes sinnvoller sein, als den Plan komplett neu zu machen.

Achtung: Das Budget bei Abweichungen nicht verändern !

Werden nicht erreichte Pläne immer wieder angepasst, dann ist es später nicht mehr möglich, die Planerreichung, Planuntererfüllung oder Planübererfüllung festzustellen. Der Plan verändert sich im Laufe der Zeit mit jeder Abweichung. Das verlangt neue Reaktionen der Verantwortlichen und verhindert eine konsequente Ausrichtung auf die Planziele. Daher wird das Budget nicht mehr verändert.

Sind Abweichungen erkannt, müssen sie in der folgenden Planungsrunde berücksichtigt werden. Damit wird eine Fehlplanung im nächsten Budget vermieden.

Beispiel: Erfolgreiche Maßnahmen !

Hier einige Beispiele für erfolgreiche Maßnahmen:

- Abweichungen im Absatz werden durch Preissenkungen, zusätzliche Werbung oder Provisionen im Außendienst erfolgreich bekämpft.
- Differenzen zwischen dem Planeinkaufspreis und dem Istpreis können durch die Wahl eines anderen Lieferanten verringert werden. Auch die Verwendung anderer Qualitäten oder die Veränderung der Einkaufsmengen können zu einer Angleichung führen.
- Durch Mehrarbeitszuschläge hatten sich die Fertigungskosten gegenüber dem Plan erhöht. Durch den Einsatz von Leiharbeitnehmern konnten diese erfolgreich abgebaut werden.
- Die Versandkosten waren aufgrund von vielen Nachlieferungen sprunghaft gestiegen. Durch erhöhte Lagermengen konnte die Lieferbereitschaft erhöht werden, die teuren Nachlieferungen sind dadurch entfallen.

2.3.5 Der Forecast

Ein Budget ist, wenn es einmal verabschiedet wurde, fix. Es wird nicht mehr verändert. Daran werden die Abweichungen vom Gewinn bis zu den einzelnen Verkaufserfolgen und Kostenarten gemessen. Das Unternehmen darf jedoch seine Aktivitäten nicht an einem Budget ausrichten, das schon längst überholt ist. Wenn sich im Budgetzeitraum signifikante Dinge ändern, dann muss zur Minimierung der Auswirkungen auch in der Planstruktur reagiert werden. Ohne Anpassung an die neuen Realitäten können sonst Fehlentscheidungen getroffen werden.

- Wenn der Absatz aufgrund einer Nachfrageverschiebung dramatisch sinkt, müssen die Pläne anderer Abteilungen angepasst werden. Maßnahmen gibt es nicht nur im Vertriebsbereich, die Fertigung muss weniger Mengen herstellen, der Einkauf weniger Rohstoffe einkaufen und der Finanzbereich mit geringeren Deckungsbeiträgen rechnen.
- Wenn der Absatz aufgrund einer Nachfrageverschiebung dramatisch steigt, müssen die Pläne ebenfalls angepasst werden. Der Vertrieb muss seine Planpreise überdenken, der Einkauf für ausreichend Rohstoffe und Handelswaren sorgen, die Fertigung zusätzliche Kapazitäten schaffen und der Finanzbereich für ausreichende finanzielle Mittel zur Finanzierung des Working Capitals sorgen.
- Wenn aufgrund technischer Probleme eine Investition zur Kapazitätserweiterung verschoben werden muss, wird der Vertrieb aufgrund der fehlenden Waren seine Planung ändern, der Einkauf kauft weniger ein und der Personalbereich verschiebt die Personalbeschaffung für die neue Fertigungsanlage.

Es gibt also genügend Gründe, eine Planung anzupassen, um alle Bereiche auf neue Situationen einzustellen. Da das Budget nicht mehr geändert wird, erstellt der Controller einen Forecast. Dabei handelt es sich um ein »kleines« Budget, das auf die budgetierten Werte aufsetzt und darauf Änderungen anwendet. Die Abstimmung zwischen den Bereichen erfolgt wie bei einer Budgetierung.

Sobald ein Forecast existiert, setzt die Abweichungsanalyse an den Zahlen des Forecasts an. Manche Berichte enthalten Abweichungen sowohl vom Budget als auch vom Forecast. Das ist nur sinnvoll, wenn dadurch der Überblick nicht verloren geht. Dann aber liefert diese doppelte Abweichung wertvolle Hinweise darauf, ob sich die Situation wieder zum Budget zurückentwickelt, ob der Forecast korrekt ist oder ob ein neuer Forecast notwendig wird.

2.4 So behandeln Sie indirekte Kosten

Der Controller beschäftigt sich mit dem Erfolg des Unternehmens. Dabei muss er zwei Komponenten beachten: die Erlöse und die Kosten. Vor allem auf den Kosten liegt das Augenmerk der Kostenstellenverantwortlichen und der Kostenrechner.

Leider sind die Kosten eines Unternehmens kein homogener Block, so dass, um sie zu beeinflussen, viele unterschiedliche Wege möglich und notwendig sind. Es hat sich daher eine Teilung der Kosten in direkte und indirekte Kosten durchgesetzt.

Was sind direkte Kosten?

- Wenn die Kosten direkt einem Produkt zugeordnet werden können, spricht man von direkten Kosten. Typisch dafür sind z.B. die Materialkosten.
- Direkte Kosten verhalten sich synchron zur Fertigungsmenge des Produkts. Steigt die Menge des Produkts, steigen auch die direkten Kosten in der Regel im gleichen Verhältnis.
- Direkte Kosten sind leicht zu beschreiben. Die Zusammenhänge zwischen dem Produkt und den Kosten sind einfach zu erkennen.
- Die Höhe der Kosten wird vor allem durch die Art des Produkts und dessen Fertigung bestimmt. Die Entwicklungsabteilung bestimmt mit den verwendeten Materialien die Materialkosten und mit der Komplexität des Produkts auch die Fertigungskosten.

Achtung: Im Ist können direkte Kosten Schwankungen unterliegen !

Die direkten Kosten werden von ihrer Zusammensetzung und den möglichen Fertigungsverfahren bestimmt. Das ist zutreffend für die Planwerte. Im Ist können auch die direkten Kosten starken Schwankungen unterliegen. Wird z.B. das benötigte Material zu unterschiedlichen Preisen eingekauft, schwanken bei gleichem Verbrauch die direkten Materialkosten. Probleme in der Fertigung können den Verbrauch an Material und die Dauer der Fertigung beeinflussen, so dass die Fertigungskosten vom Plan abweichen.

Was sind indirekte Kosten?

- Indirekte Kosten können den Produkten nicht direkt zugeordnet werden. Sie fallen entweder für viele andere Produkte an oder sind nicht auf die Stückzahl umzulegen. Typische indirekte Kosten sind z. B. die IT-Kosten eines Unternehmens, die für alle Bereiche anfallen, oder die Gebäudekosten für die Fertigung, in der viele Produkte hergestellt werden.

!

Beispiel: Indirekte Kosten

Die Unterscheidung zwischen direkten und indirekten Kosten hat nur wenig mit der Kostenart zu tun. Je nach Betrachtung können einzelne Kostenarten sowohl direkt als auch indirekt sein.
Werden verschiedene Produkte mit dem unternehmenseigenen Lkw zum Kunden transportiert, handelt es sich bei den Logistikkosten um indirekte Kosten, da der Anteil der Kosten für jedes Produkt nur willkürlich festgelegt werden kann.
Wird aber nur ein Produkt auf dem Lkw transportiert, dann handelt es sich um direkte Kosten. Jetzt besteht eine eindeutige Beziehung zwischen Produkt und Kosten.

- Indirekte Kosten sind nicht abhängig von der Fertigungsmenge des Produkts. Sie können zwar schwanken, eine mathematische Beziehung gibt es aber nicht.
- Die Verantwortung für indirekte Kosten ist nicht immer einfach zu bestimmen. Oft verteilt sich diese auf viele Stellen oder ist abhängig vom Arbeitsprozess.

!

Achtung: Indirekte Kosten sind nicht immer fixe Kosten

Häufig werden indirekte Kosten und fixe Kosten gleichgesetzt. Das ist oft richtig, aber nicht immer. Es gibt durchaus viele Kostenarten, die nicht direkt den Produkten zuzuordnen sind, aber dennoch in ihrer Höhe schwanken. Ein gutes Beispiel dafür sind Energiekosten, die für die Fertigung aufgewendet werden. Diese können sowohl aufgrund externer Parameter (Preise) schwanken als auch aufgrund unterschiedlicher Belastung der Maschinen.

Indirekte Kosten sind also komplexer zu ermitteln, zu beobachten und zu beeinflussen als direkte Kosten. Darum wurden besondere Verfahren entwickelt, die in den Werkzeugkasten jedes Controllers gehören.

Um auch die indirekten Kosten in den Griff zu bekommen, sind besondere Werkzeuge notwendig. Dazu gehören

- die Kostenstellenrechnung,
- die Deckungsbeitragsrechnung,
- die Profit-Center-Rechnung und
- die Prozesskostenrechnung.

2.4.1 Wo die Kosten angefallen sind: die Kostenstellenrechnung

Bei dem Versuch, den großen Block der indirekten Kosten zu analysieren, fällt schnell auf, dass indirekte Kosten in Bezug auf das Produkt direkte Kosten in Bezug auf andere Parameter darstellen können.

Wenn z. B. nicht festgestellt werden kann, wie viel vom gekauften Treibstoff für die Herstellung einer bestimmten Pumpe verwendet wurde (Gemeinkosten in Bezug auf das Produkt), so kann aber doch ermittelt werden, wie viel des Treibstoffs für ein bestimmtes Fahrzeug verwendet wurde (direkte Kosten in Bezug auf das Fahrzeug).

So entstehen die meisten der Kosten, die auch Gemeinkosten genannt werden, immer an den gleichen Orten im Unternehmen.

Dabei ist der Ort zwar meist räumlich ziemlich einfach zu umreißen. Es geht aber hier um Aufgaben, die bestimmte Kosten verursachen. In der Logistik entstehen z. B. Fahrzeug- und Lagerkosten, im Vertrieb die indirekten Vertriebskosten und im Rechnungswesen ein Teil der Verwaltungskosten.

In der Kostenstellenrechnung werden für diese Orte der Kostenentstehung Kostenstellen angelegt. Die dort entstehenden Kosten werden gesammelt. Dadurch wird der große Block der indirekten Kosten aufgeteilt in kleine Stücke, die besser zu behandeln sind.

! **Tipp: In den Kostenstellen auch Leistungen sammeln**

Zu allen Kosten gehören auch bestimmte Leistungen, denn sonst wären die Kosten nicht vertretbar. Also fallen in den Kostenstellen auch Leistungen an. Diese sollten dort ebenso wie die Kosten selbst gesammelt werden, damit Zusammenhänge zwischen den Leistungen und den Kosten erkennbar werden.

Die Einteilung des Unternehmens in Kostenstellen

Damit keine indirekten Kosten verloren gehen, muss das gesamte Unternehmen in Kostenstellen eingeteilt werden. Das geschieht in der Regel unter Berücksichtigung der Funktionen der Stelle.

Folgende Kostenstellen sind typisch für ein Unternehmen:

- In den Fertigungskostenstellen werden alle indirekten Kosten gesammelt, die in der Produktion anfallen. Dazu gehören u. a. die Kosten für die Leitungsfunktionen (Meister), die Arbeitsvorbereitung, Gebäudekosten, Energiekosten usw.
- Für die Beschaffung der Materialien, Halb- und Fertigprodukte entstehen Kosten vor allem in der Abteilung Einkauf. Auch die Warenannahme und die Rechnungsprüfung fallen darunter.
- Die Vertriebsaktivitäten wie z. B. Außendienstbesuche, Auftragsabwicklung, Marketingaktionen usw. beschränken sich nur selten auf genau ein Produkt. Die so entstehenden indirekten Kosten werden auf den Vertriebskostenstellen gesammelt.
- Unternehmen mit eigenen Entwicklungsabteilungen wissen, wie hoch die dort anfallenden Kosten sind. Diese können zwar zum großen Teil bestimmten Produkten zugeordnet werden, allgemeine Kosten und Entwicklungskosten für Produkte, die später nicht ins Programm aufgenommen werden, werden auf den Entwicklungskostenstellen gesammelt.
- Das Unternehmen benötigt eine Verwaltung. Rechnungswesen, IT, Controlling, Personal usw. sind typische indirekte Kosten, die auf den Verwaltungskostenstellen verbucht werden.
- Eine eigene Logistik verursacht Kosten. Die Kosten für Fahrzeuge, Lagerung und Versand werden hier gesammelt und stehen dann zur Analyse zur Verfügung.

Tipp: Die Kostenstellenstruktur individuell festlegen !

Es gibt keine standardisierte Empfehlung zur Gliederung der Kostenstellen in einem Unternehmen. Je nach Höhe der Gesamtkosten und nach Schwerpunkt im Unternehmen können einige der genannten Bereiche mit einer Kostenstelle abgedeckt werden, andere wiederum sehr detailliert in viele Kostenstellen aufgeteilt werden.

Beispiel: Gliederung der Kostenstellen !

Das Unternehmen aus der Pumpenbranche hat eine sehr verzweigte und differenziert arbeitende Informationstechnologie installiert. Die dadurch anfallenden hohen Kosten werden nicht, wie üblich, in einer Kostenstelle gesammelt. Vielmehr gibt es mehrere:

50100 IT-Strategie
50200 IT-Netzwerk
50300 IT-ERP
50400 IT-Internet
50500 IT-Sicherheit

Diese detaillierte Aufteilung erlaubt auch detaillierte Aussagen über die Kosten selbst zu treffen.

Wer trägt die Verantwortung für eine Kostenstelle?

Zu jeder Kostenstelle gehört auch ein verantwortlicher Mitarbeiter. Dieser ist der Kostenstellenleiter und muss als solcher für die anfallenden Kosten Rechenschaft ablegen. Jede Kostenstelle hat genau einen Verantwortlichen, Modelle mit mehreren Verantwortlichen scheitern immer wieder. Ein einzelner Mitarbeiter kann aber durchaus die Verantwortung für mehrere Kostenstellen haben.

Achtung: Zur Verantwortung gehört die Kompetenz für den Bereich !

Ein Kostenstellenleiter kann nur dann wirklich zur Verantwortung gezogen werden, wenn er auch die echte Chance hatte, die Kostenentstehung zu beeinflussen. Zur Verantwortung gehört immer auch die Kompetenz für den Bereich.

Das gilt im Übrigen auch für die Verantwortlichen, die nicht direkt für eine Kostenstelle zuständig sind, aber im Rahmen der Kostenstellenhierarchie mehrere Kostenstellen vertreten. In der Regel sind das auch die organisatorischen Vorgesetzten im Unternehmen.

!

Beispiel: Verantwortung für mehrere Kostenstellen

Der »Leiter Vertrieb« trägt die Verantwortung für alle Vertriebskostenstellen. Dazu gehören die Verkaufsgebiete, das Marketing und der Verkaufsinnendienst.

Der Betriebsabrechnungsbogen

Für die monatliche Kostenstellenabrechnung reicht es nicht aus, die auf den jeweiligen Stellen verbuchten Kosten zu addieren und als Kostenstellenbericht auszugeben. Es ist vielmehr notwendig, Verrechnungen und Umlagen zwischen einzelnen Kostenstellen vorzunehmen.

Um die Abrechnung zu vereinfachen und um die Kostenverantwortung angemessen zu verteilen, gibt es im Unternehmen viele Hilfskostenstellen. Diese sind nicht direkt im eigentlichen Leistungsprozess integriert, sondern erstellen Leistungen, die von anderen Kostenstellen verbraucht werden.

!

Beispiel: Hilfskostenstellen

Hilfskostenstellen finden sich in der Produktion, in der z. B. die Hilfskostenstelle »Werkstatt« für alle Produktionskostenstellen Leistungen erbringt. Hilfskostenstellen finden sich auch in der Verwaltung. Dort ist z. B. die Informationsverarbeitung in der Kostenstelle »IT« dargestellt. Sie erbringt Leistungen für die meisten anderen Kostenstellen des Unternehmens.

Die auf den Hilfskostenstellen aufgelaufenen Kosten müssen auf die Kostenstellen, die eine entsprechende innerbetriebliche Leistung erhalten haben, verteilt werden. Diese Verteilung erfolgt anhand von Schlüsseln, die einen möglichst engen Bezug zur Kostenentstehung haben sollten.

!

Beispiel: Verteilung der Kosten einer Hilfskostenstelle

Die Kosten der Hilfskostenstelle »Werkstatt« können anhand von Aufschreibungen über den tatsächlichen Einsatz der Handwerker erfolgen. Die Kosten der Stelle »IT« werden oft nach Anzahl der Nutzer in der jeweiligen Kostenstelle verteilt.

Diese Verteilung der Kosten von den Hilfs- auf andere Kostenstellen geschieht im Betriebsabrechnungsbogen (BAB). Bei den empfangenden Kostenstellen tauchen die Verteilungen meist als Umlagekosten auf.

Leider ist die Verteilung nicht immer so einfach, wie sie hier beschrieben wird. Was ist, wenn eine Hilfskostenstelle Leistungen einer anderen Hilfskostenstelle in Anspruch genommen hat? Solche Situationen erschweren die Ermittlung der zu verteilenden Kosten, werden aber im Controlling durch spezielle Verteilungsregeln gelöst.

Tipp: Fragen, wie die Umlagen auf Ihre Kostenstelle gelangen !

Lassen Sie sich vom Controller erklären, wie die Umlagen auf Ihre Kostenstelle gelangen. Prüfen Sie die Schlüssel als Grundlage der Berechnungen und stellen Sie deren Relevanz fest.

Hilfskostenstellen werden auch als Vorkostenstellen oder Sekundärkostenstellen bezeichnet. Davon zu unterscheiden sind die Verrechnungskostenstellen. Diese werden eingerichtet, um bei der Kostenverteilung weniger Aufwand zu haben. Sie sammeln Kosten von Kostenarten, deren Gesamtvolumen eine direkte Zuordnung auf Hauptkostenstellen schwierig macht.

Beispiel: Verrechnungskostenstellen !

Die Verteilung von Büromaterialkosten führt meist zu geringen Beträgen pro Kostenstelle. Darum werden diese Kosten wie auch z. B. Portokosten, Telefonkosten, Kosten für Putzmaterial u. Ä. zunächst auf Verrechnungskostenstellen gesammelt.

Verrechnungskostenstellen werden ebenfalls im Rahmen der Aufstellung eines BAB auf die empfangenden Kostenstellen verteilt. Die Schlüssel dafür sind wesentlich allgemeiner als bei der Verteilung der Kosten aus den Hilfskostenstellen. Verbreitet sind Flächen (qm) zur Verrechnung von Gebäudekosten, die Anzahl der Mitarbeiter einer Kostenstelle zur Verteilung von Büromaterial u. Ä. oder die Anzahl der Maschinen einer Fertigungskostenstelle für die Verrechnung von Verbrauchsmaterialien in der Fertigung.

Der Kostenstellenbericht

In regelmäßigen Abständen, meist monatlich, wird ein Kostenstellenbericht erstellt. Er enthält die aufgetretenen Kosten nach Kostenarten detailliert aufgeführt. Er ist die Grundlage für viele weitere Berichte und Analysen des Controllers.

In der Regel enthält der Bericht auch Vergleichswerte in Form von Vorjahreswerten oder Planwerten. Abweichungen daraus müssen vom Kostenstelleninhaber verantwortet werden, falls es sich nicht um Beschäftigungsabweichungen handelt oder um Preisabweichungen, die an anderer Stelle verantwortet werden.

Ein typischer Kostenstellenbericht könnte so aussehen:

Kostenstelle	Vertrieb Nord			
KSt-Leiter	Frau Kellers			
Zeitraum	01.–10.2017			
Kostenart	Ist	Plan	Abw. €	Abw. %
Lohn/Gehalt	357.842	360.000	2.158	0,6%
Sozialkosten	89.461	90.000	540	0,6%
Lohnfortzahlung	12.875	17.850	4.975	27,9%
Personal gesamt	**460.178**	**467.850**	**7.673**	**1,6%**
Hilfsstoffe	2.385	2.000	–385	–19,3%
Treibstoffe	35.421	33.250	–2.171	–6,5%
Gas	698	1.000	302	30,2%
Energie gesamt	**38.504**	**36.250**	**–2.254**	**–6,2%**
Reisekosten	89.547	85.000	–4.547	–5,3%
Schulung	6.850	8.000	1.150	14,4%
Versicherung	8.759	10.000	1.241	12,4%
Sonstiges	14.873	10.000	–4.873	–48,7%
Verwaltung	**120.029**	**113.000**	**–7.029**	**–6,2%**
Umlage Fahrzeuge	143.875	145.000	1.125	0,8%
Umlage Gebäude	25.482	25.000	–482	–1,9%
Umlage IT	77.965	80.000	2.035	2,5%
Umlage sonstige	12.030	12.000	–30	-0,3%
Umlage Summe	**259.352**	**262.000**	**2.648**	**1,0%**
Gesamtsumme	878.063	879.100	1.038	0,1%

Achtung: In Kostenstellenberichten kann die Leistung fehlen

!

Der obige Bericht ist ein typischer Kostenstellenbericht, wie er in vielen Unternehmen zu finden ist. In solchen Berichten fehlt die Leistung. Sie wird vom Controlling nicht erfasst. Der Aufwand wäre zu groß, zumal die Leistung von der Fachabteilung gar nicht verlangt wird, weil dort der Bezug der Leistung zu den Kosten nicht bekannt ist. Dabei lässt sich z.B. gerade im Vertrieb die Leistung der Kostenstelle in Form von Umsatz oder Deckungsbeitrag sehr gut ermitteln.

Kostenstellen warum?

Die Kostenstellenrechnung ist sehr aufwendig. Nicht nur die Einteilung und die Verteilung der Verantwortung muss erfolgen. Regelmäßig muss entschieden werden, auf welche Kostenstelle die Kosten gebucht werden. Der monatliche Betriebsabrechnungsbogen muss erstellt werden. Die Vorteile müssen schon enorm sein, um diesen Aufwand zu rechtfertigen. Das sind sie auch:

- Es können sowohl Kosten als auch Leistungen gesammelt und für weitere Controllingauswertungen verfügbar gemacht werden.
- Die indirekten Kosten erhalten verantwortliche Verursacher und werden dadurch beeinflussbar.
- Die Zusammenhänge zwischen den betrieblichen Abläufen und den indirekten Kosten werden erkannt.
- Der große unhandliche Block der indirekten Kosten wird in kleine handhabbare Stücke aufgespalten.
- Die für die Kosten Verantwortlichen werden regelmäßig über die angefallenen Kosten informiert und gleichzeitig kontrolliert.

2.4.2 Die Deckungsbeitragsrechnung

In der Kostenstellenrechnung werden aus dem Verhältnis der indirekten Kosten der Stellen zu den direkten Kosten der Produkte Zuschlagssätze ermittelt, mit denen in der Nachkalkulation alle indirekten Kosten auf die Produkte verteilt werden. Diese auch Vollkostenrechnung genannte Verteilung der Kosten auf die Produkte ist umstritten, weil

- die Verwendung gleicher Zuschlagsätze für unterschiedliche Produktgruppen ungerecht ist,
- die im BAB durchgeführten Kostenverteilungen nicht gerecht sind,
- die Vollkostenrechnung kein exaktes Bild der vom einzelnen Produkt verursachten Kosten gibt.

Die Deckungsbeitragsrechnung versucht gar nicht erst, indirekte Kosten auf einzelne Produkte zu verteilen, wenn es keine direkte Beziehung zwischen Kostenart und Produkt gibt. Von den Nettoerlösen eines Produkts werden nur die wirklich direkten Kosten (z. B. Material, Fertigungslöhne) abgezogen. Das sind die variablen Kosten, die in Abhängigkeit von der Leistung des Unternehmens schwanken. Der verbleibende Rest ist der Deckungsbeitrag.

Deckungsbeitrag eines Produkts = Nettoerlöse eines Produkts – variable Kosten eines Produkts

Der so errechnete Deckungsbeitrag pro Produkt wird auch Deckungsbeitrag I genannt.

!

Beispiel: Deckungsbeitrag I

Der Pumpenhersteller betrachtet zwei seiner Produkte:

Produkt	**407E**	**707A**
Nettoverkaufspreis	200 €	500 €
Materialkosten	40 €	150 €
Fertigungslöhne	30 €	100 €
Deckungsbeitrag	130 €	250 €
DB %	65%	50%

Pro Stück bleibt bei der Pumpe 407E 130,00 € Deckungsbeitrag, das sind 65% des Nettoerlöses. Bei der Pumpe 707A bleiben 250,00 € bzw. 50%.

Die Stückdeckungsbeiträge multipliziert mit den Verkaufsmengen und summiert über alle Produkte ergeben die Summe aller Deckungsbeiträge. Neben den variablen, direkt zuordenbaren Kosten gibt es indirekte Kosten, die keine direkte Beziehung zu den Produkten haben. Beispiele dieser nicht von Leistungsschwankungen beeinflussten fixen Kosten sind Verwaltungskosten oder Abschreibungen für Gebäude.

Mit dem Gesamtdeckungsbeitrag müssen alle fixen Kosten gedeckt sein. Ist dies nicht der Fall, macht das Unternehmen einen Verlust.

Erfolg des Unternehmens = Summe aller Deckungsbeiträge der Produkte – Fixkosten des Unternehmens

Achtung: Gerechtere Verteilung der Verantwortung !

Die Deckungsbeitragsrechnung ist nicht nur einfacher zu verstehen als die Vollkostenrechnung. Sie verteilt auch die Verantwortung gerechter. Für die Höhe der einzelnen Deckungsbeiträge sind Unternehmensbereiche wie Einkauf, Fertigung und Verkauf verantwortlich. Für die Höhe der Fixkosten ist es die Geschäftsführung, die über den Ausbau von Kapazitäten und über die Kostenstruktur entscheidet.

Stufenweise Deckungsbeitragsrechnung

Mit der stufenweisen Deckungsbeitragsrechnung ergibt sich die Chance, ein detaillierteres Bild zu liefern. Der Deckungsbeitrag I ist produktbezogen und verwendet nur die direkten Kosten, die dem Produkt zuzuordnen sind. Gleichartige Produkte verwenden jedoch gleichartige Strukturen, die nur für diese Produktgruppe vorhanden sind.

Beispiel: Produktgruppe !

- Alle Pumpen werden in einer Fabrikhalle, die nur für diese Produktgruppe genutzt wird, hergestellt.
- Das Marketing hat eine Unterabteilung, die sich nur mit dem Vertrieb von Pumpen beschäftigt.
- Die Reparaturabteilung erbringt nur Garantieleistungen für die Pumpen, andere Produkte haben andere Servicebereiche.

Die stufenweise Deckungsbeitragsrechnung fasst jetzt alle Deckungsbeiträge I der Produkte einer Gruppe zusammen. Davon werden die Kosten abgezogen, die dieser Produktgruppe zugeordnet werden können. Das Ergebnis ist ein Deckungsbeitrag, der angibt, wie viel des Erlöses der Produktgruppe zur Deckung der allgemeinen Fixkosten übrig bleibt.

Beispiel: Deckungsbeitrag II

Die Produktgruppe Pumpen besteht aus den beiden Produkten 407E und 707A. Fertigungsgebäude, Marketing und Reparaturabteilung werden nur für die Pumpen genutzt.

Produkt	**407E**	**707A**
Nettoverkaufspreis	200 €	500 €
DB I pro Stück	130 €	250 €
Absatz Stück	1.000	400
DB I pro Produkt	130.000 €	100.000 €
Gebäudekosten	30.000 €	
Marketingkosten	40.000 €	
Garantieleistung	35.000 €	
Deckungsbeitrag II	125.000 €	
DB II	31,25 %	

In diesem Beispiel erwirtschaftet die Produktgruppe Pumpen einen Deckungsbeitrag von 130.000 € oder 31,25% vom Erlös.

Diese stufenweise Zuordnung der indirekten Kosten zu einzelnen Bereichen kann noch weitergehen. Neben Produkten und Produktgruppen können Werke, Standorte und Regionen betrachtet werden. Auch eine kundenbezogene Berechnung ist möglich.

Kundenbezogene Deckungsbeitragsrechnung

Um die Geschäftsbeziehung mit einem Kunden insgesamt zu bewerten, kann nicht nur der Umsatz herangezogen werden. Die Deckungsbeitragsrechnung ordnet dem Kunden alle dieser Beziehung direkt zurechenbaren Kosten zu und berechnet so den Beitrag, den dieser Kunden dem Unternehmen liefert.

Kundenbezogener Deckungsbeitrag = Summe aller produktbezogenen Deckungsbeiträge der Produkte, die der Kunden bezogen hat – Summe der Kosten, die dem Kunden direkt zugeordnet werden können

!

Beispiel: Kundenbezogener Deckungsbeitrag

Der Kunde »445561 Meridian« des Pumpenherstellers hat im Jahr 2017 25 Pumpen des Typs 407E und 10 Pumpen des Typs 707 A bezogen. Er wurde zu Listenpreisen bedient. Der Außendienst hat den Kunden dreimal besucht, ein Besuch verursacht Kosten in Höhe von 250 €. Es mussten 5 Aufträge abgewickelt werden, die Auftragskosten betragen laut Kostenrechnung 75 €. Außerdem erhielt der Kunde eine Messeeinladung, deren Nutzung 25 € kostete. Damit ergibt sich die folgende Deckungsbeitragsrechnung:

Produkt	**407E**	**707A**
Nettoverkaufspreis	200 €	500 €
DB I / Stück	130 €	250 €
Anzahl	25	10
DB I / Produkt	3.250 €	2.500 €
DB I des Kunden	5.750 €	
Besuchskosten	750 €	
Auftragsabwicklung	75 €	
Messekosten	25 €	
DB kundenbezogen	4.900 €	
DB %	49 %	

Mit diesem Kunden verdient der Pumpenhersteller 4.900 €, mit denen er die sonstigen Fixkosten, die nicht dem Kunden zugeordnet werden können, deckt.

Auch bei der kundenbezogenen Deckungsbeitragsrechnung gilt, dass alle kundenbezogenen Deckungsbeiträge in der Summe mindestens ausreichen müssen, um die nicht zuordenbaren Kosten abzudecken.

Aufgaben der DB-Rechnung

Auch die Deckungsbeitragsrechnung verursacht erhebliche Kosten, die gerechtfertigt werden müssen:

- Mithilfe der Deckungsbeitragsrechnung wird festgestellt, welches Produkt bzw. welche Produktgruppe für das Unternehmen profitabel ist.
- Die Methode kann auch auf andere Einheiten wie Kunden, Maschinen oder Kostenstellen ausgeweitet werden. Voraussetzung ist, dass den Einheiten Erlöse zugeordnet werden können.
- Mit den Informationen der DB-Rechnung können die knappen Mittel des Unternehmens in profitable Bereiche gelenkt werden. Zum Beispiel werden Kunden mit geringen Deckungsbeiträgen und wenig Potenzial vom Vertrieb mit weniger Aufwand betreut als die mit hohen Deckungsbeiträgen.

!

Tipp: Die DB-Rechnung mit der ABC-Analyse verbinden

Wir kennen bereits ein weiteres Instrument, mit dem knappe Ressourcen optimal verteilt werden können: die ABC-Analyse (siehe Kapitel 2.2.1). Beide Instrumente, die DB-Rechnung und die ABC-Analyse können miteinander verbunden werden. Die Klassifizierung der Kunden in A-, B- oder C-Kunden benötigt ein Sortierkriterium, das in der Regel der Umsatz ist. Ersetzen Sie diesen durch den kundenbezogenen Deckungsbeitrag, und Sie verbessern die Ergebnisse der ABC-Analyse wesentlich.

Deckungsbeitragsrechnung und Preisuntergrenze

Aufträge locken im Vertrieb, potenzielle Kunden möchten bedient werden, aber die gebotenen Preise liegen weit unterhalb der Listen- oder Angebotspreise? Jetzt gilt es zu prüfen, wie hoch die Preisuntergrenze ist. Wie weit kann der Preis gesenkt werden, um einen Auftrag noch zu erhalten und keinen Verlust zu erzeugen?

!

Achtung: Zeitweilig auf die Deckung bestimmter Kosten verzichten

Aufträge zu Preisuntergrenzen anzunehmen kann immer nur eine zeitweilige Strategie sein. Zum Schluss müssen alle Kosten des Unternehmens gedeckt werden. Um einen bestimmten Kunden zu bekommen oder um vorhandene Kapazitäten auch auszulasten, kann zeitweilig auf die Deckung bestimmter Kosten verzichtet werden.

Fixkosten sind laut Definition unabhängig von der produzierten Menge. Sie fallen an, auch wenn der spezielle Auftrag nicht gewonnen wird. Daher kann auf die Deckung dieser Kosten verzichtet werden, ohne dass das Ergebnis des Unternehmens sich verschlechtert.

Die variablen Kosten, also die mit der Produktionsmenge steigenden Kosten, entstehen zusätzlich, wenn der Auftrag hereinkommt. Darum müssen diese mindestens gedeckt sein. Die Preisuntergrenze liegt also bei den variablen Kosten.

Diese wiederum sind häufig identisch mit den direkt zuzuordnenden Kosten. Darum ist in solchen Fällen der Deckungsbeitrag I der Betrag, auf den im Notfall bei der Preisgestaltung verzichtet werden kann. Zumindest bietet er einen entsprechenden Anhaltspunkt auf die Höhe der Preisuntergrenze.

2.4.3 Profit-Center-Rechnung

Kostenstellen sind kleine, in sich abgeschlossene Einheiten der Kostenentstehung. Dass dort auch Leistungen erbracht werden, wird erkannt, aber meist nur halbherzig beachtet. In größeren Unternehmen gibt es darüber hinaus Bereiche, die auch autark am Markt agieren könnten oder zumindest eine Kosten- und Leistungsverantwortung tragen, die selbstständigen Einheiten eigen ist. Solche Bereiche fasst der Controller zu Profit-Centern zusammen.

Kriterien für die Wahl des Profit-Centers

Nach folgenden Kriterien werden Bereiche zu Profit-Centern zusammengefasst:

- Der Bereich des Unternehmens, der zum Profit-Center werden soll, muss exakt von den anderen Bereichen abgrenzbar sein.
- Ein Profit-Center muss Leistungen erbringen, die bewertet werden können.

Tipp: Auf eine realistische Bewertung achten !

Dieser Bewertung liegt gemäß vielen Definitionen ein externer Preis zugrunde. Das ist nicht immer möglich. Wenn ein Marktpreis für die Leistung vorhanden ist, gut. Wenn nicht, können auch interne Verrechnungspreise die Leistungen des Profit-Centers in Euro bewerten. Wichtig ist, dass eine realistische Bewertung entsteht.

- Ein Profit-Center soll so wenig wie möglich Beziehungen zu anderen Unternehmensbereichen haben. Das wird sich nie ganz verhindern lassen. Der Leistungsaustausch muss aber über Verrechnungspreise bewertet werden.
- Die Profit-Center-Leitung muss die volle Verantwortung für die Kosten und Leistungen des Bereichs haben. Volle Verantwortung setzt aber voraus, dass die Leitung die volle Handlungskompetenz hat, im Profit-Center unternehmerisch zu handeln.

!

Beispiel: Volle Verantwortung

Ein Möbelhändler mit mehreren Möbelhäusern kann jedes Geschäft als eigenes Profit-Center behandeln. Es wird Umsatz erwirtschaftet, Leistungen aus dem Unternehmen wie Logistik, Service und Verwaltung können bezogen auf Kunden, Mitarbeiter usw. abgerechnet werden.
Ein Unternehmen mit mehreren Produktionsstandorten kann jedes der Werke als Profit-Center abrechnen. Die hergestellten Produkte werden intern bewertet, ausgetauschte Leistungen betreffen meist die Verwaltung und den Einkauf.
Die Logistik mit Lagerhaltung, Kommissionierung, Versand und Transport kann gut gegen andere Bereiche im Unternehmen abgegrenzt werden. Es existieren Marktpreise für die erbrachten Leistungen, so dass diese auch bewertet werden können.
Die Informationsverarbeitung wird in vielen Unternehmen durch externe Dritte erledigt. So kann auch die eigene IT wie ein getrennter Unternehmensbereich behandelt werden, wie ein Profit-Center. Problematisch ist hier meist die Berechnung der Leistungsbewertung.
Typischerweise werden getrennte Vertriebsbereiche (z.B. Handel, Industrie) als Profit-Center abgerechnet. Sie kaufen die Waren zu Herstellkosten aus dem Herstellungsbereich und nutzen IT und Verwaltung des Gesamtunternehmens.

Der Controller behandelt ein Profit-Center wie ein eigenes Unternehmen. Aus den dort anfallenden wirtschaftlichen Aktivitäten wird eine Bilanz des Unternehmensbereichs erstellt und eine Gewinn- und Verlustrechnung. Daraus wiederum lassen sich Kennzahlen ermitteln, so dass Renditen und Kapitalausstattung pro Unternehmensbereich erkannt werden.

Darüber hinaus werden für die Profit-Center selbstverständlich alle weiteren Controllingberichte erstellt, wie sie auch für ein Gesamtunternehmen erstellt werden. Kostenstellenberichte werden ausgegeben, die Planung wird für das Profit-Center erstellt. Analysen werden vereinfacht, weil sich die Gesamtheit der zu berücksichtigenden Daten reduziert.

Chancen und Risiken

Die Profit-Center-Rechnung bietet viele Vorteile, hat aber auch Nachteile:

- Die Profit-Center-Rechnung vervielfacht den Aufwand für die Erstellung sämtlicher Berichte aus dem Rechnungswesen.
- Es werden umfangreiche Methoden für die Ermittlung von Verrechnungspreisen notwendig.
- Der Zusammenhalt innerhalb des Unternehmens wird geringer, da die Identifikation nur noch mit dem eigenen Profit-Center erfolgt.
- In der Konkurrenz zum Markt, mit dem sich die Profit-Center vergleichen, können die Unternehmensbereiche oft nicht bestehen.
- Im Vergleich mit dem Markt liegt die Chance zu erkennen, wo das Unternehmen noch Kosten sparen kann.
- Die Profit-Center bieten hervorragende Möglichkeiten, durch Selbstständigkeit und Verantwortung die Leistungsträger des Unternehmens zu motivieren.
- Die echten Kosten für interne Leistungen, wie z. B. in der Logistik, werden allen Beteiligten bekannt.

Checkliste: Profit-Center

Bevor Sie einen Bereich zu einem Profit-Center machen, prüfen Sie, ob dieser sich auch wirklich dazu eignet.

1. Kann der Bereich des möglichen Profit-Centers in der Hauptfunktion exakt von anderen Unternehmensbereichen getrennt werden?
2. Kann die Verantwortung für die Leistungen des Bereichs und für die dort auftretenden Kosten mit den dazugehörigen Kompetenzen separiert werden?
3. Verfügt der Bereich über alle Funktionen, die den Erfolg eines solchen Unternehmens am Markt ausmachen (eigener Einkauf, eigene Fertigung, eigenes Personalmanagement ...)?
4. Gibt es für die Leistungen, die das Profit-Center vom Gesamtunternehmen bezieht, geeignete Verrechnungspreismodelle?
5. Woher erhält das Profit-Center die IT-Leistungen?
6. Woher erhält das Profit-Center die Leistungen des Rechnungswesens?
7. Wer macht für das Profit-Center den Einkauf?

8. Wer verwaltet das Personal des Profit-Centers?
9. Wie werden die Kosten für Gebäude, Fahrzeuge, Maschinen usw. verrechnet?
10. Werden Mieten gezahlt?
11. Muss das Profit-Center die eigene Hauptleistung von anderen Unternehmensteilen kaufen (z.B. der Vertrieb die Produkte)?

! **Achtung: Verantwortung und Kompetenz gehören zusammen**

Die Profit-Center-Rechnung scheitert immer dann, wenn die Verantwortung für die Leistung und die Kosten nicht wirklich abgegeben wird. Vor allem mittelständische Unternehmer tun sich schwer damit, die notwendigen Kompetenzen und Handlungsspielräume an die Centerleitung abzugeben. Nur die tatsächliche Verfügungsgewalt lässt auch unternehmerisches Handeln zu.

2.4.4 Die Prozesskostenrechnung

Zur Erinnerung: Wir versuchen noch immer, indirekte Kosten besser zu verstehen und zu beeinflussen. Lange Zeit wurden die indirekten Kosten von der Stelle abhängig gemacht, an der sie entstehen. Doch bestimmend ist auch der Prozess, in dessen Verlauf die Kosten anfallen.

Direkte Kosten sind demnach abhängig von den Produkten und deren Herstellung, indirekte Kosten zumindest teilweise von den Abläufen. In der Prozesskostenrechnung versucht der Controller, diese Abhängigkeiten aufzudecken und die Kostentreiber, also die Arbeiten mit den hohen indirekten Kosten, zu finden.

Zunächst stellt sich die Frage, was ein Prozess im Sinne der Prozesskostenrechnung ist:

- Ein Prozess ist ein in sich abgeschlossener Ablauf im Unternehmen, der sich mit einer bestimmten Aufgabe beschäftigt.
- Ein Prozess kann mehrere Teilprozesse haben, die in sich geschlossen sind, aber als Summe den Hauptprozess beschreiben.
- Prozesse sind von Wiederholungen und gleichmäßigen Verläufen geprägt.
- Ein Prozess verursacht die indirekten Kosten, um die es hier geht.

- Ein Prozess kann mehrere Stellen des Unternehmens einbeziehen (z. B. die Auftragsabwicklung) oder sich in einem Bereich, einer Kostenstelle, abspielen (z. B. Einkauf eines Teils).

Beispiel: Prozesse in einem Unternehmen !

Beispiele für typische Prozesse in einem Unternehmen sind:

- die Auftragsannahme (telefonisch, per Fax, E-Mail, Brief, Internet-Shop)
- die Auftragsabwicklung (von der Annahme bis zur Fakturierung)
- die Neuproduktentwicklung (vom Brainstorming bis zur Nullserie)
- das Mahnwesen (von der Fälligkeitsprüfung bis zum Ausbuchen von zweifelhaften Forderungen)
- die Materialbeschaffung (von der Anfrage bis zur Rechnungsprüfung)
- die Personaleinstellung (von der Definition der Stellenanforderungen bis zur Einarbeitung)

Die Prozesskostenrechnung ordnet den einzelnen Abläufen und Aufgaben in den Prozessen die Kosten zu, die durch diese Aufgaben und Abläufe entstehen. Indirekte Kosten werden im Hinblick auf die Abläufe zu direkten Kosten. Dadurch werden sie auch beeinflussbar.

Beispiel: Prozesskostenrechnung !

Der Pumpenhersteller stellt fest, dass die Kosten für die Terminüberwachung jeder Bestellung 25,00 € betragen. Bei der Auswahl neuer Lieferanten und bei den Verhandlungen mit bestehenden wird die Termintreue besonders bewertet. Dadurch sinkt die Wahrscheinlichkeit der verspäteten Lieferung. Die Anzahl der Terminkontrollen kann sinken, indirekte Kosten werden so gespart.

Um die Prozesskostenrechnung durchführen zu können, ist umfangreiches Wissen über die Abläufe im Unternehmen notwendig. Darum ist der Controller auf die Mithilfe der Fachleute vor Ort angewiesen.

Anhand des folgenden Beispiels werden die einzelnen Schritte der Prozesskostenrechnung erläutert:

1. Der Controller definiert den Prozess, der untersucht werden soll.
2. In unserem Beispiel wollen wir den Prozess »Materialeinkauf« untersuchen.

3. Der Controller beschafft aus der Kostenstellenrechnung alle Kosten, die in den betroffenen Bereichen angefallen sind.
4. Im Einkauf sind pro Jahr 300.000 € an Kosten angefallen, 260.000 € an Personalkosten und 40.000 € an direkten und indirekten Sachkosten.
5. Gemeinsam mit den Fachleuten werden die Teilprozesse definiert.
6. Für jeden Teilprozess wird ein Kostentreiber, also ein Parameter, der die Kostenhöhe bestimmt, festgelegt.
7. Die Menge des Kostentreibers pro Teilprozess wird ermittelt.

Teilprozess	Kostentreiber	Anzahl pro Jahr
Angebote bearbeiten	Angebotspositionen	1.500
Material disponieren	Materialpositionen	3.000
Bestellung durchführen	Materialpositionen	1.200
Terminüberwachung	Bestellungen	800
Rechnungsprüfung	Lieferantenrechnungen	700

8. Der hauptsächliche Kostenverursacher wird auf die einzelnen Teilprozesse verteilt. Im Beispiel sind die bestimmenden Kosten der Einkaufsabteilung die Personalkosten, die auf die einzelnen Teilprozesse verteilt werden.
9. Bei beispielhaften drei Mitarbeitern im Einkauf werden 1,2 Mitarbeiter pro Jahr mit der Disposition beschäftigt, jeweils 0,7 Mitarbeiter mit der Bearbeitung von Angeboten und Bestellungen sowie jeweils 0,2 Mitarbeiter mit der Terminüberwachung und der Rechnungsprüfung.
10. Die Prozesskosten der Teilprozesse werden errechnet, indem die Gesamtkosten mit der errechneten Kapazität bewertet werden.
11. Die Gesamtkosten von 300.000 € ergeben bei 3 Mitarbeitern im Einkauf und einer Kapazität von 1,2 Mitarbeitern für die Materialdisposition Kosten von 120.000 €/Jahr.
12. Die Gesamtkosten der einzelnen Teilprozesse werden durch die Menge der Kostentreiber dividiert. Das Ergebnis sind die Kosten pro Kostentreiber. Die 120.000 € pro Jahr werden benötigt, um 3.000 Materialpositionen pro Jahr zu disponieren. Damit kostet jede Position 40,00 €.

Teilprozesse (Aktivitäten)	Kostentreiber Anzahl an:	Prozess-menge Anzahl/ Jahr	Kapazität Mitarbeiter/ Jahr	Prozesskosten pro Jahr Gesamt	Prozess-kostensatz €/Kosten-treiber
Angebote bearbeiten	Angebots-positionen	1.500	0,7	70.000	46,67
Material disponieren	Material-positionen	3.000	1,2	120.000	40,00
Bestellungen durchführen	Material-positionen	1.200	0,7	70.000	58,33
Termin-überwachung	Bestellungen	800	0,2	20.000	25,00
Rechnungs-prüfung	Lieferanten-rechnungen	700	0,2	20.000	28,57
			3,0	300.000	

Mit dem Wissen um die Kosten der Prozesse und Teilprozesse kann eine Optimierung erfolgen. Im Beispiel fällt auf, dass die Angebotsbearbeitung sehr teuer ist und dass mit 1.500 Angeboten pro Jahr mehr Angebote als Bestellungen bearbeitet werden müssen. Wenn die Anzahl der Angebote gesenkt werden kann, indem z.B. auf frühere Werte zurückgegriffen und nicht vor jeder Bestellung ein neues Angebot eingeholt wird, können Kosten gesenkt werden.

Das bietet die Prozesskostenrechnung

- Die Prozesskostenrechnung macht indirekte Kosten direkt, zumindest hinsichtlich des Prozesses.
- Das bessere Verständnis für die Kosten der Prozesse ermöglicht eine Einflussnahme auf die Höhe der Kosten.
- Die Kosten der Prozesse gehen in die Deckungsbeitragsrechnung ein.

Achtung: Prozesskostenrechnung regelmäßig durchführen !

Die Prozesskostenrechnung im Unternehmen verursacht hohe Kosten. Darum wird sie meist nicht regelmäßig durchgeführt. Es besteht dann allerdings die Gefahr, dass die Abläufe mit falschen, da veralteten Kosten bewertet werden.

2.5 Business Intelligence als Präsentationsinstrument

Der Controller nutzt nicht nur für seine Berechnungen eine Vielzahl von Instrumenten. Auch für die Präsentation seiner Ergebnisse, seien es regelmäßige Berichte oder anlassbezogene Auswertungen, stehen ihm unterschiedliche Methoden zur Verfügung. Von der reinen Kennzahl, der Tabelle oder dem erklärenden Text bis hin zur Grafik werden viele Formen genutzt. Ein Instrument zur Verteilung der Ergebnisse des Controllings ist Business Intelligence (BI).

Business Intelligence ist eine Softwarelösung. Daten werden in speziellen Datenbanken, den sogenannten Würfeln, gesammelt und über eine Präsentationsschnittstelle ausgegeben. Dabei soll die Ebene der Datenaufbereitung von der Ebene der Darstellung getrennt sein.

2.5.1 Datenaufbereitung

Die Daten, mit denen ein BI-System arbeitet, können aus den unterschiedlichsten Quellen stammen. Im Würfel haben sie alle die gleiche definierte Struktur.

- Daten aus der Kostenrechnung werden in Controllingwürfeln gespeichert.
- Ein direkter Zugriff auf ERP-Systeme erlaubt eine sehr tief greifende Nutzung von Informationen aus dem Bereich Materialwirtschaft und Produktion.
- Extern berechnete Daten können z. B. über Excel-Tabellen integriert werden.

Die Daten werden aus den internen und externen Quellen in das BI-System übernommen. Eine Veränderung der Inhalte ist nicht möglich. Ausgenommen davon sind einfache Berechnungen während der Ausgabe der Daten, wie z. B. Summenbildung, Durchschnitte usw. Die Daten müssen also im ausgehenden System so vorhanden sein, wie der Controller sie benötigt. Das ist leider nicht immer der Fall.

Achtung: Inhalte im BI-System einheitlich definieren !

Da im BI-System Daten aus unterschiedlichen Quellen vereinheitlicht werden, muss großer Wert auf eine einheitliche Definition aller Inhalte gelegt werden. Durch die Automatismen der Würfelbildung geht der Kontakt zur eigentlichen Anwendung verloren. Schon so einfache Werte wie der Umsatz müssen hinsichtlich ihres Inhalts (brutto, netto, Position, Rechnung, skontobereinigt oder nicht ...) angepasst werden.

Die Problematik der oft ungenauen Definitionen und die fehlende Möglichkeit, im BI-System noch eine Berechnung von Werten vornehmen zu können, führt dazu, dass die Werte im Würfel doch wieder individuell für einzelne Darstellungen erstellt werden. Die Trennung von der Darstellungsebene ist nur schwer zu vollziehen.

2.5.2 Darstellung

Die Daten in den Würfeln können mit dem BI-Tool mit umfangreichen Möglichkeiten sortiert und ausgewählt werden.

- Je nach Berechtigung des Nutzers können Einschränkungen z.B. auf den Umsatz nur eines Verkaufsbereichs erfolgen.
- Zeitliche Einschränkungen z.B. auf Monate oder Jahre sind möglich.
- Summierte Felder können durch einen Mausklick in ihre Bestandteile zerlegt werden (z.B. der Umsatz der Produktgruppe in die dazugehörigen Artikel).
- Tabellarische und grafische Darstellungen sind frei wählbar.

Der Aufwand für die flexible Nutzung der Daten im BI-System ist sehr hoch. Alle Möglichkeiten, die dem Nutzer geboten werden sollen, müssen auch eingerichtet werden. Änderungen der Nutzergewohnheiten müssen nachvollzogen werden. Bis der perfekte Look der Präsentationen im BI-System erreicht wird, ist viel Arbeit notwendig.

2.5.3 Business Intelligence ja oder nein

Die Vor- und Nachteile eines BI-Systems werden in der folgenden Tabelle dargestellt:

positiv	Unterschiedliche Systeme werden miteinander verbunden.
positiv	Eine digitale Verteilung der Inhalte ist einfach möglich.
positiv	Die Informationstiefe kann flexibel angepasst und mit einfachen Mitteln während der Darstellung verändert werden.
negativ	Eine inhaltliche Bearbeitung der Daten im Würfel ist nicht mehr möglich.
negativ	Um alle Möglichkeiten nutzen zu können, sind umfangreiche Vorarbeiten notwendig.
negativ	Für einheitliche Definitionen müssen Daten in den vorgelagerten Systemen (ERP, Kostenrechnung usw.) normiert werden.
negativ	Die »Entfernung« des Controllers zu den Daten wird größer.
negativ	Die BI-Systeme sind oft sehr komplex und belasten das IT-System durch die notwendige Datenaufbereitung.

3 Controlling in den einzelnen Bereichen

Ob Sie wollen oder nicht, die Controllingberichte kommen regelmäßig und müssen bearbeitet werden. Die Zeit ist fast immer knapp, doch der Controller benötigt Informationen, Daten und Mitarbeit aus Ihrem Verantwortungsbereich. Darum würden viele Verantwortliche im Unternehmen vielleicht lieber auf das Controlling verzichten.

Doch die »Existenzberechtigung« des Controllings geht weit darüber hinaus, lediglich Ihren Vorgesetzten über Ihre Leistungen zu informieren. Jede Stelle im Unternehmen kann ganz individuell vom Controlling profitieren.

Verantwortung wird immer weiter delegiert und wird heute schon in großem Umfang von Sachbearbeitern wahrgenommen. Auch diese benötigen Steuerungsinstrumente. Nehmen Sie darum den Controller in die Pflicht.

3.1 Controlling für jeden Bereich

Die einzelnen Bereiche des Unternehmens verfügen trotz aller Verschiedenheit über gleiche Strukturen. Überall entstehen Kosten, überall wird eine Leistung erbracht. Und in jedem Bereich gilt es, Ziele zu erreichen.

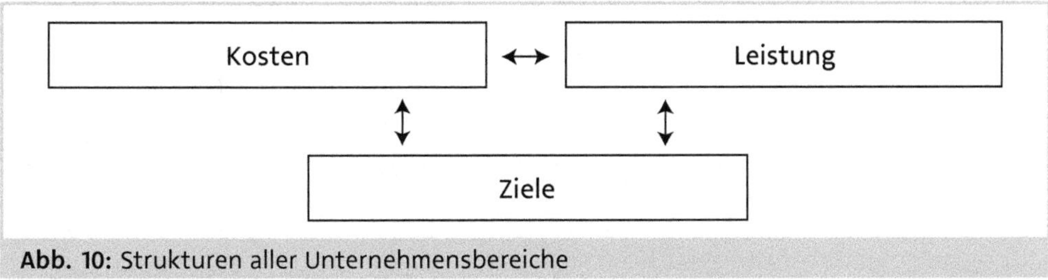

Abb. 10: Strukturen aller Unternehmensbereiche

Diese drei Parameter bestimmen das Ergebnis jeder Kostenstelle und jedes Bereichs. Mit dem Controlling werden sie überwacht.

3.1.1 Kostenentwicklung

Die Kosten entwickeln sich im Laufe der Zeit. Sie verändern ihre Höhe insgesamt, gleichzeitig verändern sich auch die Höhe und die Anteile der einzelnen Kostenarten.

Kostenanteile

Wenn Sie es wollen, liefert das Controlling z. B. im Kostenstellenbericht auch Informationen über die veränderten Kostenanteile.

!

Beispiel: Berechnung der Kostenanteile

Wird die Berechnung der Kostenanteile auf die bereits in Kapitel 2.4.1 dargestellte Kostenstellenabrechnung »Vertrieb Nord« angewandt, ergibt sich das folgende Ergebnis. Es zeigt sich, dass es kaum Verschiebungen zwischen den geplanten Anteilen und den realisierten Anteilen gibt.

Kostenstelle	Vertrieb Nord			
KSt-Leiter	Frau Kellers			
Zeitraum	01.–10.2017			
Kostenart	Ist	Ant. %	Plan	Ant. %
Lohn/Gehalt	357.842	40,8%	360.000	41,0%
Sozialkosten	89.461	10,2%	90.000	10,2%
Lohnfortzahlung	12.875	1,5%	17.850	2,0%
Personal gesamt	**460.178**	**52,4%**	**467.850**	**53,2%**
Hilfsstoffe	2.385	0,3%	2.000	0,2%
Treibstoffe	35.421	4,0%	33.250	3,8%
Gas	698	0,1%	1.000	0,1%
Energie gesamt	**38.504**	**4,4%**	**36.250**	**4,1%**
Reisekosten	89.547	10,2%	85.000	9,7%
Schulung	6.850	0,8%	8.000	0,9%
Versicherung	8.759	1,0%	10.000	1,1%

Sonstiges	14.873	1,7%	10.000	1,1%
Verwaltung	**120.029**	**13,7%**	**113.000**	**12,9%**
Umlage Fahrzeuge	143.875	16,4%	145.000	16,5%
Umlage Gebäude	25.482	2,9%	25.000	2,8%
Umlage IT	77.965	8,9%	80.000	9,1%
Umlage sonstige	12.030	1,4%	12.000	1,4%
Umlage Gesamt	**259.352**	**29,5%**	**262.000**	**29,8%**
Gesamtsumme	878.063	100,0%	879.100	100,0%

Da die Kosten einer Stelle sehr von deren Beschäftigung abhängen, können die Gesamtkosten stark schwanken. Darum ist es für den Verantwortlichen wichtig, Verschiebungen innerhalb der Gesamtkosten zu erkennen. Die Informationen dazu liefert der Controller.

Kostenhöhe

Um die Abhängigkeit der Kostenhöhe von der erbrachten Leistung zu beobachten, sind Informationen über die Höhe der Kosten pro Leistungseinheit notwendig.

Beispiel: Kosten pro Leistungseinheit !

Den Fuhrparkleiter an der Gesamthöhe der Kosten aus dem Fuhrpark zu messen, ist falsch. Er würde dann versuchen, so wenig wie möglich zu transportieren. Die Aussage, dass die Logistikkosten 1.500.000 € betragen ist nichtssagend.
Wird diese Größe jedoch in Bezug zur Leistung gesetzt, ergeben sich Möglichkeiten zur Beurteilung. Wurden z. B. 20.000 Tonnen transportiert, dann ergibt sich ein Kostensatz von 7,5 Cent pro kg. Damit ist ein Vergleich mit dem Vorjahr oder dem Plan möglich.

Diese Kostenrate (Kosten pro Leistungseinheit) ist der Maßstab, mit dem die Leistung des Kostenverantwortlichen gemessen werden muss. Doch selbst dann sollte das Ergebnis noch genauer beleuchtet werden, wie das folgende Beispiel veranschaulicht:

!

Beispiel: Ergebnis genauer beleuchten

Im obigen Beispiel wurde ein Kostensatz von 7,5 Cent pro kg errechnet. Der Vergleichszeitraum im Vorjahr erbringt einen Kostensatz von nur 5,0 Cent pro kg. Der Controller bringt aber zusätzliche Informationen. Im Vorjahr wurden 35.000 Tonnen transportiert mit Gesamtkosten von 1.750.000 €.
Der Rückgang der Tonnage ist auf einen Umsatzeinbruch zurückzuführen, den der Leiter Fuhrpark nicht zu vertreten hat. Vielmehr musste dieser so schnell wie möglich seine Kapazitäten zurückfahren.
Das ist nur teilweise gelungen, da es keine Vorwarnung gegeben hat.
Damit ist der derzeitige Kostensatz durchaus vertretbar.

Der Controller leistet also mit seinen Berichten einen wichtigen Anteil daran, die Kosten durchsichtiger und beobachtbar zu machen. Die Controllinginformationen verbessern die Steuerungsmöglichkeiten in den jeweiligen Bereichen und die Möglichkeit der objektiven Beurteilung der Leistung, wenn es um Kostenmanagement geht.

3.1.2 Leistungsentwicklung

In der Praxis spielt der Leistungsgedanke in den einzelnen Unternehmensbereichen noch nicht jene wichtige Rolle, die ihm zusteht. Oft werden nur die Vertriebsbereiche nach der Leistung beurteilt, vielleicht noch die Produktion nach der Anzahl der hergestellten Waren.

Für den Unternehmenserfolg ist die Leistung jeder Stelle ebenso wichtig wie der Aufwand, der zur Leistungserbringung getätigt werden muss. Darum ist die Leistungsüberwachung ebenso wichtig wie die Beobachtung der Kostenentwicklung. Das Controlling muss auch dies leisten.

- In regelmäßigen Abständen muss die Leistung der Kostenstellen festgestellt werden.
- Sie wird verglichen mit den Leistungen in der Vergangenheit oder mit den geplanten Werten.
- Abweichungen zwischen den Werten müssen analysiert und begründet werden.
- Der Verantwortliche für die Abweichungen in den Leistungen muss gefunden werden.

Achtung: Eine Abweichungsanalyse durchführen

!

Gerade im Leistungsbereich kann die Verantwortung für Abweichungen auch außerhalb der Stelle, wo diese Abweichung aufgetreten ist, liegen, da die Leistung der meisten Bereiche davon abhängt, wie viel die nachgelagerten Abteilungen von ihnen abfordern. Darum lohnt sich hier eine Abweichungsanalyse besonders.

- Die Wirksamkeit von Maßnahmen zur Veränderung der Leistungen kann sehr gut durch die Leistungsentwicklung aus dem Controlling geprüft werden.

3.1.3 Zielerreichung

Sehr wichtig für das Gesamtunternehmen ist die Frage, ob die einzelnen Stellen die vereinbarten Ziele erreicht haben oder nicht. Damit es nicht nach Ablauf des Zeitraums ein böses Erwachen gibt, sollten die Ziele durch Controllingdaten regelmäßig überwacht werden.

Checkliste: Zielüberwachung

Bei der Zielüberwachung müssen nicht nur die reinen Zielwerte überprüft werden. Die Checkliste hilft Ihnen dabei, den gesamten Komplex der Zielerreichung richtig einzuschätzen.

1. Ist der für die Zielerreichung vereinbarte Zeitraum bereits abgelaufen?
2. Wie hoch ist der Wert der Zielvereinbarung, der real erreicht worden ist?
3. Wie hoch ist die Abweichung vom vereinbarten Zielwert?
4. War die Beschäftigung der Stelle anders, als bei der Zielvereinbarung unterstellt?
5. Sind die Voraussetzungen, die als Grundlage für die Zielerreichung vereinbart wurden, erfüllt?
6. Liegen die Gründe für die Zielabweichung außerhalb des Einflussbereichs desjenigen, der die Verantwortung für die Abweichung trägt?

Tipp: Ein Ampelcontrolling vereinbaren

!

Damit Sie nicht mit jedem Controllingbericht Ihre Ziele mühsam berechnen und vergleichen müssen, vereinbaren Sie mit Ihrem Controller das sogenannte Ampelcontrolling. Darin werden die Zielgrößen im Controllingbericht farblich markiert:

- grün = Istwert liegt auf dem Zielwert oder ist besser als der Zielwert.
- gelb = Istwert weicht negativ vom Sollwert ab, wobei die Abweichung noch nicht dramatisch ist (unterhalb eines vereinbarten Prozentwerts liegt).
- rot = Istwert weicht negativ vom Sollwert ab, wobei die Abweichung dramatisch ist (oberhalb eines vereinbarten Prozentwerts liegt).

3.2 Finanzcontrolling

Der Finanzbereich und vor allem das Rechnungswesen verarbeiten selbst eine Vielzahl von Daten. Der Controller greift bei der Verarbeitung von Istdaten auf die Werte der Finanzbuchhaltung zurück. Dennoch müssen auch die Mitarbeiter im Finanzbereich auf den Controller vertrauen, wenn es um bestimmte Auswertungen geht.

!

Achtung: Unterschiedliche Sichtweisen in Buchhaltung und Controlling

In der Buchhaltung werden umfangreiche Arbeiten für das Controlling erledigt. So werden bei der Verbuchung von Kosten und Eingangsrechnungen Kostenstellen, Projektnummern, Kostenträger usw. angegeben, um eine spätere Verarbeitung in der Kostenrechnung und im Controlling zu vereinfachen. Da das Controlling eine interne Sichtweise hat, sind die Ergebnisse der Verarbeitung jedoch anders. Die »doppelte« Verarbeitung der Zahlen in der Buchhaltung und im Controlling ist notwendig.

In drei Bereichen soll hier gezeigt werden, wie das Controlling auch den Nichtcontrollern im Finanzbereich nutzen kann.

3.2.1 Die Liquiditätsplanung

Die Kennzahlen aus der Bilanz, die etwas über die Liquidität des Unternehmens aussagen, haben wir schon kennen gelernt. Diese sind zeitpunktbezogen und geben nur einen groben Überblick über die wirkliche Situation.

Für die tägliche Arbeit ist ein Instrument notwendig, das aktuell die Zahlungsströme erfasst und eine vorhersehbare Unter- oder Überdeckung ermittelt. Das liefert der Controller mit seiner Liquiditätsplanung.

!

Tipp: Die Liquiditätsplanung dem Rechnungswesen überlassen

Auch wenn es in Ihrem Unternehmen, wie in vielen anderen, üblich ist, dass das Rechnungswesen die Liquiditätsplanung macht, ist es doch ein Controllinginstrument. Im Rechnungswesen angesiedelt, kann dieses Werkzeug besonders effektiv genutzt werden, da die Werte aktueller eingegeben werden.

Vereinbaren Sie also mit Ihrem Controller, dass dieser zwar das Instrument Liquiditätsplanung zur Verfügung stellt, die Nutzung jedoch im Rechnungswesen stattfindet.

Aufbau der Liquiditätsplanung

Die Liquiditätsplanung gliedert sich in vier Bereiche, in denen alle Zahlungsströme des Unternehmens zusammengefasst werden:

- **Einnahmen**
  Im Bereich Einnahmen werden alle Zahlungseingänge erfasst. Dies sollte vorwiegend der Zahlungseingang der Kunden sein. Aber auch sonstige Einnahmen wie Erlöse aus Anlagenverkäufen u. Ä. werden hier summiert.

Tipp: Den Umsatzplan um ein durchschnittliches Zahlungsziel korrigieren !

Die Einnahmen aus Ihren Verkäufen werden meist nicht zum Zeitpunkt des Verkaufs realisiert, sondern erst später. Eine Ausnahme bildet der Einzelhandel. Darum müssen Sie den Umsatzplan um ein durchschnittliches Zahlungsziel Ihrer Kunden korrigieren. Also der Umsatz im Januar wird erst zum Umsatz im Februar usw.

- **Ausgaben**
  Die Ausgaben des Unternehmens sind meist wesentlich differenzierter als die Einnahmen. Wichtig ist auch hier, dass die zeitliche Verschiebung zwischen der Entstehung der Kosten und der Bezahlung der Rechnungen berücksichtigt wird.

Tipp: Ausgaben entsprechend der wichtigsten Kostenarten separat planen !

Planen Sie die Ausgaben entsprechend der wichtigsten Kostenarten separat. Das hilft Ihnen, die Zahlungszeitpunkte exakter zu bestimmen. Aber vor allem können Sie bei Engpässen in der Liquidität einzelne Kosten- und damit Auszahlungsgrößen individuell verschieben.

- **Finanzierung**
  In diesem Bereich wird die Aufnahme und Rückzahlung von Krediten, aber auch Eigenkapital, erfasst. Wenn das Unternehmen flüssige Mittel anlegen kann, wird dies hier berücksichtigt.
  Während einige Autoren die Auffassung vertreten, dass Investitionen in den Block »Ausgaben« gehören, summieren andere die Investitionen im

Finanzierungsbereich. Das ist sicherlich zulässig, weil Investitionen einen langfristigen und einmaligen Charakter haben, während die Kosten im Ausgabenbereich wiederkehrend sind.

- **Liquidität**
  Im letzten Bereich der Liquiditätsplanung wird aus den ersten Bereichen die Summe gezogen und mit den vorhandenen finanziellen Mitteln verglichen. Dazu gehören auch die Kreditlinien der Kontokorrentkonten. Hier zeigt sich, ob es zu einer Unterdeckung kommt.

Planung der Liquidität
Die Qualität der Liquiditätsplanung hängt ab von der Qualität der Unternehmensplanung insgesamt. Da die Zahlungsfähigkeit die wichtigste Voraussetzung für das Überleben eines Unternehmens ist, muss hier besondere Sorgfalt aufgewendet werden.

Neben der Umsatz- und der Kostenplanung ist vor allem die Vorhersage des Zahlungsverhaltens bestimmend für die Zahlungszeitpunkte. Auf das eigene Zahlungsverhalten kann, in Grenzen, Einfluss genommen werden, auf das der Kunden nur indirekt.

!

Achtung: Abweichungen in die Liquiditätsprüfung integrieren

Für die Liquiditätsplanung gilt nicht, was für die übrige Planung hinsichtlich der Anpassung an Veränderungen gesagt wurde. Sobald Abweichungen vom Plan, die Einfluss auf die Zahlungsströme haben, bekannt werden, müssen diese in die Liquiditätsplanung integriert werden. Nur so ist sichergestellt, dass die Ergebnisse der Liquiditätsplanung korrekt sind.

3.2.2 Die Überwachung von Kennzahlen

Kennzahlen, vor allem im Finanzbereich, sind statisch. Sie beziehen sich auf einen Zeitpunkt. Das ist einer der Gründe dafür, dass sie für den internen Gebrauch nur begrenzt eingesetzt werden. Dennoch haben Kennzahlen Einfluss auf das Unternehmen.

Die Finanzkennzahlen sind oft die einzige Möglichkeit potenzieller Geldgeber, das Unternehmen mit anderen zu vergleichen. Daher hat das Unternehmen ein eigenes Interesse daran, dass die Informationen vernünftige Werte aufweisen. Eine Überwachung durch das Controlling ist angebracht.

- Finanzkennzahlen dienen den Banken dazu, das Kreditrisiko einzuschätzen. Da davon das Rating des Bankkunden abhängig ist, bestimmen die Finanzkennzahlen die Möglichkeiten und die Kosten einer Fremdfinanzierung.
- Ein immer wichtigerer Partner sind die Kreditversicherer, die das Risiko der Lieferanten des Unternehmens absichern. Dazu werden ebenfalls die Finanzkennzahlen verwendet, ergänzt um aktuelle Meldungen von Zahlungsempfängern.

Achtung: Wichtigkeit von Kreditversicherern nicht unterschätzen !

Unterschätzen Sie die Wichtigkeit der Kreditversicherer nicht. Schätzen diese Ihr Unternehmen schlecht ein, werden viele Lieferanten sehr vorsichtig mit der Lieferung sein. Eine Zusammenarbeit ist also wichtig.

- Nicht zuletzt werden die Gesellschafter, die zwar Kapital gegeben haben, aber keinen operativen Einfluss nehmen können, ihr Engagement aufgrund der Finanzkennziffern bewerten.

Statische Werte dynamisieren

Der Controller liefert dem Finanzbereich die notwendigen Kennzahlen wie Eigenkapital- und Fremdkapitalanteile, Verschuldungsgrad und Liquiditätsgrade. Dabei ermittelt er nicht nur den aktuellen Wert, er wird ihn auch in eine Zeitreihe mit Vergangenheitswerten setzen. Gibt es eine Planung, wird auch der Planwert ergänzt.

Beispiel: Werte in einer Zeitreihe mit Vergangenheitswerten !

Die Eigenkapitalquote des Pumpenherstellers hat sich wie folgt entwickelt:

Jahr	2015 Ist	2016 Ist	2017 Ist	2018 Plan
EK-Quote	22,4%	23,7%	25,1%	30,0%

Es ist ein stetiger Anstieg erkennbar, der durch eine bewusste Bilanzpolitik erreicht wurde. Die Bilanzsumme wurde absichtlich niedrig gehalten, um dadurch die Quote zu stabilisieren.

Diese Kennzahlenüberwachung im Finanzbereich sollte alle wichtigen Werte einschließen, die extern bewertet werden. Unterstützend dazu werden die Werte, die zur Kennzahl geführt haben, aufgeführt, also bei der Eigenkapitalquote die absolute Höhe des Eigenkapitals und die Bilanzsumme.

3.2.3 Die Bestandsbewertung

Der Bilanzbuchhalter muss mindestens jährlich die Bestände an Rohstoffen, Materialien, Halb- und Fertigprodukten bewerten, um sie mit den richtigen Daten in die Bilanz aufnehmen zu können. Dazu benötigt er die Anschaffungskosten und die Herstellkosten der gelagerten Teile und Mengen.

Diese Werte stammen aus dem internen Rechnungswesen, also aus der Kostenrechnung und dem Controlling. Für gekaufte Waren können neben den gezahlten Einkaufspreisen auch die Beschaffungskosten aktiviert werden, wenn der Marktpreis dies erlaubt. Für Teile, die ganz oder teilweise selbst gefertigt wurden, müssen die Kosten der Fertigung, also die Herstellkosten, errechnet werden.

	Materialkosten
+	Materialgemeinkosten
+	Fertigungslöhne
+	Fertigungsgemeinkosten
+	Sondereinzelkosten der Fertigung
=	Herstellkosten

Vor allem bei der Berechnung der Gemeinkosten wird der Kostenstellenbericht des Controllers benötigt. In der Regel liefert er den Bewertungspreis und stimmt diesen auch mit Steuerberatern und Wirtschaftsprüfern ab.

!

Achtung: Spielraum bei der Bewertung der Bestände nutzen

Bei der Bewertung der Bestände gibt es einen gewissen Spielraum, mit dem der Gewinn des Unternehmens beeinflusst werden kann, wenn auch in engen Grenzen. Lassen Sie den Controller nicht im Ungewissen darüber, welcher Trend (hohe

Bewertung, niedrige Bewertung) notwendig ist, um das gewünschte Ergebnis zu erzielen. Sonst liefert er Ihnen die falschen Preise.

Bei der Feststellung der Vorratswerte spielt, neben der Bewertung mit den Beschaffungs- bzw. den Herstellkosten, die Abwertung der Bestände mit unterschiedlichsten Begründungen eine Rolle.

Auch hier kann der Controller die Bewertung unterstützen. Er kennt den Lagerbestand sehr genau und kann durch verschiedenste Berechnungen deutlich machen, wie sich eine Abwertung auswirkt.

Ein Wertverlust kann viele Gründe haben:

- Die häufigste Begründung für den Wertverlust von gelagerten Waren ist das Alter dieser Waren. Dazu muss exakt feststellbar sein, wie alt die jeweils gelagerten Mengen sind. Das kann der Controller.
- Auch der technische Fortschritt führt dazu, dass Lagerbestände abgewertet werden müssen.

Beispiel: Lagerbestände abwerten !

Der Pumpenhersteller hat in seinem Tochterunternehmen in China 4.500 Pumpen herstellen lassen und jetzt in Deutschland eingelagert. Diese weisen einen Stromverbrauch auf, der um mehr als 50% über denen vergleichbarer Pumpen liegt, die gerade auf den Markt gekommen sind.
Da die Kunden hinsichtlich der Kosten für die verbrauchte Energie immer sensibler werden, werden sich diese Pumpen nicht mehr zum regulären Preis verkaufen lassen. Der Vertriebsleiter schätzt, dass der erzielbare Erlös unter den Einkaufspreisen liegen wird.
Der Controller rechnet:

Einkaufspreis	25,00 €	pro Stück
Beschaffungsnebenkosten	3,40 €	pro Stück
Lagerwert bei 4.500 Stück 1	27.800,00 €	
maximaler Verkaufspreis	20,00 €	pro Stück
Abwertung	37.800,00 €	
Lagerwert neu	90.000,00 €	

- Beschädigte Waren oder Waren, die durch modischen Wandel an Wert verlieren usw. bieten Möglichkeiten, den Bestand abzuwerten.

Der Controller nimmt diese Bewertungen vor und ermittelt auch den Verursacher. Damit können in der Buchhaltung und in der Kostenrechnung die Abwertungsbeträge den richtigen Kostenarten und Kostenstellen zugeordnet werden.

!

Tipp: Bewertungen durch das Controlling

Die hier beschriebene Bestandsbewertung ist nur eine von vielen Situationen, in denen der Controller das Finanzwesen wesentlich unterstützen kann. Immer dann, wenn die Bewertung verlangt wird, liefert das Controlling die richtigen Zahlen.

3.3 Investitionscontrolling

Investitionen sind für mittelständische Unternehmen durch zwei Entwicklungen geprägt: Zum einen werden sie aufgrund von komplexen Funktionen immer teurer, zum anderen werden sie immer schwieriger zu finanzieren. Beide Aspekte verlangen, auch voneinander unabhängig, dass sich der Controller intensiv von der Planung bis zur Realisierung mit den Investitionen befasst.

3.3.1 Ist eine Investition wirtschaftlich sinnvoll?

Eine Fehlentscheidung bei einer Investition kann sich kaum ein Unternehmen erlauben. Darum muss der Kauf einer Maschine, eines Fahrzeugs oder der Bau eines Gebäudes sehr gut vorbereitet und untersucht werden. Das Controlling trägt dazu bei, indem es eine Wirtschaftlichkeitsberechnung durchführt.

Die Aufgabe der Wirtschaftlichkeitsberechnung

Mit der Wirtschaftlichkeitsberechnung prüft der Controller, ob die durch die Investition verursachten Kosten zu einem positiven Ergebnis führen, ob also die Erlöse die Kosten übersteigen. Nur wenn das der Fall ist, wird die Investition auch durchgeführt.

Kosten und Erfolge einer Investition

Jede Investition hat eine Kostenseite und eine Erfolgsseite. Die Kosten sind schnell ermittelt. Sie umfassen:

- die Anschaffungskosten von Maschine, Fahrzeug, Gebäude usw.,
- die Anschaffungsnebenkosten wie Transport, Versicherung, Aufbau, Inbetriebnahme usw.,
- die laufenden Kosten, die durch die Investition entstehen, wie Betriebskosten der Maschine, Unterhaltskosten des Gebäudes usw.,
- die Kosten der Finanzierung der Investition über die Laufzeit der Nutzung bzw. bis die Erlöse die Ausgaben übersteigen.

Bei den Erfolgen ist es nicht immer so eindeutig, was der Investition gutgeschrieben werden kann. Je nach der Situation können das u.a. sein:

- Deckungsbeiträge von Produkten, die auf der Maschine zusätzlich zu den bisherigen hergestellt und später auch verkauft werden können.
- Kosteneinsparungen, die sich aufgrund der Maschine ergeben, wie z.B. Materialkosteneinsparung, Lohneinsparung durch schnellere Produktion, Energiekostensenkung durch bessere Dämmung, Treibstoffkostensenkung durch neue Fahrzeuge.

Soll die Investition durchgeführt werden?

Werden nun die Kosten und die Erfolge miteinander verglichen, wird eine Seite größer sein als die andere. Sind es die Kosten, ist die Investition nicht wirtschaftlich. Sind es die Erfolge, ist die Investition positiv. Dieses Ergebnis kann in Euro dargestellt werden.

Damit wäre Wirtschaftlichkeit schon ab einem Euro Überschuss definiert. In der Regel wird das Ergebnis noch ins Verhältnis zum investierten Kapital gesetzt. Dadurch entsteht eine Kapitalrendite, die bei wirtschaftlichen Investitionen positiv ist.

! **Beispiel: Kapitalrendite**

Der Pumpenhersteller will für die Produktion von Kleinpumpen, die er derzeit aus Italien bezieht, eine eigene Produktionslinie aufbauen. Die Kosten dafür betragen 1,5 Mio. €. Dafür sinken die Kosten für die Pumpen von derzeit 2,50 € Einkaufspreis pro Stück auf 1,70 € Herstellkosten. Die Nutzungsdauer der Anlage beträgt 10 Jahre.
Ohne Berücksichtigung der Finanzierungskosten ergeben sich folgende Daten:

Kosten der Investition	1.500.000 €
Anzahl der Pumpen pro Jahr	200.000 Stück
Einsparungen über 10 Jahre	1.600.000 €

(200.000 Stück/Jahr × 10 Jahre × 0,80 €/Stück)
Das Ergebnis ist also ein Überschuss von 100.000 € oder eine Rendite von 6,7%.

Ist eine andere Investition sinnvoller?

Gibt es mehrere Alternativen, können die Ergebnisse der Wirtschaftlichkeitsbetrachtung herangezogen werden, um die optimale Alternative zu erkennen. Dazu werden die Renditen miteinander verglichen. Die Investition mit der höchsten Rendite wird verwirklicht.

! **Beispiel: Renditenvergleich**

Die Rendite von 6,7% des eingesetzten Kapitals in 10 Jahren wird verglichen mit der Alternative, das Geld auf der Bank anzulegen und dafür 5% Zinsen pro Jahr zu kassieren. Die Investition an sich ist zwar wirtschaftlich, aber trotzdem nicht sinnvoll, da selbst die Anlage bei der Bank wirtschaftlicher ist.

! **Achtung: Vorteile müssen in Euro geschätzt werden**

Ein großes Problem der Wirtschaftlichkeitsberechnungen sind Vorteile einer Investition, die sich nicht in Euro darstellen. Dazu gehören z. B. bessere Abläufe durch IT-Investitionen und eine bessere Produktqualität durch neue Produktionsmaschinen. Um dennoch die Wirtschaftlichkeit prüfen zu können, muss die Bedeutung solcher Vorteile in Euro geschätzt werden.

3.3.2 Investitionen im Griff behalten

Wenn Investitionen nicht wunschgemäß abgelaufen sind, liegt das oft an der falschen Durchführung. Hier kann der Controller helfen, indem er den verantwortlichen Bereichsleitern bei der Umsetzung der Investition mit den Methoden des Projektcontrollings unterstützend zur Seite steht.

Was hat eine Investition mit einem Projekt zu tun? Projekte sind abgeschlossene, für das Unternehmen wichtige Vorgänge, die nicht zum Alltagsgeschäft gehören. Das trifft auf die meisten Investitionen zu. Darum kann das Projektcontrolling angewendet werden. Wenn die Wirtschaftlichkeitsberechnung abgeschlossen und die Entscheidung für ein Investitionsobjekt gefallen ist, unterstützt Sie der Controller.

Das Investitionsprojekt wird exakt definiert. Dazu gehört, den Umfang und den Zustand, mit dem das Projekt abgeschlossen ist, festzulegen.

Achtung: Das Ende von Projekten exakt definieren !

Viele Projekte, vor allem im Investitionsbereich, scheitern daran, dass kein exaktes Ende definiert wurde. Dann ist eine Trennung zwischen Investitionsarbeiten und Betrieb der Anlage sehr schwer. Das Ende muss daher auf jeden Fall exakt definiert werden.

Beachten Sie bei der Überwachung des Projekts »Investition« folgende Punkte:

- Das Ziel des Projekts ist es, die Investition entsprechend der Planung umzusetzen und zu realisieren. Auch das muss definiert werden.
- Der Zeitraum, der für das Projekt zur Verfügung steht, muss bestimmt werden. Es gibt kein Projekt, das keinen Endzeitpunkt enthält.
- Das gesamte Projekt muss in maßgebliche Teilaufgaben gegliedert werden. Diese müssen für sich selbst kontrollierbar sein.

!

Beispiel: Maßgebliche Teilaufgaben

Der Pumpenhersteller hat sich entschieden, die Investition in die neue Fertigungsanlage durchzuführen. Dazu wird das Gesamtprojekt geteilt in die Aufgaben:

- technische Planung der Anlage,
- Informationsbeschaffung über Anlagen,
- Entscheidung und Kauf einer Anlage,
- Durchführung der baulichen Maßnahmen,
- Vorbereitung der Produktionsabläufe,
- Lieferung der Anlage,
- Aufbau,
- Testbetrieb,
- Inbetriebnahme,
- Start der Produktion.

- Für die einzelnen Teilaufgaben werden Termine festgelegt, die so genannten Meilensteine. Diese werden in die Projektüberwachung übernommen.
- Für die einzelnen Teilaufgaben werden Kostenwerte festgelegt, die bis zur Erledigung der Teilaufgabe angefallen sein dürfen. Auch diese werden im Projektcontrolling überwacht.
- Regelmäßig, meist monatlich, wird für das Projekt eine Abrechnung erstellt. Darin werden die Meilensteine geprüft und die bisher angefallenen Kosten der Teilaufgaben den geplanten Kosten gegenübergestellt.
- Kommt es zu Abweichungen bei den Terminen und/oder den Kosten müssen die Gründe dafür analysiert werden.

!

Tipp: Projektcontrolling für Investitionen – ein Steuerungsinstrument

Das Projektcontrolling für Investitionen verursacht Kosten und verlangt vor allem zeitlichen Einsatz von Ihnen. Dafür erhalten Sie ein ausgezeichnetes Steuerungsinstrument, mit dem Sie die für Ihren Bereich wichtige Investition exakt kontrollieren und notwendige Maßnahmen rechtzeitig einleiten können.

3.3.3 Die Investition richtig bewerten

Wenn Maschinen und sonstige Anlagen gekauft, hergestellt, verkauft oder verändert werden sollen, müssen sie mit einem Wert versehen werden.

Achtung: Buchwerte sind keine realistischen Werte

In den meisten Fällen, in denen eine Anlage bewertet werden muss, wird die Frage nach den echten Werten gestellt. Diese entsprechen nur in seltenen Fällen den Buchwerten, die in der Anlagenbuchhaltung geführt werden.

!

- Neue Maschinen müssen bewertet werden, um die Grundlage für die Abschreibung und den Ansatz in der Bilanz zu bekommen.
- Wenn Maschinen verkauft werden sollen, muss der Wert ermittelt werden, um einen marktgerechten Verkaufspreis zu verlangen.
- Sowohl, wenn Unternehmensformen verändert werden, als auch beim Verkauf eines Unternehmens, werden Bewertungen notwendig, um die echten Werte des Anlagevermögens zu erhalten.
- Gibt es einen Schaden an der Maschine, muss dieser mit den echten Werten von der Versicherung ausgeglichen werden.
- Wenn das Unternehmen einen Kredit benötigt und die Maschinen als Sicherheit übereignet werden sollen, wird der echte Wert benötigt, damit die Bank daraus ihren Beleihungswert ermitteln kann.

Anschaffungsbewertung

Bei der Anschaffung von Anlagen muss zwischen Kauf und Selbstbau unterschieden werden. Beim Kauf werden die Einkaufspreise und die Beschaffungsnebenkosten wie Transport, Versicherung, Aufbau, Inbetriebnahme addiert. Bei den selbst hergestellten Anlagen werden die direkten Kosten des Projekts (Material und Löhne) sowie anteilige Gemeinkosten der betroffenen Bereiche zugrunde gelegt.

Der so entstehende Wert ist der reale Wert der Maschine. Er geht als Anschaffungs- bzw. Herstellkosten in die Anlagenbuchhaltung ein. Er bildet auch die Grundlage für die Berechnung der Abschreibungen für die Abnutzung im Laufe der Zeit.

Buchwert

Der Buchwert definiert sich als Anschaffungskosten abzüglich bisher aufgelaufener Abschreibungen. Der Buchwert ist der aktuell in der Bilanz genutzte Wertansatz.

Für die regelmäßige Abnutzung werden monatliche oder jährliche Abschreibungsbeträge errechnet. Dies geschieht nach steuerlichen und handelsrechtlichen Gesichtspunkten und führt zu gleichbleibenden, also von der Zeit abhängigen Abschreibungsbeträgen. Diese entsprechen kaum der realen Wertentwicklung der Maschine.

! **Beispiel: Abschreibungen**

Um Steuern zu sparen, werden die steuerlichen Abschreibungsbeträge so hoch wie möglich angesetzt. Der Buchwert verringert sich schneller als der reale Wert. Es werden Sonderabschreibungsmöglichkeiten genutzt.

Die steuerliche und handelsrechtliche Optimierung entfernt den Buchwert immer weiter vom realen Wert der Anlage. Es entstehen stille Reserven, die durch Nutzung über den Abschreibungszeitraum hinaus oder durch Verkauf der Maschine aufgedeckt werden.

! **Achtung: Steuerverschiebungen durch hohe steuerliche Abschreibungen**

Hohe steuerliche Abschreibungen sind keine Steuerersparnis. Vielmehr wird nur eine Steuerverschiebung erreicht. Die über den realen Wertverlust hinausgehende Abschreibung wird spätestens dann aufgedeckt, wenn die Anlage weiter genutzt wird. Der Nutzung stehen dann keine Kosten mehr gegenüber. Oder es entsteht ein Buchgewinn, wenn die Maschine verkauft wird.

Echter Wert

Wie eben erläutert: Der Anschaffungswert wird vom Controller ermittelt, der Buchwert stammt aus der Buchhaltung. Den realen Wert während der Laufzeit ermittelt wiederum das Controlling.

Der einfachste Weg zum echten Wert ist, den Marktpreis zu verwenden. Wenn es diesen gibt! Bei Standardmaschinen, z. B. bei Fahrzeugen, kann der Marktpreis anhand des Alters, der bisherigen Leistung und des Zustands recht einfach bestimmt werden.

Gerade im Produktionsbereich gibt es viele Maschinen, für die es keinen Markt gibt, da sie sehr individuell gebaut sind. Und gerade diese stellen oft einen hohen Wert dar. Soll jetzt das Unternehmen verkauft werden, muss deren echter Wert ermittelt werden.

Ein möglicher Rechenweg vom Anschaffungswert zum aktuellen Zeitwert ist der folgende:

	Anschaffungswert (Kauf oder Herstellung)
–	bisherige echte Abnutzung (gemessen an der erbrachten Leistung)
+	bisher aufgebrachte Wartungskosten
+	bisher aufgebrachte Reparaturkosten
+	bisher aufgebrachte Modernisierungskosten
=	echter Wert

!

Beispiel: Aktueller Zeitwert

Die neue Anlage im Pumpenbau hat eine Lebenskapazität von 20.000.000 Pumpen. Davon sind bisher 7.500.000 Pumpen gebaut worden. Es ergeben sich folgende Kosten aus den bisher fünf Jahren Nutzungsdauer:

Anschaffungskosten (inkl. Nebenkosten)	1.500.000 €
– bisherige Leistung (37,5%)	– 562.500 €
+ Wartungskosten aus fünf Jahren	75.000 €
+ Reparaturkosten aus fünf Jahren	35.000 €
= Wert	1.047.500 €

3.4 IT-Controlling

Die Nutzung der Informationstechnologie zur Unterstützung wirtschaftlicher und technischer Abläufe ist in den Unternehmen nicht mehr wegzudenken. Dabei werden jedoch direkte durch indirekte Kosten ersetzt.

! **Beispiel: Indirekte IT-Kosten**

Wenn die Überweisungen nicht mehr manuell in der Buchhaltung geschrieben, sondern per DFÜ direkt an die Bank übertragen werden, dann wird Arbeitskraft freigesetzt, die ursprünglich direkt der Buchhaltung zuzuordnen war.
Dafür werden jetzt IT-Systeme genutzt. Über das Netzwerk und den Internetanschluss wird die neue Software durch das IT-Personal installiert und die Überweisungen werden durch die geschulten Mitarbeiter elektronisch ausgeführt. Solche Lösungen benötigen eine dauernde IT-Betreuung.
Die Kosten der IT-Unterstützung werden zum großen Teil auf der Kostenstelle »IT-Abteilung« gesammelt.

Daher gewinnt das IT-Controlling in dem Maß an Bedeutung, in dem die IT selbst immer wichtiger wird.

Zwei Gesichtspunkte spielen beim IT-Controlling eine wichtige Rolle:

1. Die Kosten in der IT-Abteilung selbst müssen vom IT-Leiter gemanagt werden.
2. Die auf der Stelle IT gesammelten Kosten müssen auf die Nutzer der entsprechenden Leistungen verteilt werden.

3.4.1 Interne Kosten

Die internen Kosten der IT-Abteilung setzen sich aus drei großen Blöcken zusammen:

- In der IT-Abteilung arbeiten Mitarbeiter, die Kosten verursachen. Da es sich um hoch qualifizierte Mitarbeiter handelt, sind die Kosten im Vergleich zu anderen Abteilungen relativ hoch.

! **Achtung: Weiterbildungskosten im IT-Bereich**

Zu den Personalkosten werden in diesem Fall auch die Weiterbildungskosten gezählt. Diese sind im IT-Bereich aufgrund der schnellen technischen Entwicklung besonders hoch. Darum sollten Sie darauf ein Auge haben.

- Geräte, Programme und Infrastruktur (z.B. Netzwerkverkabelung und technische Verteileinrichtungen) kosten Geld. Dieses findet sich in den internen Kosten als Abschreibung wieder, wenn die Systemteile gekauft wurden. Üblich sind auch Mieten und Leasinggebühren, wenn entsprechend gemietet und geleast wird.

- Eine typische IT-Kostenart sind die Wartungskosten. Wartungs- und Pflegeverträge werden sowohl für Hard- als auch für Software abgeschlossen. Sie decken die Fehlerbehebung und im Softwarebereich auch die Weiterentwicklung ab.

Die internen Kosten der IT-Abteilung zeigen sich in der Kostenstellenabrechnung.

Tipp: Strukturen in der IT-Abteilung !

Wenn Ihre IT-Abteilung groß genug ist, sollten Sie eine Trennung der Aufgaben auch in der Kostenstellenstruktur abbilden. Sie können z. B. Kostenstellen für IT-Anwendung, IT-Netzwerk und IT-Betreuung einrichten. Das Kostenmanagement wird dadurch erleichtert.

3.4.2 Externe Kosten

In vielen Unternehmen tauchen die externen IT-Kosten meist unter einer Position »Beratung« in der Kostenstellenrechnung auf. Gerade die Informationsverarbeitung nutzt eine Vielzahl externer Helfer, um ihre Aufgabe zu erfüllen. Entsprechend hoch ist der Betrag, der als Beratungskosten entsteht.

Eine nähere Betrachtung dieses Kostenblocks lohnt sich:

- Die Informationstechnologie ist so komplex, dass niemand mehr alle Möglichkeiten erkennen kann. Daher werden für die Entwicklung einer IT-Strategie, aber auch für Teilbereiche (z. B. die Umsetzung eines Internetshops), externe Berater engagiert.
- Aus dem gleichen Grund, der hohen Komplexität, werden bestimmte Leistungen oft nicht selbst erbracht, sondern dauerhaft von externen Dritten eingekauft. So wird der Internetzugang in der Regel über einen Provider abgewickelt, Fragen zum ERP-System werden über das Softwarehaus geklärt.
- Die IT-Abteilung ist einer der Bereiche, deren Aufgaben gerne ganz oder teilweise an Dienstleister vergeben werden. Diese wollen selbstverständlich bezahlt werden, Outsourcing verursacht Kosten.

!

Tipp: Outsourcing-Kosten regelmäßig prüfen

Auch wenn Sie die IT ganz oder teilweise ausgelagert haben, sollte der Controller regelmäßig einen Vergleich der Outsourcing-Kosten mit den fiktiven eigenen Kosten vornehmen. Nur so können Sie erkennen, wenn sich die Kosten für den Dienstleister oberhalb eigener Kosten bewegen. Eine reizende Aufgabe für das Controlling.

Da die externen Kosten in der IT eine so wichtige Rolle spielen, sollte das Controlling regelmäßig einen eigenen Bericht darüber erstellen und der Fachabteilung verfügbar machen:

- Es erfolgt eine regelmäßige Prüfung, ob die eigenen Kosten nicht niedriger sind als die für die externen Leistungen.
- Der Bericht gibt Anlass dazu, die Kosten des Dienstleisters hin und wieder mit denen anderer zu vergleichen.
- Schnell werden Trends in der Kostenentwicklung erkannt, ein frühzeitiges Reagieren durch Verhandlungen oder Anpassen der abgerufenen Leistungen wird möglich.
- Allen Beteiligten wird klar, dass die externen Leistungen Kosten verursachen und z. B. eine E-Mail nicht kostenlos ist.

3.4.3 Leistungen der IT-Abteilung

Die IT wird unternehmensweit als Werkzeug genutzt. Die möglichen Anwendungen sind dabei so vielfältig wie komplex. Die Leistungen, die von den Mitarbeitern der IT erbracht werden, auch. Während der Vertrieb an Umsatz und Marktanteilen gemessen werden kann, die Fertigungsabteilung an Stück und Qualität oder der Versand an der Anzahl der verschickten Aufträge und Positionen, ist die Leistungsbewertung in der IT sehr schwer.

Anzahl Anwender

Weitverbreitet ist es, die Arbeit der Informationsverarbeitung über die Anzahl der betreuten Anwender zu messen. Je mehr Nutzer das System hat, desto größer ist die Leistung. Diese sehr einfache Methode hat den großen Nachteil, dass die unterschiedlichen Ansprüche der Nutzer nicht berücksichtigt werden.

Beispiel: Unterschiedliche Ansprüche an die IT

Der Controller ist ein Nutzer, der sehr intensiv mit der IT arbeitet und Ergebnisse benötigt, die sehr tief in die Anwendungen gehen. Der Mitarbeiter im Lager hingegen nutzt nur ein Programm, um die Lagerbestände zu verwalten. Beide User verlangen eine unterschiedliche Betreuung durch die IT-Abteilung.

!

Tipp: Anwender gewichten

Um dennoch die einfache Kennzahl nutzen zu können, sollten Sie die Anwender in ihrem Anspruch an IT-Betreuung gewichten. So können Nutzer mit geringem Anspruch einen Faktor unter 1 (z.B. 0,7 für den Lagermitarbeiter) erhalten, Nutzer mit großer Belastung für die IT-Mitarbeiter erhalten einen Faktor über eins (z.B. 3 für den Controller).

!

Anzahl der Zugriffe

Eine weitere Kennzahl für die Leistungsbewertung ist die Anzahl der Zugriffe, die von den Anwendern ausgelöst werden. Darin spiegelt sich die technische Belastung sehr gut wider, da viele Zugriffe auch hohe Belastungen der Technik und damit hohe Kosten und große Anstrengungen bedeuten.

Gleichzeitig wird unterstellt, dass Anwender, die ein System sehr stark nutzen, auch eine intensive Betreuung durch die IT benötigen.

Diese Methode der Leistungsfeststellung ist differenzierter als die einfache Bewertung der Anwender. Sie setzt aber voraus, dass es technisch möglich ist, die Zugriffe zu zählen. Das ist in geschlossenen Systemen meist kein Problem. Heterogene IT-Umwelten müssen dagegen entsprechend angepasst werden.

Menge der verwalteten Daten

Auch die Bewertung anhand der Menge der verwalteten Daten im IT-System ist eine technische Größe, die allerdings einfacher festgestellt werden kann als die Anzahl der Zugriffe. Auch hier wird wieder die Datenmenge mit der benötigten Intensität der Betreuung verbunden.

Verfügbarkeit

Eine zurzeit gängige Art der Leistungsbewertung ist die Feststellung der Verfügbarkeit des IT-Systems. Nur wenn die Unterstützung durch die Informationsverarbeitung auch verfügbar ist, kann sie genutzt werden und stellt damit eine Leistung dar.

Klar muss sein, dass eine hundertprozentige Verfügbarkeit nicht möglich ist. Aber ist eine neunundneunzigprozentige Verfügbarkeit ausreichend?

!

Beispiel: Verfügbarkeit der IT

Bei 250 Nutzungstagen im Jahr bedeutet ein einprozentiger Ausfall, dass die IT an 2,5 Tagen pro Jahr nicht zur Verfügung steht. Das dürfte nicht akzeptabel sein.

Üblich sind daher Verfügbarkeiten von 99,5%–99,8%. Dabei muss noch immer geklärt werden, wie die Verfügbarkeit gemessen wird.

- Wird ein Ausfall in der Nacht genauso bewertet wie während der Arbeitsstunden?
- Wie wird die Verfügbarkeit eingeschätzt, wenn ein einzelner PC ausfällt (in der Produktionssteuerung, im Sekretariat)?
- Wie wird ein Ausfall von einer Minute gegenüber einem von mehreren Stunden bewertet?
- Können Ausweichlösungen die Verfügbarkeit wieder herstellen oder gilt sie als nicht vorhanden, solange der Ersatz-PC mit geringerer Leistung genutzt werden muss?

!

Tipp: Leistungsbeurteilungsmethoden mischen

Für die gerechte Leistungsbeurteilung der IT-Abteilung ist keine einzelne Methode hundertprozentig geeignet. Es bietet sich aber an, eine Mischung aus mehreren Methoden zu verwenden. Die Anzahl der Anwender kann z. B. zu 25%, die Anzahl der Zugriffe zu 25% und die Verfügbarkeit zu 50% Einfluss finden.

3.4.4 Verteilung der IT-Kosten

Eine wichtige Aufgabe des Controllers ist es, die IT-Kosten den einzelnen Verursachern zuzuordnen. Davon ist sowohl die IT-Abteilung selbst als auch die Fachabteilung betroffen. Denn beide haben ein großes Interesse daran, dass Kosten möglichst gerecht verrechnet werden.

Die Verteilung erfolgt auf die Kostenstellen verursachungsgerecht, d.h. möglichst nach der Leistung, die die Fachabteilung erhalten hat. Da aber bereits die Feststellung der Leistung auf erhebliche Probleme stößt, ist die Verteilung auf der Grundlage dieser unsicheren Basis noch weit problematischer.

Folgende Möglichkeiten der IT-Kostenverteilung gibt es:

- Die IT-Kosten können anhand der betreuten Anwender verteilt werden. Dabei werden die Gesamtkosten durch die Gesamtzahl der Anwender dividiert und entsprechend der Anzahl der Nutzer einer Kostenstelle zugeordnet. Um die bekannten Ungerechtigkeiten dabei etwas zu mildern, kann die bereits beschriebene Methode der Gewichtung angewendet werden.
- Können den einzelnen Bereichen anwenderspezifische Programme zugeordnet werden, dann können auch die dadurch verursachten Kosten diesen direkt zugeordnet werden.

Beispiel: Direkte Zuordnung von IT-Kosten !

Da die Entwicklungsabteilung des Pumpenherstellers das CAD-System allein benutzt, können auch die dadurch entstehenden Kosten wie Miete, Wartung, Betreuung oder notwendige Hardware direkt an die Entwicklungsabteilung verteilt werden.

- Eine weitverbreitete Methode ist die Verteilung der IT-Kosten anhand der in den Anwendungsbereichen eingesetzten Geräte. Je mehr Hardware genutzt wird, desto mehr Aufwand entsteht in der IT-Abteilung.
- Die Dauer der Nutzung oder die Anzahl der Zugriffe durch die einzelnen Kostenstellen kann als Verrechnungskriterium dann genutzt werden, wenn es technisch möglich ist, diese Informationen regelmäßig und zuverlässig zu erfassen.
- Können die Mitarbeiter in der Informationsverarbeitung festhalten, welche Zeit sie für die einzelnen Bereiche aufgewendet haben, kann diese Information zur Kostenverrechnung verwendet werden. Darüber sollten aber nur die durch die direkte Betreuung entstehenden IT-Kosten verteilt werden.

Da keine der Verrechnungsmethoden wirklich gerecht ist, wird es immer wieder zu Beschwerden der empfangenden Stellen kommen. Bewährt haben sich auch hier Mischsysteme.

! **Beispiel: Mischsysteme bei der IT-Kosten-Verrechnung**

Der Controller der Pumpenfabrik hat für den Aufbau seiner Kostenverrechnung erheblichen Aufwand getrieben. Er stellt die Kosten fest und verteilt zunächst aufgrund verschiedener Parameter:

- Die Hardwarekosten werden anhand der in den Abteilungen installierten Geräte verteilt. Dabei wird auch die Hardware des Netzwerks integriert.
- Für die Softwarekosten wird festgestellt, welche Anwender die installierten Programme nutzen. Jede größere Anwendung (CAD, ERP, Internetshop ...) wird anhand der nutzenden Anwender anwendungsgenau auf die nutzenden Kostenstellen verteilt.
- Die direkten Betreuungszeiten durch die IT-Mitarbeiter werden festgehalten. Entsprechend der Planung wird für jede Stunde ein fester Kostensatz verrechnet.
- Der verbleibende Rest wird anhand der Anzahl der Anwender ungewichtet auf die Fachbereiche verteilt.

! **Achtung: Die IT-Kosten können nicht gerecht verteilt werden**

Was geschieht eigentlich mit den IT-Kosten, wenn ein Anwender wegfällt? In der Regel werden sich die IT-Kosten in der Summe nicht verändern. Kapazitäten werden anders genutzt, Hardware ist nicht mehr verwertbar. Als Konsequenz steigt der Verrechnungssatz für die verbleibenden Anwender. Damit ist aber klar, dass die IT-Kosten nicht gerecht verteilt werden können. Darum ist der Verzicht auf eine Kostenverrechnung und die Berücksichtigung der IT-Kosten als Fixkosten in der Kostenabrechnung durchaus gerechtfertigt.

3.5 Vertriebscontrolling

Der Vertrieb hat bereits eine lange Tradition in eigenen Controllingauswertungen. In manchen Unternehmen finden sich sogar eigene Vertriebscontroller, die der Verkaufsleitung unterstellt sind. Das liegt an zwei Dingen:

1. Die Zuordnung der meisten Kostenarten zum Vertrieb ist relativ einfach möglich. Die Personalkosten können einwandfrei abgegrenzt werden, Versandkosten, Werbekosten und Marketing sind eindeutig zuzuordnen. Es gibt kaum Streitpunkte.

2. Mit dem Umsatz kann sehr einfach die Leistung des Bereichs festgestellt werden. Eine Betrachtung der Leistung aus verschiedensten Gesichtspunkten heraus ist möglich und sinnvoll.

Achtung: Differenzen klären !

Um nicht bis zum Abschluss des Rechnungswesens warten zu müssen, wird im Vertriebscontrolling häufig mit eigenen Daten gearbeitet. So wird z.B. für den Umsatz nicht die Fakturierung, sondern der Lieferschein genutzt. Das führt zu Abweichungen zu den offiziellen Zahlen aus der Buchhaltung. Diese Differenzen müssen abgestimmt werden.

3.5.1 Wie hoch ist der Umsatz?

Die Vertriebscontroller versuchen mit ihrer Arbeit die Verkäufer zu unterstützen. Zunächst gilt es, Veränderungen im Verhalten der Kunden, also im Absatz und/oder Umsatz zu entdecken. Daher wird dieser Bereich intensiv aufbereitet.

Achtung: Umsatz ist Menge mal Preis !

Umsatz ist der mit Preisen bewertete Absatz eines Unternehmens. Die Entwicklung muss nicht immer gleichmäßig verlaufen. Preisveränderungen führen zu einer Veränderung des Verhältnisses von Absatz zu Umsatz ebenso wie eine Veränderung in der Zusammensetzung der abgenommenen Produkte. In den meisten Fällen wird der Umsatz der bestimmende Faktor sein. Erst wenn Abweichungen erklärt werden müssen, kommen Menge und Preis dazu.

Der Umsatz als Summe allein ist wenig aussagefähig. Darum wird diese Größe nach den verschiedenen Gesichtspunkten ausgewertet. Neben dem Verlauf des Umsatzes in der Zeit wird vor allem der Umsatz nach Artikeln und nach Kunden ermittelt.

Umsatz nach Artikeln

Der Umsatz nach Artikeln gibt Auskunft darüber, welche Produkte und Produktgruppen Umsatzbeiträge liefern. Veränderungen in der Zusammensetzung nach Artikeln geben Aufschluss über Marktveränderungen oder Schwächen im eigenen Sortiment.

- Welche Produkte haben ihren Umsatz gegenüber dem Vergleichswert (z. B. Vorjahr oder Plan) verschlechtert?
- Welche Produkte haben ihren Umsatz gegenüber dem Vergleichswert verbessert?
- Hat sich das Verhältnis der Produkte bzw. Produktgruppen zueinander verändert?

Umsatz nach Kunden

Um die Veränderungen bei den Kunden festzustellen, wird der Umsatz kumuliert pro Kunde ermittelt. Positive und negative Entwicklungen werden erkannt. Neukunden entstehen und andere Kunden lassen im Umsatz nach.

- Welche Kunden haben ihren Umsatz gegenüber dem Vergleichswert steigern können?
- Welche Kunden haben ihren Umsatz gegenüber dem Vergleichswert gesenkt?
- Gewinnen einzelne Kunden sehr stark an Gewicht für das Unternehmen? Steigt dadurch die Abhängigkeit?
- Sind alle wichtigen Kunden, die einen signifikanten Umsatz haben, berücksichtigt?

Umsatz nach Kunde/Artikel

Um die Entwicklungen der Kundenumsätze besser bewerten zu können, wird pro Kunde nicht nur der Gesamtumsatz festgestellt. Das Vertriebscontrolling liefert auch die Informationen darüber, welche Artikel der Kunde bezogen hat.

- Welche Produkte kauft der Kunde bei dem Unternehmen?
- Ist die Zusammenstellung der gekauften Produkte typisch oder ergibt sich Potenzial für zusätzliche Umsätze?
- Hat der Kunden einzelne Produkte durch andere Produkte aus dem Unternehmen oder von der Konkurrenz ersetzt?

Tipp: Abnehmer eines Artikels

!

Weniger häufig will man den Umsatz aus der Sicht des Artikels sehen, also welche Kunden einen bestimmten Artikel in welchem Ausmaß gekauft haben. Diese Betrachtung sollte aber nicht vernachlässigt werden, denn aus ihr gewinnt man wesentliche Informationen über den Umsatzverlauf eines Artikels. Wird der Artikel z.B. nur von einer bestimmten Kundengruppe gekauft? Hat ein Artikel nur einen Kunden?

Der Informationswürfel

Das Vertriebscontrolling baut einen Informationswürfel auf, der für jeden Kunden und jeden Artikel einen Eintrag pro Zeiteinheit enthält. Damit wird eine umfangreiche Auswertung der Controllingdaten möglich.

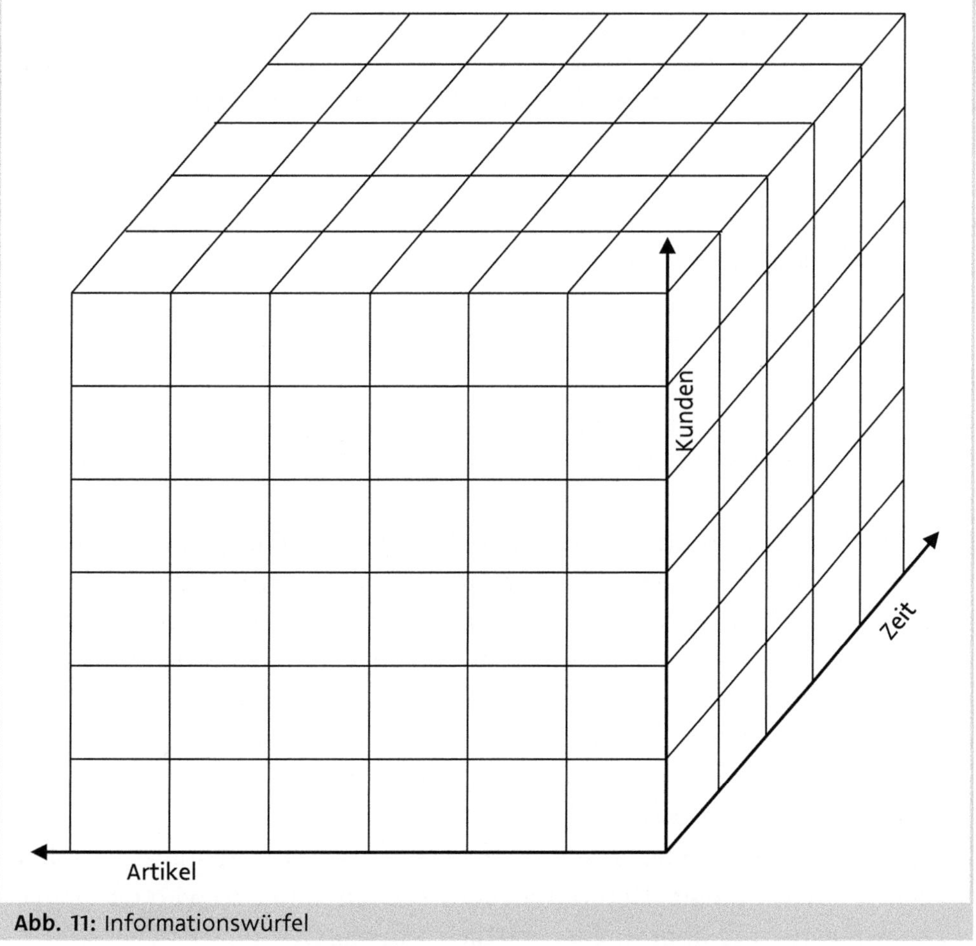

Abb. 11: Informationswürfel

Fragen nach dem Umsatz (auch je Artikel) eines Verkäufers, einer Region oder eines Verantwortungsbereichs werden beantwortet, indem die Werte aller Kunden des Verkäufers, der Region oder des Bereichs addiert werden.

Fragen nach dem Umsatz (auch je Kunde) eines Produktbereichs, eines Werks oder eine Produktversion werden durch die Addition aller dazugehörigen Artikelwerte ermittelt.

Gleichzeitig können alle Aussagen auch für jeden Zeitraum ermittelt werden, der sich aus der Addition der Einzelzeiträume ergibt.

!

Tipp: Die Würfellogik anwenden

Diese Würfellogik stammt zwar aus dem Vertriebscontrolling, kann aber auch für andere Unternehmensbereiche angewendet werden. Es müssen immer zwei Dimensionen an Daten und eine zeitliche Verteilung vorliegen. Dann kann z. B. auch eine Auswertung der Qualitätsmängel nach Produkten, Fertigungsmaschinen und Zeit durchgeführt werden.

3.5.2 Wie gut ist eine Kunde wirklich?

Wie bereits gesehen, gibt es eine bessere Kennzahl zur Beurteilung von Kundenbeziehungen als den Umsatz: den Deckungsbeitrag. Für die Einschätzung der Artikelerfolge ist es ausreichend, den Deckungsbeitrag je Produkt zu ermitteln. Für die Kundenbeziehung können weitere direkte Kosten zugeordnet werden.

Dabei wird auf der Grundlage der Artikeldeckungsbeiträge versucht, die echten Erlösbeiträge eines Kunden zum Unternehmenserfolg zu ermitteln. Es kann dann durchaus vorkommen, dass ein Kunde, der sich nach der Umsatzbewertung als guter Kunde darstellt, nur einen mittelmäßigen kundenbezogenen Deckungsbeitrag liefert.

- Wenn ein Kunde nur solche Produkte kauft, die einen geringen oder vielleicht sogar negativen Deckungsbeitrag haben, ist er für das Unternehmen wenig interessant.
- Es gibt Kunden, die aufgrund ihrer Ansprüche oder Organisation erheblichen Aufwand beim Lieferanten verursachen. Dadurch wird der Artikeldeckungsbeitrag überdurchschnittlich reduziert.

Beispiel: Erheblicher Aufwand beim Lieferanten !

Ein Kunde mit großem Lager kann große Mengen in einer Lieferung abnehmen. Die Lieferkosten für das Unternehmen sind gering. Ein anderer Kunde will oder kann nur kleine Menge abnehmen und muss für den gleichen Absatz entsprechend häufiger beliefert werden. Das verursacht zusätzliche Kosten.

Mit der kundenbezogenen Deckungsbeitragsrechnung stellt der Controller fest, wie viel Geld der Kunde dem Unternehmen wirklich bringt:

\+ Deckungsbeiträge der verkauften Produkte
Jedes Produkt, das der Kunde gekauft hat, hat einen eigenen Deckungsbeitrag. Dieser wird über alle Produkte und Mengen kumuliert. Der Wert ergibt die Grundlage für die Berechnung.

– Verkaufskosten
Der Verkauf selbst verursacht Kosten, die teilweise dem Kunden zugeordnet werden können. Das sind z. B. Besuchskosten, Verkaufsgespräche am Telefon usw.

– Abwicklungskosten
Die Abwicklung der Aufträge kostet Geld. Ist bekannt, wie viel es kostet, einen Auftrag abzuwickeln, können die Kosten für Auftragsannahme, Disposition und Lieferung leicht errechnet werden.

– Zahlungskosten
Die Erstellung der Rechnung wird oft in den Auftragskosten eingeschlossen. Zu den Zahlungskosten gehören aber auch eventuelle Mahnkosten und Kosten für die Überschreitung des Zahlungsziels.

Beispiel: Kosten der Zahlungsgewohnheit !

Der Pumpenhersteller gewährt seinen Kunden ein Zahlungsziel von 30 Tagen. Die durchschnittliche Zahlungsgewohnheit des Kunden »45327 Wesemann« in Bad Oeynhausen beträgt 38 Tage. Bei einem Umsatz von 150.000 € (inkl. Mehrwertsteuer) ergeben sich zusätzliche Kosten von 267 € bei einem Zinssatz von 8 %:

150.000 € pro Jahr × 8 Tage / 360 Zinstage × 8 % pro Jahr = 267 €

- Reklamationskosten
  Einige Kunden sind kritischer als andere. Daher müssen die Kulanzkosten bei der kundenbezogenen Deckungsbeitragsrechnung berücksichtigt werden. Dabei geht es nicht um anerkannte Produktprobleme, sondern um die Kosten, die das Unternehmen »freiwillig« übernimmt.
- Transportkosten
  Die Ware zum Kunden zu transportieren, ist ein erheblicher Kostenfaktor. Für eine korrekte Beurteilung gehören diese mit in die Deckungsbeitragsbetrachtung.
- Rabatte
  Auch nachträgliche und nicht produktbezogene Rabatte wie z. B. Werbekostenzuschüsse werden als Kosten vom Deckungsbeitrag des Kunden abgezogen.

!

Achtung: Kostendaten müssen möglichst exakt und aktuell sein

Damit die Werte der Deckungsbeitragsrechnung korrekt sind, müssen die Kostendaten möglichst exakt und aktuell sein. Darum ist für eine richtige kundenbezogene Deckungsbeitragsrechnung eine ausgebaute Kostenstellenrechnung, besser noch eine Prozesskostenrechnung, notwendig.

Das sind die Vor- und Nachteile einer kundenbezogenen Deckungsbeitragsanalyse:

- Mit der kundenbezogenen Deckungsbeitragsrechnung ist eine echte Beurteilung des Kunden für das Unternehmen möglich.
- Es wird eine Lenkung der Vertriebsaktivitäten auf die lohnenden Kunden hin möglich.
- Der Deckungsbeitrag kann in der ABC-Analyse der Kunden den Umsatz ersetzen.
- Der Aufwand vor allem für die Ermittlung der notwendigen Kostendaten ist enorm.
- Leider wird oft mit nicht aktuellen Daten für die Prozesskosten, wie die Auftragsabwicklung oder die Besuchskosten, gearbeitet.

!

Achtung: Deckungsbeiträge verstecken

In vielen mittelständischen Unternehmen scheitert die kundenbezogene Deckungsbeitragsanalyse daran, dass dazu die Deckungsbeiträge der Produkte einem weiten Kreis von Mitarbeitern bekannt werden. Das lässt sich nur verhindern, wenn mit Summen gearbeitet wird, die der Controller bereitstellt. Darin gehen dann die Einzelwerte unter. Leider leidet dadurch die Akzeptanz dieses Controllinginstruments.

3.5.3 Wie erfolgreich ist der Vertrieb?

Um den Anforderungen der Kunden gerechter werden zu können, sind Vertriebe meist in verschiedene Bereiche unterteilt. Für die folgenden Überlegungen spielt es keine Rolle, ob diese Unterteilung nach Regionen, Kundengruppen oder anderen Gesichtspunkten erfolgt. Wichtig ist nur, dass jedem der Bereiche direkt zuzuordnende Kosten entstehen.

Die Leistung einzelner Vertriebsbereiche wird, wie bei den Kunden, in spezifischen Deckungsbeiträgen ermittelt. Ausgangspunkt ist auch hier die Summe der produktspezifischen Deckungsbeiträge, die zu den im Bereich verkauften Produkten gehören. Davon werden alle Kosten abgezogen, die direkt vom Vertriebsbereich verursacht wurden.

\+ Deckungsbeiträge der verkauften Produkte
  Jedes Produkt, das die Kunden des Vertriebsbereichs gekauft haben, hat einen eigenen Deckungsbeitrag. Dieser wird über alle Produkte und Mengen kumuliert. Der Wert ergibt die Grundlage für die weitere Berechnung.

– Personalkosten
  Jeder Vertriebsbereich beschäftigt eigenes Personal im Außendienst, manchmal auch im Innendienst. Die dadurch verursachten Kosten können direkt dem Vertriebsbereich zugeordnet werden.

– Reisekosten
  Während der Verkaufstätigkeit fallen Reisekosten an, wenn mit einem Außendienst gearbeitet wird. Diese sind erheblich und müssen bei der Berechnung des individuellen Erfolgs eines Bereichs berücksichtigt werden.

– Marketingkosten
  Unterschiedliche Märkte verlangen ein unterschiedliches Marketing.

!

Tipp: Aufteilung kann zu teuer sein

Meist wird dieses unterschiedliche Marketing in einer Marketingabteilung entwickelt und durchgeführt. Dabei gibt es Kosten, die eindeutig zugeordnet werden können (z. B. Messen, Anzeigen ...) und Kosten, die nicht eindeutig zugeordnet werden können (allgemeine Beratung, Imagewerbung für das Unternehmen ...). Der Aufwand für eine hundertprozentige Aufteilung ist hoch, zu hoch. Lassen Sie daher den nicht eindeutigen Block in den Fixkosten bzgl. der Vertriebsbereiche.

- Transportkosten
  Vor allem in Vertriebsbereichen, die nach Regionen getrennt sind, gibt es unterschiedliche Transportkosten. Für eine gerechte Beurteilung müssen diese den Bereichen zugeordnet werden.
- Sonstige direkte Kosten
  Es gibt noch eine Vielzahl anderer direkter Kostenarten. Wenn z. B. regional getrennte Vertriebsbereiche eigene Lager betreiben, gehören die Kosten dafür zu den direkten Kosten. Auch die Rechtsberatung für einzelne Bereiche kann zugeordnet werden.

!

Beispiel: Deckungsbeiträge im In- und Ausland

Der Pumpenhersteller setzt mit seinen Produkten 15 Mio. € netto um. Davon entfallen 9 Mio. € auf den deutschen Markt, der Rest auf das Ausland. Der Vertriebsleiter möchte wissen, welchen Beitrag das Ausland und welchen das Inland bringt.

	Inland €	**Ausland €**
Umsatz	9.000.000	6.000.000
DB Produkt (DB I)	4.700.000	3.600.000
Personalkosten	1.100.000	350.000
Marketing (Messe, Werbung ...)	500.000	100.000
Sonstige Vertriebskosten	150.000	20.000
Transport (zentral)	0	125.000
Mieten, sonstige Kosten	125.000	50.000
DB II	2.825.000	2.955.000

Trotz des um 1/3 niedrigeren Umsatzes ist der absolute Deckungsbeitrag, den das Ausland liefert, sogar etwas höher als der des Inlands. Damit wird klar, dass sich das Unternehmen nicht mehr am aufwendigen Kampf um Marktanteile in Deutschland beteiligt, sondern den Auslandsumsatz ausbauen sollte.

!

Achtung: Beim Vergleich müssen die Kostenarten identisch sein

Werden unterschiedliche Vertriebsbereiche im Deckungsbeitrag miteinander verglichen, müssen die berücksichtigten Kostenarten für alle Bereiche identisch sein. Können z.B. die Kosten einer Messe einem der Bereiche zugeordnet werden, die Aufteilung anderer Messen auf andere Bereiche aber ist nicht möglich, sollten die Messekosten generell außen vor bleiben.

3.5.4 Plan-Ist-Vergleich im Vertrieb

Der Vergleich der Planwerte mit den Istwerten oder der Vergangenheitswerte mit den Istwerten ist im Vertrieb besonders wichtig.

Das hat folgende Gründe:

- Hier sind die Abweichungen zumindest im Absatz und Umsatz besonders früh erkennbar. Veränderungen in diesen Zahlen finden sich erst später in anderen Bereichen wie Fertigung oder Verwaltung wieder.
- Die Ursache für die Abweichung kann sehr schnell und ohne großen Aufwand vom Vertriebscontroller auf Produkte und Kunden bezogen werden.
- Damit können auch sehr schnell Maßnahmen gegen die Abweichungen eingeleitet werden. Diese sind im Vertrieb auch schnell gefunden (z.B. Preisanpassung, Marketingaktivitäten ...).
- Die Planerreichung oder die absolute Umsatzgröße sind oft Bestandteil des Gehalts der Verkäufer. Darum müssen Abweichungen möglichst früh erkannt werden, um den betroffenen Mitarbeitern Gelegenheit zur Gegensteuerung zu geben.

Welche Planabweichung ist akzeptabel?

Auch im Vertriebscontrolling wird nicht jede Abweichung verfolgt. Negative Veränderungen werden akzeptiert, wenn sie bestimmte Grenzen nicht überschreiten. Wie hoch diese Grenzen sind, liegt beim Produkt, bei der Branche oder der Art, Geschäfte zu machen. Auf unterschiedlichen Ebenen gelten unterschiedliche Regeln.

!

Beispiel: Akzeptable Planabweichung

Der Pumpenhersteller vergleicht den Umsatz seiner Kunden und Mitarbeiter mit den Planzahlen des aktuellen Budgets. Dabei werden folgende Grenzen akzeptiert:

- Die Planung auf der Außendienstmitarbeiterebene pro Kunde und pro Produkt darf um bis zu 50% abweichen.
- Die Abweichung auf der Verkaufsbezirksebene pro Kunden darf 10% nicht überschreiten.
- Die Abweichung auf der Verkaufsbezirksebene pro Artikel darf 10% nicht überschreiten.
- Pro Kundengruppe und Verkaufsbezirk darf die Abweichung nicht größer sein als 5%.
- 5% darf auch die maximale Abweichung pro Artikelgruppe und Verkaufsbezirk sein.

!

Tipp: Hilfsgrößen vergleichen

Vergleichen Sie auch andere Größen, die Aufschluss über die Entwicklung im Vertrieb geben können. Solche Hilfsgrößen sind z.B. die Anzahl der Kunden, die Anzahl der Aufträge oder die durchschnittliche Höhe des Auftragswerts. In jedem Unternehmen gibt es solche oder ähnliche Größen, die das Geschäft sehr gut beschreiben.

3.6 Personalcontrolling

Während der Vertriebsbereich eine lange Tradition in der Nutzung des Controllings hat, gerät das Personalcontrolling erst seit kurzer Zeit immer öfter in den Controlling-Fokus. Das hat mehrere Gründe:

1. Der Trend zu größerer Flexibilität bei der Verteilung der Arbeitszeit auf den Tag, die Woche oder das Jahr geht weiter. Das Personalmanagement muss sich diesen Veränderungen anpassen. Dabei kann das Personalcontrolling wichtig Unterstützungsarbeit leisten.
2. Eine Folge der Veränderung ist, dass kurzfristige Entscheidungen über lohnende Arbeitseinsätze getroffen werden müssen, die durch Controllinginformationen untermauert werden.
3. Immer mehr Arbeitnehmer erhalten neben den fixen Lohnbestandteilen auch variable Anteile. Diese sind an Leistung und Erfolg gekoppelt, die im Controlling festgestellt werden.

!

Achtung: Unterstützung nutzen

Vertrauen Sie als verantwortlicher Personalchef nicht auf die eigenen Werte und Erfahrungen. Lassen Sie sich auf jeden Fall durch den Controller unterstützen. Zu wichtig sind die Auswirkungen Ihrer Entscheidungen, zu groß die Verantwortung, die Sie allein tragen.

3.6.1 Besondere Kennzahlen im Personalwesen

Für die detaillierte Steuerung des Personaleinsatzes sind verschiedene, personaltypische Kennzahlen notwendig. Diese finden sich sowohl auf der Ebene des Unternehmens als auch auf der der Mitarbeiter. Definition und Absprache mit dem Controller sorgen für einwandfreie Inhalte.

!

Achtung: Arbeitsleistung von Auszubildenden

Klären Sie vor der Ermittlung der Kennzahlen, ob Ihre Auszubildenden eingeschlossen werden sollen oder nicht. Wenn wirklich produktive Arbeit geleistet wird, muss die Arbeitsleistung berücksichtigt werden. Wenn nicht, dann können und sollten die Kennzahlen ohne Auszubildende errechnet werden.

Anteil produktiver Arbeitszeit

Die produktive Arbeitszeit wird folgendermaßen berechnet:

$$\text{produktive Arbeitszeit} = \frac{\text{bezahlte Arbeitsstunden} - \text{bezahlte Fehlstunden}}{\text{bezahlte Arbeitsstunden}}$$

Bezahlte Fehlstunden sind z. B. Lohnfortzahlung im Krankheitsfall, bezahlter Urlaub, bezahlte Feiertage, Weiterbildung, Betriebsratsarbeit usw. Je näher der Wert der produktiven Arbeitszeit an 100 % liegt, desto besser.

! **Beispiel: Anteil produktiver Arbeitszeit**

Ein Handwerker beschäftigt drei Mitarbeiter, die acht Stunden pro Tag und vierzig Stunden pro Woche arbeiten. Im abgelaufenen Monat wurde an 21 Tagen gearbeitet, es gab einen Feiertag. Außerdem war ein Mitarbeiter für drei Tage krank, ein Mitarbeiter hatte zwei Tage Urlaub. Es ergibt sich folgende Rechnung:
bezahlte Arbeitsstunden:
22 Tage × 8 Stunden × 3 Mitarbeiter = 528 Stunden
bezahlte Fehlstunden:
1 Feiertag × 8 Stunden × 3 Mitarbeiter + 3 Tage Krankheit × 8 Stunden + 2 Tage Urlaub × 8 Stunden = 64 Stunden

$$\text{Anteil produktiver Arbeitszeit} = \frac{528 - 64}{528} \times 100\,\% = 88\,\%$$

Krankenstand

Für jeden Abwesenheitsgrund kann eine eigene Kennzahl berechnet werden. Üblich ist dies für den Krankenstand:

$$\text{Krankenstand} = \frac{\text{Anzahl der bezahlten Krankstunden}}{\text{Anzahl aller bezahlter Stunden}} \times 100\,\%$$

! **Beispiel: Krankenstand**

Für den Handwerker aus dem vorherigen Beispiel bedeutet dies, dass die drei Krankentage seines Gesellen zu folgendem Wert führen:

$$\frac{\text{3 Tage x 8 Stunden pro Tag}}{528} \times 100\,\% = 4,5\,\%$$

! **Achtung: Stunden oder Köpfe verwenden?**

Manche Kennzahlen zum Krankenstand beziehen sich nur auf Mitarbeiter, nicht auf geleistete oder nicht geleistete Stunden. Diese geben dann nur den augenblicklichen Stand wieder, unterscheiden jedoch nicht nach der Dauer der Erkrankung. Damit wird ein wesentliches Interesse des Unternehmens nicht berücksichtigt.

! **Achtung: Mitbestimmungsrecht der Personalvertretung**

Kennzahlen zum Krankenstand können für die Beurteilung eines Mitarbeiters genutzt werden, wenn sie individuell und personenbezogen sind. Der Verwendung solcher Kennzahlen muss in Deutschland der Betriebsrat zustimmen.

Fluktuation

Jeder Mitarbeiter, der das Unternehmen verlässt, nimmt auch Know-how mit, dessen Aufbau das Unternehmen bezahlt hat. Darum ist zumindest der freiwillige Weggang von Mitarbeitern negativ. Außerdem gibt die Fluktuation einen Hinweis auf die Zufriedenheit der Mitarbeiter.

$$\text{Fluktuation} = \frac{\text{Anzahl der gegangenen Mitarbeiter}}{\text{durchschnittliche Anzahl der Beschäftigten}} \times 100\ \%$$

Diese Kennzahl kann, wie alle übrigen auch, für bestimmte Bereiche und Gruppen berechnet werden. In einem Unternehmen, das derzeit Personal abbaut, sollte sich die Kennzahl auf die mitarbeiterseitigen Kündigungen beschränken.

Tipp: Unterschiede nach Altersgruppen !

Berechnen Sie die Kennziffer Fluktuation bezogen auf Altersgruppen. Sie werden erkennen, dass jüngere Mitarbeiter eher wechseln als ältere. Vielleicht bedeutet das für Ihr Unternehmen mögliche Probleme in der Zukunft, wenn die älteren Arbeitnehmer Sie verlassen, um in den Ruhestand zu treten.

Wie ist Ihr Personal strukturiert?

Die Gruppe der Mitarbeiter eines Unternehmens ist sehr heterogen. Die Mitarbeiter unterscheiden sich nach Alter, Geschlecht, Ausbildung, Betriebszugehörigkeit usw. Durch die Bildung von Strukturzahlen können solche Zusammensetzungen aufgedeckt werden. Üblich sind Kennzahlen nach Alter der Beschäftigten und nach Betriebszugehörigkeit.

1. Suchen Sie den Minimal- und den Maximalwert Ihres betrachteten Parameters (z.B. niedrigstes und höchstes Alter).
2. Bilden Sie Klassen zwischen den Extremwerten (z.B. alle 10 Jahre).
3. Summieren Sie die einzelnen Daten in den gebildeten Klassen.
4. Stellen Sie das Ergebnis grafisch dar.

Beispiel: Grafische Darstellung der Altersstruktur

Alter Jahre	Anzahl	
15–25	3	x x x
25–35	2	x x
35–45	4	x x x x
45–55	8	x x x x x x x x
55–65	12	x x x x x x x x x x x x
65 <	1	x

Diese Beispielstruktur zeigt eine mehr oder weniger typische Verteilung in deutschen mittelständischen Unternehmen. Das Problem entsteht, wenn in den nächsten zehn Jahren zwölf Mitarbeiter in den Ruhestand gehen und keine jungen Menschen als Nachfolger verfügbar sind. Dann muss am Markt ausgebildetes Personal teuer eingekauft werden.

3.6.2 Kosten der Personalverwaltung

Die Kosten, die durch die Personalverwaltung entstehen, werden in der Kostenstellenrechnung festgestellt. Es empfiehlt sich, für wichtige Bereiche eigene Kostenstellen einzurichten:

- Die Personalsachbearbeitung dürfte den größten Teil der Kosten ausmachen. Verwaltung der Mitarbeiter und die Durchführung der monatlichen Abrechnung werden hier erledigt.
- Für die Weiterbildung der Mitarbeiter wird ein eigener Bereich eingerichtet. Hier werden alle damit verbundenen Kosten gesammelt. Dazu gehören neben den direkten Kosten der Lehrgänge und Seminare auch Reisekosten und die während dieser Zeit gezahlten Entlohnungen.

Tipp: Gesamt- und Detailüberblick

Wenn Sie die Weiterbildungskosten auf die Kostenstellen verbuchen wollen, in denen die betroffenen Mitarbeiter arbeiten, können Sie dies durch Umbuchung von der Weiterbildungsstelle aus tun. Sie erhalten damit sowohl einen Überblick über alle Weiterbildungskosten als auch über die Weiterbildungskosten in den einzelnen Bereichen.

- Freiwillige soziale Leistungen wie z. B. zusätzliches Weihnachtsgeld, Wegegeld, aber auch Betriebsfeiern usw. sollten auf einer eigenen Kostenstelle gesammelt werden.

Eine eigene Kennzahl für die Personalabteilung

Auch die Personalabteilung muss sich messen lassen. Dazu wird eine Kennzahl gebildet, die einen Zusammenhang zwischen den Kosten der Personalverwaltung und der Anzahl der Mitarbeiter sieht.

$$\text{Verwaltungskosten pro Mitarbeiter} = \frac{\text{Kosten der Personalverwaltung}}{\text{durchschnittliche Anzahl Mitarbeiter}}$$

Dieser Wert gibt an, wie viel die Verwaltung eines durchschnittlichen Mitarbeiters kostet. An sich ist eine solche absolute Zahl nicht aussagefähig. Sie kann jedoch mit Zielen, Vergangenheitswerten oder Werten anderer Unternehmen verglichen werden.

Wie werden die Kosten richtig verteilt?

Innerhalb der Kostenstellenrechnung werden die Kosten der Personalverwaltung auf die Hauptkostenstellen verteilt. Dies geschieht oft nach der Anzahl der in den Abteilungen beschäftigten Mitarbeiter. Das ist nicht immer korrekt.

Es wird nicht berücksichtigt, dass ein Mitarbeiter, der Akkordlohn erhält, einen höheren Aufwand verursacht als einer, der ein monatliches Gehalt bezieht. Ein Mitarbeiter mit Pfändungen und laufenden Bescheinigungen für soziale Unterstützung macht mehr Aufwand als ein unauffälliger Mitarbeiter.

Darum sollten alternative Verteilungsschlüssel herangezogen werden. Die Anzahl der durch die Mitarbeiter veranlassten Vorgänge (Abrechnung, Bescheinigungen, Zeugnisse, Personalsuche ...) könnte ein solcher Schlüssel sein. Auch die messbare Beanspruchung bei Beratung und Beschwerden sind möglich.

Achtung: Kosten alternativer Schlüssel !

Bevor Sie alternative Schlüssel verwenden, klären Sie mit dem Controller, ob die dafür notwendigen Daten auch kostengünstig beschafft werden können.

! **Tipp: Personalverwaltung outsourcen?**

Prüfen Sie, ob Sie Ihre Personalverwaltung nicht durch externe Dritte erledigen lassen können. Viele kleine und mittlere Unternehmen tun dies bereits bei der Lohn- und Gehaltsabrechnung. Möglich sind heute aber auch Modelle, in denen die gesamte Personalsachbearbeitung von der Personalsuche bis zur individuellen Mitarbeiterbetreuung durch Outsourcing erledigt wird.

3.6.3 Controlling und leistungsbezogene Entlohnung

Nicht nur die Arbeitszeit wird immer weiter flexibilisiert. Es gibt auch immer neue Formen der Entlohnung, die einen variablen Teil beinhalten. Dieser wird an Zielen und Erfolg der Mitarbeiter festgemacht. Das bedeutet, dass diese Daten regelmäßig überprüft werden müssen.

! **Beispiel: Leistungsbezogene Entlohnung**

Üblich ist es, die Außendienstmitarbeiter zu einem großen Teil in Abhängigkeit vom Umsatz zu bezahlen. Diese Provision lässt sich leicht errechnen und der Gehaltsabrechnung zuordnen.
Problematischer wird es, wenn der Fertigungsleiter eine variable Entlohnung in Abhängigkeit von der Fehlerquote seiner Mitarbeiter erhalten soll. Diese muss dann monatlich berechnet werden. Die Zahl muss auf eine Weise nachvollziehbar sein, die der betroffene Mitarbeiter auch versteht.
Das erreicht der Personalverantwortliche nur in enger Zusammenarbeit mit dem Controlling.

Der Trend zur leistungsbezogenen Entlohnung auch in Führungs- und Sachbearbeiterpositionen bringt das Controlling in die Personalabteilung. Bereits bei der Vereinbarung der variablen Bestandteile muss der Personalverantwortliche wissen, was möglich ist, was der Controller an Auswertungen liefern kann.

Parameter eignen sich dann zur Berechnung der variablen Lohn- und Gehaltsbestandteile, wenn sie folgende Kriterien erfüllen:

- Der gewählte Parameter muss eine messbare Größe sein.
- Die gewünschte Controllingauswertung über den in Frage kommenden Parameter muss möglichst kostengünstig erstellt werden können.

- Die Überwachung des Parameters muss sehr aktuell möglich sein.
- Personalabteilung und Mitarbeiter müssen in der Lage sein, den Einfluss und die Veränderungen des Parameters zu beurteilen.
- Die Beziehungen zwischen dem Parameter und dem Unternehmenserfolg müssen erkennbar sein.

Beispiel: Beziehungen zwischen Parameter und Unternehmenserfolg !

- Sachbearbeiter in der Buchhaltung können an der Pünktlichkeit der Buchungen und der Rechtzeitigkeit, mit der die Mahnungen erstellt werden gemessen werden. Die Daten können aus den IT-Protokollen entwickelt werden.
- Die Sachbearbeiter im Einkauf können danach bezahlt werden, wie pünktlich die Lieferungen eintreffen. Auswahl der Lieferanten und rechtzeitige Terminüberwachung sind die Einflussparameter.
- Die Mitarbeiter in der IT-Abteilung erhalten einen Teil ihres Gehalts in Abhängigkeit vom Schulungsstand der Anwender. Das Angebot an Schulungsleistungen wird durch die IT bestimmt.
- Der Lkw-Fahrer wird beurteilt in Abhängigkeit von der Pünktlichkeit, mit der die Lieferungen zum Kunden gebracht werden, und vom durchschnittlichen Verbrauch an Diesel.

Tipp: Parameter bestimmen !

Es ist unumgänglich, dass sich der Personalverantwortliche sowohl mit der Art des Controllings als auch mit dessen Inhalt beschäftigt, um die Parameter, mit denen die Leistung gemessen werden soll, gerecht bestimmen zu können.

3.7 Marketingcontrolling

Marketing, das sind Emotionen, bunte Werbebotschaften und Verführung zum Kauf. Auf den ersten Blick wenig Nährboden für Controllingberichte. Doch die Experten wissen, Marketing beinhaltet auch Marktanteile, Marktpreise, Distribution und schmerzhafte Entscheidungen über Produkte. Das wiederum ist eine Seite des Marketings, die der Controller unterstützen kann.

!

Beispiel: Marketing und Controlling

- In der Sortimentspolitik werden Informationen über Absatz und Umsatz nach verschiedensten Gesichtspunkten ausgewertet.
- Beim Kampf um Marktanteile entscheiden Verkaufszahlen über Erfolg oder Misserfolg.
- Marktpreise bestimmen die Ränder des Spielfelds des Marketiers bei der Kalkulation, in die viele Kostendaten des Controllers eingehen.
- Die Lebenszyklusanalyse ist ein Controllinginstrument vorwiegend für die Entscheidungsvorbereitung im Marketing.
- Die Portfolioanalyse ist ein hervorragendes Hilfsmittel zur Beurteilung des eigenen Sortiments.

Drei wichtige Bereiche, in denen das Controlling vom Marketing intensiv genutzt werden kann und muss, sollen hier beschrieben werden:

- Die Sortimentsplanung,
- Controllingberichte über das Produktleben und
- Projektcontrolling in vielen Anwendungen.

3.7.1 So planen Sie Ihr Sortiment

Das Sortiment eines Unternehmens ist die Gesamtheit der angebotenen Produkte. Dazu gehören selbst hergestellte Artikel, Handelswaren, aber auch Dienstleistungen und Serviceleistungen, die rund um das Produkt angeboten werden.

!

Tipp: Produktbereiche schon im Controlling trennen

Ein Sortiment umfasst in der Regel zusammengehörige Produkte und Leistungen. Wenn Ihr Unternehmen verschiedene Produktbereiche anbietet, sollten Sie die Sortimentsplanung bereits im Controlling in diese Bereiche trennen. Damit stellen Sie sicher, dass bei Entscheidungen nur die Produkte der Gruppe berücksichtigt werden.

Der Markt verlangt ein vollständiges Angebot an Waren, die in den Augen der Kunden logisch zusammengehören. Wer z. B. im Einzelhandel eine Pumpe kauft, will auch die dazugehörigen Schläuche und Verbindungen dort finden können.

Achtung: Prüfen, ob eine Ausweitung der Sortimente sinnvoll ist !

Der Trend vieler Einkäufer in Industrie und Handel, möglichst wenig Lieferanten zu haben, um Kosten zu sparen, führt zu einer Ausweitung der Sortimente auch durch Handelswaren und bisher fremde Leistungen. Ob dies wirklich sinnvoll ist, kann nur mithilfe des Controllers bewiesen werden.

Für Produkte mit Ersatzteilbedarf will der Kunden auch die Ersatzteile im gleichen Unternehmen kaufen können wie das ursprüngliche Teil. Das kann dazu führen, dass Ersatzteile mit negativen Deckungsbeiträgen im Sortiment bleiben.

Es gibt mehr Produktionen als gemeinhin gedacht, in denen Kuppelprodukte anfallen. Bei einer Kuppelproduktion entstehen innerhalb des gleichen Produktionsprozesses neben dem Hauptprodukt zusätzliche Produkte. Das hat vor allem verfahrenstechnische Gründe. So entstehen z.B. bei der Herstellung von Mehl aus Getreide auch Kleie und Grieß. Je wertvoller Reste und Abfall werden, desto häufiger entstehen Produkte, die das Unternehmen nur gezwungenermaßen im Programm hat.

Tipp: Sortiment ohne Zwangserzeugnisse betrachten !

Sind diese Kuppelprodukte auf einem anderen Markt abzusetzen als das Hauptprodukt, dann müssen alle Sortimentsbetrachtungen ohne die Zwangserzeugnisse durchgeführt werden. Diese unterliegen ganz anderen Überlegungen (z.B. Entsorgung, nicht bestimmbare Mengen ...).

Neben der technisch bedingten Kuppelproduktion kann das Unternehmen auch durch Verträge gezwungen sein, bestimmte Produkte herzustellen und an den Vertragspartner zu liefern. Auch der umgekehrte Fall ist denkbar, bei dem es vertragliche Verpflichtungen gibt, bestimmte Produkte nicht herzustellen, obwohl diese vielleicht optimal ins Programm passen würden.

Aufgabe des Controllings ist es in solchen Fällen aufzuzeigen, wie hoch die Kosten für die Einhaltung solcher Verpflichtungen sind. Überschreiten die Werte bestimmte Größen, kann eine Nachverhandlung sinnvoll sein.

Ein Sortiment muss auch im zeitlichen Verlauf optimal aufgestellt sein. Darum zwingen ältere Produkte, die sich in der Phase der Sättigung oder bereits in der Degeneration befinden, dazu, neue Produkte zu entwickeln und ins Sortiment aufzunehmen.

Was trägt das Controlling zur Sortimentsentscheidung bei?
Für alle Sortimentsentscheidungen sind technische und verkäuferische Zusammenhänge entscheidend. Für die letztliche Beurteilung der Wirtschaftlichkeit müssen Daten aus dem Controlling herhalten.

!

Beispiel: Sortimentsentscheidung

Der Controller liefert Absatzzahlen. Über die ebenfalls vorhandenen Preise ergeben sich daraus die Umsatzwerte pro Produkt und Produktgruppe. Wesentlich interessanter sind aber die Angaben darüber, wer die Produkte gekauft hat. Welche Kunden kaufen die einzelnen Produkte? Gibt es zeitliche Unterschiede in der Nachfrage? Gibt es Zusammenhänge zwischen den Produkten? Solche Frage beantwortet der Controller mit seinen Absatz- bzw. Umsatz-Auswertungen.

Wie wir bereits wissen, ist der Umsatz eines Produkts oder eines Kunden nur geeignet, erste Eindrücke über die Wichtigkeit für den Unternehmenserfolg zu gewinnen. Besser ist es, mit Deckungsbeiträgen zu arbeiten. Darum muss der Marketier für die Sortimentsentscheidungen auch Kostendaten berücksichtigen. Die Arbeit mit den Deckungsbeiträgen aus dem Controlling erleichtert dies ungemein.

3.7.2 Controlling im Produktleben

Das Marketing beobachtet ein Produkt über das gesamte Leben, bereits vor Beginn des Lebenszyklus. Es ist maßgeblich bei der Planung neuer Produkte beteiligt, überwacht deren Entwicklung, zeigt Interesse während der Lebenszyklusphasen und entscheidet mit über den Tod eines Produkts. In allen 5 Stadien wird das Controlling genutzt.

1. Stadium: Die Planung
In den ersten Planungen werden neue Produktüberlegungen mit dem Markt und den Möglichkeiten des Unternehmens abgeglichen. Der Controller zeigt die Marktdaten, die Werte vergleichbarer Produkte, erstellt erste Plankalkulationen und nimmt somit Einfluss auf erste Preisüberlegungen.

Tipp: Erfahrungswerte kennzeichnen

In dieser frühen Phase wird mit sehr groben Zahlen gearbeitet, die sich aus der Erfahrung des Vertriebs und vor allem des Controllings ergeben. Dass es sich um Erfahrungswerte und Schätzungen handelt, sollte klargemacht werden.

2. Stadium: Der Entwicklungsauftrag

Aus den vielen Ideen und Erstüberlegungen schaffen es einige bis zum Entwicklungsauftrag. Das Marketing gibt dabei den Zielpreis vor, der am Markt erreichbar erscheint. Das Controlling macht für die Entwicklungsabteilung daraus die Zielkosten.

Beispiel: Zielkosten

Das Marketing des Pumpenherstellers hält einen neuen Pumpentyp im mittleren Leistungsbereich für notwendig. Die Konkurrenz verlangt für ein vergleichbares Produkt ca. 250 €. Dieser Preis darf nur geringfügig überschritten werden. Maximal wird ein Endpreis von 260 € angenommen.
Aus den vorhandenen Pumpenkalkulationen und nach Rücksprache mit den technischen Abteilungen entwickelt das Controlling daraus die folgende Rechnung:

	€	Bemerkung
Brutto-Verkaufspreis	260,00	für Endverbraucher
19% Mehrwertsteuer	41,51	
Netto-Verkaufspreis	218,49	erhält der Handel
Rohgewinn 40%	87,40	durchschnittlicher Rohgewinn des Handels
Netto-Handelsverkaufspreis	**131,09**	durchschnittlicher Erlös des Unternehmens
Vertriebs- und Verwaltungsgemeinkosten	17,10	hier 15% von den Herstellkosten als Durchschnitt über alle Produkte
Herstellkosten	**113,99**	Orientierungswert für Entwicklung
Fertigungskosten	56,99	Summe aus Fertigungslöhnen und Fertigungsgemeinkosten
Fertigungslöhne	18,99	

	€	Bemerkung
Fertigungsgemeinkosten	36,00	hier 200% der Fertigungslöhne als Durchschnitt bisheriger Pumpenfertigung
Materialkosten	57,00	Summe aus Material und Materialgemeinkosten
Material	51,82	
Materialgemeinkosten	5,18	hier 10% des Materials als Durchschnitt bisheriger Pumpenfertigung

Damit wird der Entwicklungsabteilung vorgegeben, nicht mehr als 18,99 € für Fertigungslöhne zu verbrauchen und nicht mehr als 51,82 € für Material pro Pumpe auszugeben.

In der Planungsphase wird auch eine Planmenge berechnet. Diese wird benötigt, um die Kapazitäten vorhandener Anlagen und Systeme zu prüfen. Müssen neue Maschinen angeschafft, neue Gebäude errichtet werden, dann verändern sich die Plankalkulationen und damit die verfügbaren Beträge für die Entwickler. Außerdem entsteht so ein Finanzbedarf, der mit der Liquiditätsplanung abgestimmt werden muss. Dann müssen zusätzliche Entscheidungen getroffen werden.

3. Stadium: Die Testphase

In der Testphase wird vom Controller sowohl Absatz und Umsatz der Testverkäufe protokolliert und ausgewertet als auch die Umsetzung der Fertigungskosten überprüft.

4. Stadium: Der Lebenszyklus

Während des gesamten Produktlebens werden Absätze und Umsätze vom Controlling ermittelt und dem Marketing zur Verfügung gestellt. Darin sind oft auch die Abweichungen zur ursprünglichen Planung enthalten.

5. Stadium: Das Ende

Bei der Entscheidung über den Tod eines Produkts sind Umsätze und Deckungsbeiträge zunächst ursächlich. Bei der Prüfung müssen aber auch noch vorhandene Fixkosten berücksichtigt werden. Es lohnt sich, bei hohen

Fixkosten ein Produkt weiter herzustellen, wenn es zwar nicht mehr alle Fixkosten deckt, dies aber zum Teil geschieht.

Beispiel: Fixkosten

!

Nach der Entwicklung des neuen Pumpentyps möchte das Marketing die Pumpe ES700 aus dem Programm nehmen. Sie erwirtschaftet seit Jahren sinkende Deckungsbeiträge. Zurzeit liegen diese nur noch bei 5,00 € pro verkaufter Pumpen. Leider ist die ES700 ein Pumpentyp, der als einziger ein komplettes Edelstahlgehäuse hat. Dafür wurde noch vor zwei Jahren eine neue Fertigungsanlage aufgebaut, die fixe Abschreibungen von 25.000 € pro Jahr mit sich bringt.
Würde der Pumpentyp aus dem Programm genommen, wäre diese Maschine nutzlos, die Kosten entstünden aber weiter, da ein Verkauf der Maschine nicht möglich ist. Im letzten Jahr konnten noch 3.000 Pumpen des Typs ES700 verkauft werden. Damit waren zumindest 15.000 € der Fixkosten gedeckt. Das soll auch weiter so bleiben.

3.7.3 Projektcontrolling im Marketing

Das Marketing ist ein Bereich, in dem viele der dort erledigten Aufgaben die typischen Kennzeichen von Projekten aufweisen. Es handelt sich um Tätigkeiten, die in sich abgeschlossen sind, nicht im täglichen Ablauf anfallen, mehrere Bereiche berühren und einen erheblichen Einfluss auf den Erfolg des Unternehmens haben.

Tipp: Projektcontrolling für übliche Aufgaben

!

Obwohl einige der Aufgaben im Marketing zum normalen Aufgabengebiet der dort beschäftigten Mitarbeiter gehören, werden sie von diesen nicht täglich erledigt. Darum können auch Messedurchführungen oder Anzeigenkampagnen vom Controller mit den typischen Instrumenten des Projektcontrollings überwacht werden.

Vor allem folgende Aufgaben des Marketings kommen für ein Projektcontrolling infrage:

- Messen
  Messeauftritte sind von einer langen Vorbereitungszeit, einem unverrückbaren Leistungstermin und einer kurzen Erfolgsphase gekennzeichnet. Für die Terminüberwachung ist die Meilensteintechnik des Projektcontrollings ideal (vgl. Kapitel 3.3.3). Da der Erfolg nur schwer messbar ist

(Imagegewinne, Kontakte ...) beschränkt sich das Messecontrolling meist auf die Kosten.

- Werbeaktionen
  Wir alle kennen Aktionen wie »20% auf alles« oder »Drei kaufen, Zwei bezahlen«. Sie scheinen sehr erfolgreich zu sein, da sie permanent wiederholt werden. Mit dem Projektcontrolling kann exakt festgestellt werden, wie erfolgreich solche Aktionen sind.
- Anzeigenaktionen
  Anzeigen werden meist nicht zusammenhanglos geschaltet, sie werden in Aktionen gebündelt. Die zeitliche Verteilung spielt eine Rolle, der Kostenanfall auch. Noch wichtiger ist jedoch der Erfolg, der sich z.B. in zusätzlichem Umsatz darstellt. Dieser kann im Projektcontrolling festgestellt werden.

!

Tipp: Marketingmaßnahmen mit Skepsis betrachten

Henry Ford hat einmal gesagt:
»Die Hälfte aller Werbeausgabe sind zum Fenster hinausgeworfen. Leider weiß niemand, welche Hälfte.« Das gilt auch heute noch, trotz aller Controllinginstrumente.
Wenn nach einer Anzeigenkampagne der Umsatz unverändert bleibt, war vielleicht die Kampagne schlecht. Oder aber ohne die Anzeigen wäre der Umsatz eingebrochen.
Erfolgskontrollen von Marketingmaßnahmen müssen immer mit der nötigen Skepsis betrachtet werden.

- Außendienstschulung
  Wird der Außendienst auf Veranlassung des Marketings in Verkaufstechniken geschult, ist auch das ein abgeschlossenes Projekt mit den entsprechenden Controllingmöglichkeiten.
- Produkteinführung
  Die Einführung eines neuen Produkts in den Markt wird von umfangreichen Marketingaktivitäten begleitet. Anzeigen, Schulungen, Pressekonferenzen werden generalstabsmäßig geplant. Das Projektcontrolling stellt die Kosteneinhaltung und die Termintreue sicher.

Beispiel: Produkteinführung

!

Das Marketing des Pumpenherstellers ist für die Einführung der neuen Pumpe 707WWW verantwortlich. Es wird folgender Plan aufgestellt:

	Aufgabe	externe Kosten in €	Wochen ab Start
1	Information Fachhandel durch Anzeigen	50.000	2 + 3
2	Information Fachhandel durch Außendienst	100.000	2–5
3	Bestellungen auswerten		6
4	Produktion Bestellungen + Lager		7–10
5	Auslieferungen erste Produkte		8–12
6	Schulung Fachhandelsverkäufer	30.000	8–12
7	Anzeigen Publikumszeitschriften	250.000	10–14
8	Ausstellung auf Gartenfachmesse (Produktanteil)	25.000	20
9	Auswertung Messeergebnis		21

Alle vier Wochen nach Projektbeginn wird eine Auswertung des Projektcontrollings erstellt. Für den Bericht nach Woche 12 ergibt sich die folgende Tabelle. Für jede Woche wird eine Spalte angelegt, für jede der definierten Aktivitäten ebenfalls. Das »x« bei Aktivität 4 in Woche 7 bedeutet, dass in Woche 7 produziert worden ist. Ein »E« zeigt das Ende der Aktivität in der jeweiligen Woche an.

Woche	Kosten kumuliert €	Aktivität								
		1	2	3	4	5	6	7	8	9
1	0									
2	35.000	x	x							
3	70.000	E	x							
4	85.000		x							
5	100.000		E							
6	100.000			E						
7	100.000				x					

Woche	Kosten kumuliert €	Aktivität								
		1	2	3	4	5	6	7	8	9
8	110.000				x	?	x			
9	120.000				x	x	x			
10	230.000				x	x	x	x		
11	330.000				E	x	E	x		
12	340.000					x		x		

Dieser Isttabelle wird vom Controlling eine Plantabelle gegenübergestellt. Aus den Abweichungen lässt sich ein Handlungsbedarf erkennen. Hier zeigt sich, dass die Produktion länger gedauert hat als geplant und die Auslieferung um eine Woche verzögert begann. Der Kostenplan ist bis jetzt noch eingehalten.

3.8 Entwicklungscontrolling

In der Entwicklungsabteilung eines Unternehmens arbeiten im technischen Bereiche Ingenieure, in anderen vielleicht Designer oder sonstige Spezialisten. Die Eigeneinschätzung solcher Mitarbeiter als Künstler ist sicherlich zum Teil gerechtfertigt. Eine künstlerische Arbeitsweise wird jedoch schon lange nicht mehr akzeptiert.

Die schnelle und effiziente Entwicklung neuer Produkte ist die Voraussetzung des Erfolgs jedes Unternehmens. Darum erhält die Entwicklungsabteilung auch alle Unterstützung, die möglich ist, auch aus dem Controlling. Das Controlling hilft, vor allem die Kosten der Entwicklungsabteilung als großen Gemeinkostenblock zu differenzieren und die Entwicklungskosten pro Produkt festzustellen.

3.8.1 Kosten der Entwicklungsabteilung

Die Kosten der Entwicklungsabteilung werden, wie zu erwarten, durch die Kostenstellenrechnung festgestellt. In Verbindung mit dem Budget ergibt der Controllingbericht Abweichungen vom Plan, die geklärt werden müssen.

Die wichtigsten Kostenarten sind:

- In der Entwicklungsabteilung werden hoch spezialisierte Mitarbeiter beschäftigt, die entsprechende Gehälter beziehen und meist den größten Kostenblock ergeben.
- Schon früh wurde die Entwicklung durch die Informationsverarbeitung unterstützt. Von den ersten technischen Entwürfen bis zum Prototyping gibt es wirksame Hilfe, die jedoch auch erhebliche Kosten verursacht.

Achtung: IT-Kosten einer Entwicklungsabteilung !

An dieser Stelle dürfen nur die IT-Kosten berücksichtigt werden, die der Entwicklungsabteilung auch direkt zugeordnet werden können. Das ist für die meisten Anwendungen der Fall, da spezielle Hard- und Software eingesetzt wird.

- In Fertigungsunternehmen werden für Tests und Untersuchungen immer wieder Materialien eingekauft.
- Für spezielle Fragen lohnt es sich nicht, einen eigenen Mitarbeiter entsprechend zu schulen. Das Know-how wird dann zugekauft. Es entstehen Beratungskosten.
- Nur bei Kenntnis der neuesten Verfahren und Möglichkeiten kann über deren wirtschaftliche Nutzung entschieden werden. Daher ist es notwendig, die Entwickler auf hohem Wissensniveau zu halten.

Die Verteilung der Entwicklungskosten

Für die Verteilung der Entwicklungskosten auf andere Kostenstellen und vorwiegend auf die Produkte gibt es zwei Varianten:

1. Über die Sondereinzelkosten der Entwicklung gehen die Entwicklungskosten, die einem Produkt zugeordnet werden können, direkt in die Kalkulation ein. Dazu müssen diese Kosten auch festgestellt werden.
2. Die Entwicklungskosten können auch als Gemeinkosten z.B. in den Verwaltungskosten verschwinden und gleichmäßig über alle Produkte verteilt werden. Das würde eine Benachteiligung vieler Produkte bedeuten.

!

Tipp: Beide Möglichkeiten nutzen

Wie so oft, liegt der bessere Weg in der Mitte zwischen beiden Verteilvarianten. Die zuordenbaren Kosten werden über die Sondereinzelkosten verteilt, die übrigen gehen in die Gemeinkostenzuschlagssätze ein. Das berücksichtigt die Tatsache, dass nicht alle entwickelten Produkte auch verkauft werden. Dadurch entstehende Kosten können keinen verkauften Produkten zugeordnet werden, sie sind von allen zu tragen.

!

Achtung: Fördergelder sind außerordentliche Erträge

Für kleine und mittelständische Unternehmen gibt es Förderprogramme des Bundes oder der EU, die ganz gezielt Teile der Entwicklungskosten übernehmen. Voraussetzung dafür ist eine funktionierende Kostenrechnung, die diese Kosten auch feststellt.

Eine Kürzung der Entwicklungskosten in den Controllingberichten um diese Fördermittel würde das reale Bild verzerren. Daher werden die Fördergelder meist als außerordentlicher Ertrag verbucht. Vor der Verteilung der Kosten auf die Produkte sollten die Kosten zuerst durch die entsprechenden Fördergelder reduziert werden. Achten Sie darauf, dass der Controller das auch tut.

3.8.2 Plankosten in der Entwicklung

In einer geregelten Entwicklungsabteilung wird kein Produkt ohne einen spezifizierten Auftrag entwickelt. Darin ist das Produkt als gewünschtes Ergebnis beschrieben, aber auch die Anforderungen an die Kosten. Wie das aussehen kann, haben wir schon in Kapitel 3.7 unter den Controllingberichten während der Laufzeit eines Produktlebens diskutiert.

Die vorgegebenen Werte sind für die Entwicklungsabteilung sehr wichtig. Eingehalten werden können sie nicht immer. Neben Verbesserungen kommt es meist zu negativen Abweichungen, die durch Technik und Vorgaben des Vertriebs entstehen.

Aufgabe des Controllings ist es, die Abweichungen auf den verschiedenen Ebenen festzustellen und zu analysieren.

Tipp: Negative Entwicklungen früh erkennen

Je früher negative Kostenentwicklungen erkannt werden, desto eher und gründlicher lassen sich diese ausmerzen. Darum ist eine regelmäßige Überwachung der bisherigen Entwicklungsergebnisse durch das Controlling wichtig.

Wichtig für die Beurteilung der Entwicklungsarbeit ist die Abweichung zwischen den Vorgabewerten aus dem Entwicklungsauftrag und den späteren Istherstellkosten. Hier zeigt sich, ob der geplante Erfolg realisiert werden kann.

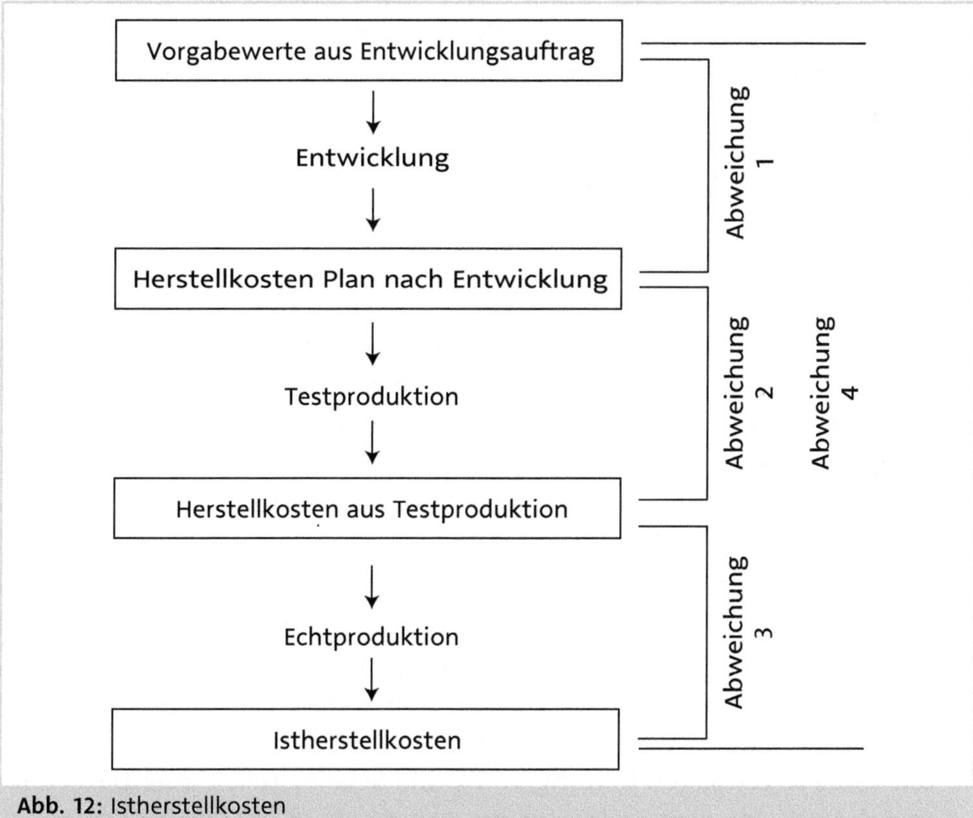

Abb. 12: Istherstellkosten

Der Controller analysiert aber auch die Abweichungen zwischen den Vorgabewerten und den Planwerten nach Entwicklung, zwischen den Planwerten nach Entwicklung und Testproduktion sowie Testproduktion und Echtproduktion. Jede dieser Abweichungen, wenn sie denn auftreten, gibt wertvolle Hinweise auf Möglichkeiten, den Zustand zu verbessern.

3.9 Controlling in der Fertigung

In der Fertigung fallen neben den vielen direkten Kosten durchaus auch erhebliche indirekte Kosten an. Die Leitung des Bereichs, die Arbeitsvorbereitung, die Meister und die Werkstatt werden ebenso wie bestimmte Energiekosten und Abschreibungen auf allgemein genutzte Maschinen und Gebäude über die Kostenstellenrechnung abgewickelt.

Die Verantwortlichen der Fertigungsabteilung haben sich bisher vor allem über die direkten Kosten, also die Kosten des Produkts, Gedanken machen.

- Die direkten Kosten entstehen in der Fertigung.
- Die Fertigungskosten werden zum Teil bestimmt durch die Fertigung selbst.
- Die direkten Kosten zeigen sich zunächst im mengenmäßigen Verbrauch von Produktionsfaktoren wie Material, Arbeitszeit oder Maschinenbelegung.

Durch die technische Entwicklung in der IT ist ein Trend in der Fertigung angekommen, der eine intensivere Betrachtung jetzt auch der indirekten Kosten in der Fertigung verlangt: Industrie 4.0. Dabei geht es um die enge digitale Verbindung von Maschinen und Systemen und einer daraus sich ergebenden digitalen Steuerung der Fertigungsanlagen. Dazu sind in zwei Bereichen der Fertigung besondere Investitionen mit Auswirkungen auf die Fertigungskosten notwendig:

1. Im Fertigungsbereich muss ein Netzwerk zur Verfügung stehen, das die Kommunikation der Maschinen untereinander und mit externen Systemen möglich macht. Gerade im Fertigungsbereich mit vielen elektronischen Störungen sind Funknetze oder Glasfaserverkabelungen sehr aufwendig. Das erhöht die indirekten Kosten der Fertigung.
2. Die Fertigungsanlagen benötigen digitale Schnittstellen zum Datenaustausch und eine digitale Steuerung. Das erhöht die Maschinenstundensätze.

Hier muss das Controlling die zusätzliche Belastung der Fertigung mit Kosten für Industrie 4.0 feststellen. Diese sind nicht von der Fertigung zu verantworten, da sie der übergeordneten Unternehmensstrategie entspringen. Durch sie sollen Absätze gesichert und erweitert werden. Es handelt sich also um Kosten der Fertigung, die dem Vertrieb nutzen (und damit allen im Unternehmen). Das Controlling muss eine eindeutige Kostenzuordnung erreichen, um die durch Industrie 4.0 verursachten Kosten und Vorteile exakt bestimmen zu können.

3.9.1 Wie werden die Herstellkosten ermittelt?

Die Herstellkosten sind die Kosten, die bei der Fertigung dem Produkt direkt zugeordnet werden können. Dabei gibt es echte direkte Kosten, wie das Material und die Fertigungslöhne, sowie Gemeinkosten, die über Zuschlagssätze der Fertigungskosten auf die Produkte verteilt werden.

Materialkosten
Die Materialkosten sind einfach zu ermitteln. Im Plan werden die Stücklisten herangezogen. Die dort enthaltenen Materialien und Bauteile werden mit den Preisen bewertet. Die Addition ergibt die Materialkosten im Plan. Die Ist-Materialkosten ergeben sich aus den Aufschreibungen und Buchungen der Lagerwirtschaft.

Die Höhe der Materialkosten selbst wird bestimmt durch:

- die Konstruktion. Dort wird bestimmt, welche Materialien und Bauteile in welcher Qualität und Menge eingesetzt werden.
- das Fertigungsverfahren. Auch dieses wird zumindest in Zusammenarbeit mit der Entwicklungsabteilung festgelegt. Es hängt ab von dem Aufbau des Produkts und von den vorhandenen Maschinen.
- die Qualität. Je höher die Qualität des Materials ist, desto weniger wird davon verbraucht. Das dürfte grundsätzlich die Regel sein. Auf der anderen Seite steigt der Preis mit steigender Qualität.
- die Verarbeitung. Optimale Maschinenführung oder vorsichtiger Umgang mit den Materialien senkt den Ausschuss und den Abfall. Dadurch sinkt auch der Verbrauch des Materials.
- die Materialgemeinkosten. Sie fallen in der Logistik an und beinhalten neben Beschaffungs- und Lagerkosten auch Kosten, die durch die Kommunikation im Rahmen von Industrie 4.0 entstehen.

!

Achtung: Einfluss auf die Materialkosten in der Verarbeitung

Ein wirklicher Einfluss der Fertigung auf die Materialkosten besteht nur noch bei der Verarbeitung. Wenn die Menschen schlecht arbeiten oder die Maschinen nicht optimal eingestellt sind, steigt der Materialverbrauch. Die anderen Punkte bestimmen den Verbrauch vorab bzw. sind in anderen Abteilungen zu verantworten.

Fertigungslöhne

Fertigungslöhne fallen direkt bei der Produktion an. Sie stehen im direkten Zusammenhang mit der Produktionsmenge. Sie werden bestimmt durch:

- das Fertigungsverfahren. Durch die Konstruktion, den Aufbau der Produkte und durch die vorhandenen Maschinen wird bestimmt, welche Arbeitsgänge zur Herstellung des Produkts notwendig sind.
- die Person. Die Arbeitsleistung eines Menschen schwankt. Das gilt sowohl im Vergleich zu anderen Menschen als auch zu anderen Zeiten der gleichen Person. Darum schwankt auch der Verbrauch an Arbeitszeit pro hergestelltem Produkt.

Die Höhe der Fertigungslöhne wird durch Rückmeldungsbuchungen der Fertigungsaufträge ermittelt. Darin wird angegeben, welche Personen wie lange daran gearbeitet haben. Dividiert durch die Gesamtstückzahl, die in diesem Auftrag gefertigt wurde, ergibt sich der Verbrauch an Arbeitszeit pro Produkteinheit.

Fertigungsgemeinkosten

Die Fertigungsgemeinkosten können im Wert sogar über den direkten Kosten aus Material und Fertigungslohn liegen. In der Regel werden diese durch die Zuschlagskalkulation auf die Produkte verteilt. Maßgebend für die Höhe sind die Materialkosten (für die Materialgemeinkosten) und die Fertigungslöhne (für die Fertigungsgemeinkosten). Hier sind auch wesentliche Beiträge aus dem Bereich Industrie 4.0 zu finden. Sie ergeben sich überwiegend aus den erhöhten Abschreibungen, denn Maschinen mit digitaler Schnittstelle und Steuerung sind teurer als Maschinen ohne diese Funktionen.

Um den großen Kostenblock doch noch durchschaubar zu machen, wird versucht, über Maschinenstundensätze eine Zuordnung der indirekten Kosten zum Produkt zu erreichen. Auf diese Weise sinkt die Notwendigkeit, Gemeinkosten dann noch über Zuschlagssätze verteilen zu müssen.

In den Maschinenstundensätzen werden alle Kosten, die für eine bestimmbare Maschine anfallen, zusammengefasst. Das sind u.a. Abschreibung oder Mieten, Wartungs- und Reparaturkosten, Energiekosten, indirekte Personalkosten (z.B. Schlosser). Die so entstandenen Kosten werden durch die Sollauslastung in Stunden dividiert. Das Ergebnis ist ein Kostensatz, der pro Stunde Benutzung einer Maschine anfällt.

Beispiel: Maschinenstundensätze

!

Für die Pumpenfertigung wird ein Spezialaggregat eingesetzt, mit dem die Dichtigkeit der Pumpengehäuse überprüft wird. Jährlich wird das Aggregat in 2.500 Stunden genutzt, wenn die Planproduktion eingehalten wird. Dabei fallen die folgenden Plankosten an:

Abschreibung	50.000 € (inkl. 5.000 € für Industrie 4.0)
Wartung	15.000 € (inkl. 2.000 € für Industrie 4.0)
Reparaturen	5.000 €
Energie	35.000 €
Hilfsmittel	15.000 €
Summe	120.000 € (inkl. 7.000 € für Industrie 4.0)

Bei einer Planbeschäftigung von 2.500 Stunden ergibt sich ein Maschinenstundensatz von 48,00 €. Davon sind 2,80 €/Std. auf die Funktionen von Industrie 4.0 zurückzuführen.

Je nach der Beanspruchung der berechneten Maschinen durch das zu fertigende Produkt erfolgt eine Belastung in der Kalkulation mit diesen Kosten. Dadurch werden indirekte Kosten durch den kalkulierten Verkaufspreis gedeckt.

Wird die Planbeschäftigung im Ist nicht erreicht, dann werden auch weniger Produkte verkauft. Durch den geringeren Erlös bleiben Teile der indirekten Kosten ungedeckt. Wird mehr als die geplante Größe produziert, dann werden auch mehr als die eigentlichen indirekten Kosten verrechnet. Es kommt zu einer Überdeckung.

!

Achtung: Überdeckung muss nicht positiv sein

Eine Überdeckung muss nicht so positiv sein, wie der Name vorgibt. Die kalkulierten Preise enthalten zu viele indirekte Kosten und sind daher zu hoch. Wären die Preise niedriger, hätte u. U. eine noch größere Menge abgesetzt werden können. Das Gesamtergebnis wäre besser gewesen. Es zeigt sich wieder, wie wichtig eine möglichst realistische Planung ist.

3.9.2 Mengen in der Fertigung

Bei der Steuerung der Fertigung wird mit Mengen gearbeitet, die Bewertung mit Euro erfolgt meist später.

Das hat folgende Vorteile:
- Die Fertigungssteuerung geht sehr schnell vonstatten. Das ist auch notwendig, um Maschinen und Personal kurzfristig optimal einsetzen zu können.
- Die Mengen sind unbeeinflusst von externen Gegebenheiten, die auf die Preise für Material, Dienstleistungen und Personal einwirken.
- Die Fertigungsleiter können Einfluss nehmen auf Mengengrößen wie z. B. Stück pro Stunde, kg pro Stück, Minuten pro Arbeitsgang. Einfluss auf die Preise der Faktoren haben sie nur selten.

Die Mengendaten stammen aus den Aufschreibungen der Fertigungsmitarbeiter, den Zählern der Fertigungsmaschinen oder aus Berechnungen der Produktionssteuerer. Die Fertigung macht also ihr eigenes Controlling. Was hat dann noch der Controller zu tun?
- Das Controlling ist eine neutrale Stelle, die Informationen und Daten emotionslos und ohne Erfahrung, d. h. auch ohne unbewusste Unterstellungen, verarbeitet.
- Der Controller verfügt über Mittel, mit deren Hilfe die notwendige Verarbeitung schnell und kostengünstig erfolgen kann. Die theoretischen Controllinginstrumente werden ebenso eingesetzt wie eigene Softwareanwendungen.

- Zu guter Letzt müssen alle Controllingberechnungen mit den Daten aus der Finanzbuchhaltung abgestimmt werden. Das kann nur der Controller.

Welche Dienste der Controller in der Fertigung leisten kann, zeigt sich dann, wenn Abweichungen entstehen.

Beispiel: Fertigung !

Die Prüfanlage in der Fertigung des Pumpenherstellers hat einen errechneten Stundenkostensatz von 48,00 €. Die neue Pumpe 707WWW weist im Arbeitsplan 5 Minuten Nutzung dieser Anlage pro Stück aus. Das ergibt Kosten in Höhe von 4,00 € pro Pumpe.
Im Ist ergibt sich jedoch, dass durch die Einarbeitung einer neuen Arbeitskraft und durch zusätzliche Verteilzeiten 6 Minuten pro Stück benötigt werden. Die Fertigung errechnet also 4,80 € Kosten für eine Pumpe. Das ist falsch.
Der Controller berücksichtigt, dass aufgrund der längeren Stückzeiten für die gleiche Anzahl Pumpen Mehrarbeit zu leisten war. Sonst wäre die Produktionsmenge nicht erreicht worden. Durch diese Mehrarbeit erhöht sich einerseits der Fertigungslohn pro Pumpe. Andrerseits wurden mehr Wartungsarbeiten und teurere Reparaturen notwendig. Auch die Hilfsstoffe mussten verstärkt eingesetzt werden. Der Maschinenstundensatz erhöht sich daher um 5% auf 50,40 €. Bei der jetzt festgestellten Nutzung von 6 Minuten ergeben sich Maschinenkosten von 5,04 € pro Pumpe.

Tipp: Entgangene Gewinne berücksichtigen !

Wenn Ihre Maschine an der Kapazitätsgrenze ausgelastet ist und Sie pro Stück eines Produkts mehr Zeit benötigen als geplant, dann müssen andere Produkte darunter leiden. Die Planmengen können nicht gefertigt werden. Dadurch entgehen Ihnen Erlöse und Deckungsbeiträge. Fragen Sie Ihren Controller, ob er diese entgangenen Gewinne in seinen Berechnungen berücksichtigt hat.

3.10 Controlling in der Logistik

In der weiten Definition umfasst die Logistik eines Unternehmens das Lager mit allen Ein- und Auslagerungen, die Kommissionierung, den Versand der Waren an die Kunden und den innerbetrieblichen Transport. Entsprechend umfangreich sind auch die Kennzahlen und Daten, die das Controlling den Logistikern liefert.

Logistik ist eine Funktion, die immer mehr Dienstleister anbieten. Ob diese wirklich preiswerter sind, ergibt nur ein intensiver Kostenvergleich. Welche Kosten entfallen, welche bleiben und welche kommen hinzu? Diese Frage wird in Zusammenarbeit mit dem Controller geklärt.

3.10.1 Besondere Kennzahlen in der Logistik

Die Kennzahlen in der Logistik können sich immer nur auf einen Teilbereich beziehen. Das Lager wird an der Anzahl der Lagerbewegungen gemessen, die Kommissionierung an der Anzahl der verpackten Positionen, der Transport an den gefahrenen Kilometern. Darum gibt es sowohl im Leistungsbereich als auch bei den Kosten viele verschiedene Kennzahlen.

Die wichtigsten werden Ihnen hier anhand von Beispielen vorgestellt:

Leistungen in der Kommissionierung
Der Kommissionierer muss für jeden Auftrag und für jede Position eigene Tätigkeiten ausüben. Die Anzahl der einzelnen Produkte spielt dabei meist keine große Rolle. Daher reichen die beiden Kennzahlen

Anzahl Aufträge = Summe aller kommissionierten Aufträge

und

Anzahl Positionen = Summe aller kommissionierten Positionen

Mit diesen beiden Werten kann die Leistung der gesamten Abteilung, aber auch einzelner Mitarbeiter oder Tage bewertet werden.

!

Beispiel: Anzahl Aufträge/Positionen

Der Pumpenhersteller hat eine eigene Logistik, die auch die Sendungen für die Kunden zusammenstellt. In den letzten Wochen ergab sich das folgende Leistungsbild:

Woche	1	2	3	4	5	6	7	8
Anzahl Aufträge	80	97	54	86	105	104	70	89
Anzahl Positionen	240	280	175	258	320	338	187	274
Anzahl Mitarbeiter	4	5	3	4	5	5	4	4
Aufträge je Mitarbeiter	20	19	18	22	21	21	18	22
Positionen je Mitarbeiter	60	56	58	65	64	68	47	69

Erst der Vergleich der Gesamtleistung mit den eingesetzten Mitarbeitern ergibt ein realistisches Bild für die Beurteilung.

Leistungen im Transport

Die Leistung einer Transportabteilung wird gemessen an den transportierten Mengeneinheiten (Kilogramm, Liter, Kubikmeter ...).

Transportleistung = Summe aller transportierten Mengeneinheiten

Diese relativ einfache Kennzahl ergibt immer dann, wenn sie mit ähnlichen Gegebenheiten verglichen wird, eine gute Aussage über die Veränderung. So kann eine Leistung von 54.000 t verglichen werden mit der von 50.000 t im Vorjahr. Es wird unterstellt, dass sich in der Struktur keine wesentlichen Veränderungen ergeben haben.

Das führt jedoch nicht zu den richtigen Aussagen, wenn sich die Transportwege ändern. Bei gleicher Transportleistung kann die tatsächliche Leistung gestiegen sein, wenn z.B. weit entfernt liegende Kunden hinzu gewonnen wurden.

Dann hilft nur die komplexe Kennzahl »Leistungskilometer«.

Leistungskilometer = Summe (Leistungseinheit × transportierte Kilometer)

Für jedes Kilogramm, für jeden Liter oder für jeden Kubikmeter wird also festgestellt, wie viel Kilometer dieser transportiert wurde. Die zusätzliche Information muss erarbeitet werden. Allein die Addition der Leistungseinheit aller Lieferscheine reicht nicht mehr aus. Jeder Lieferschein muss mit der Entfernung zwischen Lager und Lieferstation bewertet werden.

!

Beispiel: Leistungskilometer

Der Logistikleiter des Pumpenherstellers errechnet für einen Lkw und eine Tagestour die Leistungskennzahlen:

Lieferschein	**Kilogramm**	**Kilometer**	**kg x km**
5874493	5.430	154	836.220
5874494	9.875	285	2.814.375
5874495	2.587	214	553.618
5874501	6.005	97	582.485
Summe	23.897		4.786.678

Die Leistung beträgt also 4.786.678 Kilogramm-Kilometer oder, um die Zahl etwas handlicher zu machen, 4.787 Tonnen-Kilometer.

Kosten im Transport

Die Transportleistung wird mit den Kosten bezahlt, die in den Transportkostenstellen anfallen. Dabei wird in der Regel auch ein Bezug zur Leistung hergestellt, die Kosten also pro Leistungseinheit ermittelt. Der Bezug zum Umsatz ergibt eine erste Größe, mit der Wirtschaftlichkeit und Anteil am Erfolg der Logistik festgestellt werden können.

!

Beispiel: Transportkostenstellen

Der Pumpenhersteller hat im beobachteten Zeitraum 15 Mio. € Umsatz erzielt und 1.600.000kg transportiert. Diese Werte werden verwendet, um die einzelnen Kostenarten der Transportkostenstelle zu bewerten:

Kostenart	**€**	**€ pro € Umsatz**	**€ pro kg**
Personal	435.000	0,029	0,272
Treibstoff	290.000	0,019	0,181
Abschreibung	150.000	0,010	0,094

Kostenart	€	€ pro € Umsatz	€ pro kg
Reisekosten	30.000	0,002	0,019
Steuern/Gebühren/Maut	100.000	0,007	0,063
Sonstiges	80.000	0,005	0,050
Summe	1.085.000	0,072	0,678

7,2 % des Umsatzes müssen demnach für den Transport aufgewendet werden. Das sind 0,678 € pro Kilogramm.

Achtung: Fachleute unterstützen den Controller

!

Viele der für die Beurteilung notwendigen Daten wie Kilometer und Kilogramm pro Auftrag sind nur aufwendig zu beschaffen. Außerdem können sie unterschiedlich interpretiert werden (Kilometer = echte gefahrene Kilometer oder = kürzeste Entfernungskilometer). Darum benötigt der Controller Ihre Unterstützung, wenn die Berechnungen korrekt sein sollen.

3.10.2 Logistik outsourcen?

Eine lange Tradition hat die Versendung von Waren an Kunden durch externe Spediteure. Nur noch wenige Unternehmen unterhalten einen eigenen Fuhrpark. Doch noch immer gibt es sinnvolle Argumente für einen eigenen Lieferservice. So kann es z. B. in der Nahrungsmittelindustrie notwendig sein, die Kontrolle über Sauberkeit und Hygiene zu behalten.

Wenn aber immer wieder Forderungen nach dem Outsourcing der Logistik laut werden, dann geht es heute auch um die Funktionen Lagerung und Kommissionierung. Spediteure verstehe sich heute als Anbieter umfangreicher Dienstleistungen.

Der Controller wird also berechnen müssen, ob sich das Auslagern der Logistikfunktionen lohnt. Leider ist dabei ein Vergleich auf der Ebene der Kostenarten nicht möglich. Die Spediteure haben eine Kostenstruktur, die sich nicht mit denen einer unternehmensinternen Logistik vergleichen lässt.

Daher werden die folgenden Werte ermittelt und dem Anbieter der externen Leistung zur Kalkulation überlassen:

- Anzahl der durchschnittlich im Lager belegten Palettenplätze
- Anzahl der maximal im Lager belegten Palettenplätze
- Anzahl der minimal im Lager belegten Palettenplätze
- Anzahl der Einlagerungen
- Anzahl der Auslagerungen
- Anzahl der Inventuren
- Anzahl der Aufträge/Lieferungen insgesamt
- Anzahl der Aufträge/Lieferungen maximal pro Tag
- Anzahl der Positionen pro Auftrag/Lieferung
- Durchlaufzeit eines Auftrags
- Anzahl der Sendungen
- Bestimmungsort der Sendungen
- Einzelgewichte der Sendungen
- Einzelvolumina der Sendungen
- Maximale Lieferzeit einer Sendung

Mit diesen Angaben sollte der Logistikdienstleister in der Lage sein, seinen Aufwand zu kalkulieren und ein Angebot abzugeben. Dagegen stehen die Kosten, die das Unternehmen durch die eigene Logistik hat.

!

Achtung: Beim Auslagern von Aufgaben entfallen nicht alle Logistikkosten

Nicht alle Logistikkosten entfallen, wenn die Aufgaben ausgelagert werden. Teilweise bauen sich Kosten erst langsam ab (Personal), manche Kostenarten können nur schwer abgebaut werden (Gebäude). Diese Kostenarten müssen vom Controller getrennt ausgewiesen werden. Wenn er das nicht tut, erinnern Sie ihn daran.

Dazu kommen weitere Nachteile und Vorteile (s. Beispiele), die sich meist nicht ohne Weiteres in Euro bewerten lassen. Hier muss die Geschäftsführung in Zusammenarbeit mit dem Controller eine Bewertung vornehmen.

Beispiel: Bewertung weiterer Vor- und Nachteile

!

- In manchen Fällen kann die Geschwindigkeit der Belieferung aufgrund der engeren Routendichte eines Spediteurs verbessert werden.
- Durch moderne Trackingverfahren kann die Sendung auch während ihrer Reise verfolgt werden. Auskünfte darüber können automatisiert an die Kunden gegeben werden. Das gibt Sicherheit und spart die Beantwortung von Nachfragen.
- Die relativ fixen Kosten der Logistik (Lager, Fuhrpark, Mitarbeiter) werden durch das Outsourcing variabel.
- Unternehmen ohne eigene Logistik werden vom Anbieter der Leistung abhängig.
- Die Flexibilität geht verloren, weil jede Ausnahme vom vereinbarten Ablauf zusätzliche Kosten verursacht.

Wer die notwendigen Daten externer Logistikanbieter beschafft und die qualitativen Vor- und Nachteile des Outsourcings bewertet, kann erheblichen Einfluss auf das Ergebnis des Kostenvergleichs nehmen. Häufig sind Controller bei diesem Thema befangen. Sie neigen dazu, sich für die externe Lösung zu entscheiden. Die Fachabteilung muss daher auf eine echte Beteiligung im Entscheidungsprozess drängen.

4 Die größten Controllingfallen – und wie Sie sie vermeiden

Controllingberichte werden, auch wenn ihr Inhalt nicht immer verstanden und akzeptiert wird, durch die regelmäßige Wiederholung zur Normalität. Die Kenntnisse der Inhalte, die Definitionen der verwendeten Werte und Kennzahlen wird bei den Lesern vorausgesetzt. Doch nicht immer sind diese bekannt, oft sind die Rechenwege ein Geheimnis des Controllers.

Es kommt immer wieder zu Problemen:

- Die Ergebnisse der Arbeit des Controllers werden falsch interpretiert. Es werden Schlüsse gezogen, die nicht zulässig sind.
- Fehler in den Berechnungen des Controllers werden nicht bekannt, da die Arbeit nicht geprüft wird oder geprüft werden kann.
- Auswirkungen von Aktivitäten und Vorgängen werden nicht korrekt beurteilt. Die Daten werden nicht entsprechend zugeordnet.

4.1 Blind in die Falle getappt

Sind Controllingdaten falsch oder werden sie falsch interpretiert, sind auch die Entscheidungen, die darauf beruhen, mit hoher Wahrscheinlichkeit falsch. Das birgt erhebliche Gefahren für das Unternehmen, vor allem, da die Entscheidungen im Bewusstsein der besten Vorbereitung getroffen werden.

Der Sinn des Controllings wird verkehrt, wenn Probleme unerkannt bleiben oder wenn die Wirkung der ergriffenen Maßnahmen nicht korrekt dargestellt werden.

Beispiel: Fehler in Controllingdaten !

Schon einige Jahre alt, aber immer noch aktuell ist das Beispiel, in dem ein Beratungsunternehmen das Einsparpotenzial bei der Zusammenlegung zweier öffentlich-rechtlicher Anstalten ermitteln sollte. Der externe Controller untersuchte eine Vielzahl von Kostenpositionen und fand auch viele Einsparungen.

Im Abschluss wurden alle möglichen Potenziale in einer Tabelle zusammengefasst. Die Werte wurden addiert und dabei versehentlich das Datum einbezogen. Obwohl so aus einem zweistelligen Millionenbetrag, der eingespart werden konnte, ein hoher dreistelliger Millionenbetrag wurde, blieb der Fehler lange unerkannt. Der Auftraggeber vertraute blind dem bis dahin renommierten Beratungsunternehmen. Die Berater rechneten den Controllingbericht nicht nach. Dem Controller fiel die Unsinnigkeit seines Ergebnisses nicht auf. Die Betroffenen, die einsparen sollten, starrten nur auf die Summe, ohne sie zu prüfen.
Erst als die Einsparliste in den Medien veröffentlicht wurde, konnte der Fehler erkannt werden. Nur knapp war die Entscheidung zur Zusammenlegung aufgrund falscher, weit überhöhter Erwartungen verhindert worden, die Falle noch kurz vor dem Zuschnappen entschärft.

So einfach das obige Beispiel ist, so viele andere mögliche Fehler entstehen immer wieder in Controllingberichten und im Umgang mit den Ergebnissen. Hier eine Auswahl typischer Controllingfallen, in die solche Irrtümer führen.

4.2 Wer statische und dynamische Werte verwechselt, sitzt in der Falle

Menschen neigen zu Faulheit, auch die Controller. Darum verwenden sie gerne Verfahren, die sich schnell berechnen lassen. Einfach zu verstehende Berichte und leicht nachzuvollziehende Rechenwege machen diese Werte auch bei den Empfängern der Daten beliebt. Werden Daten aus mehr oder weniger öffentlichen, auf jeden Fall aber schnellen Quellen verwendet, vereinfacht dies die tägliche Arbeit noch mehr.

Aus diesem Grund sind statische Kennzahlen so beliebt, vor allem bei den Mitarbeitern, die Controlling nur nebenbei betreiben. Denn statische Kennzahlen sind schnell zu ermitteln, verständlich und leicht nachvollziehbar. Und sie werden oft aus statischen Quellen wie Bilanz oder Gewinn- und Verlustrechnung ermittelt.

!

Beispiel: Statische Kennzahlen

Jeder kennt statische Kennzahlen wie die Eigenkapitalquote, die Liquidität 1. und 2. Grades, die Anzahl der Mitarbeiter am Ende des Jahres.

Statische Kennzahlen beschreiben den Zustand an einem bestimmten Zeitpunkt. Es gibt keinen Bezug zu Werten vorher und nachher. Veränderungen werden nicht dargestellt. Sie sagen daher auch nichts über Entwicklungen, positiv oder negativ, aus.

Achtung: Zeitreihen sind dynamisch !

Wenn Sie eine Zeitreihe statischer Kennzahlen aufbauen, also z.B. die Eigenkapitalquote mehrerer Jahre miteinander vergleichen, arbeiten sie mit einem neuen Wert: der Zeitreihe. Diese ist selbstverständlich dynamisch.

Controllingberichte und Kennzahlen, die sich mit einem Zeitraum befassen, sind dynamisch. Hier werden Veränderungen integriert, Entwicklungen aufgezeigt. Die Aussagekraft ist wesentlich höher.

Beispiel: Dynamische Kennzahlen !

Der Cashflow als Kennzahl berechnet die Zahlungsströme im abgelaufenen Jahr und ist damit ein Paradebeispiel dynamischer Aussagen. Auch eine wöchentliche oder monatliche Liquiditätsplanung berücksichtigt die Abläufe in der Zeit. Die durchschnittliche Anzahl der Mitarbeiter in einem Jahr berechnet auch die Veränderungen innerhalb des Jahres.

Dynamische Kennzahlen zu berechnen dauert länger als statische Werte zu ermitteln. Es müssen mehr Informationen miteinander verknüpft werden. Oft wird auf zusätzliche Berechnungen in der Kostenrechnung gewartet. Viele der Datenquellen sind nicht für jeden im Unternehmen zugänglich. Das alles sorgt dafür, dass die Empfänger der Controllingberichte dynamische Werte als komplexer, wesentlich unverständlicher und damit weniger geeignet empfinden.

4.2.1 Die Nachteile der statischen Kennzahlen

Dynamische Kennzahlen enthalten wesentlich mehr Informationen als statische. Werden die statischen Ergebnisse des Controllings wichtigen Entscheidungen im Unternehmen zugrunde gelegt, dann sind die darauf basierenden Entscheidungen mit hoher Wahrscheinlichkeit nicht optimal für das Unternehmen.

!

Achtung: Statische Berichte durch dynamische korrigieren

Wer schnelle Entscheidungen treffen will, und diese mit statischen Berichten untermauert, kann dies tun, wenn er die Nachteile der statischen Kennzahlen kennt und berücksichtigt. Die Gefahr ist jedoch groß, zu vergessen, dass die statischen Berichte durch dynamische korrigiert werden sollten. Ansonsten werden Entscheidungen gefällt, die auf unvollkommenen Informationen beruhen.

Dass diese Controllingfalle jedem Unternehmen täglich droht, sollen zwei einfache Beispiele aus der Praxis zeigen:

Falle 1: Beurteilung des Lagerbestands anhand des Werts

Die unternehmerische Leistung eines Managers wird hin und wieder gemessen und von den Vorgesetzten beurteilt. Das gilt auch für Geschäftsführer, Vorstände und Bereichsleiter. Liegt die Höhe des Lagerbestandswerts im Verantwortungsbereich des Managers, ist diese Kennzahl eine beliebte Größe, um ihn zu beurteilen. Ein guter Manager hat für einen angemessenen Bestandswert zu sorgen. Zu hohe Lagerbestände verursachen Kosten, zu niedrige können zu Lieferengpässen führen.

!

Achtung: Lagerbestandshöhe als Eurowert ermitteln

Korrekt erfolgt die Beurteilung anhand der Langerbestandshöhe, nicht anhand des Eurowerts. Um zukünftige Nachfrage befriedigen zu können sind Stückzahlen, Liter oder sonstige Mengeneinheiten notwendig, nicht Eurowerte. Da jedoch der Lagerbestand sehr heterogen ist, soll hier der Euro als Homogenisierungsmittel dienen. Das ist in der Praxis üblich und akzeptabel.

Der Lagerbestandswert in diesem Beispiel bezieht sich nur auf die Fertigprodukte und kann aus der Bilanz entnommen werden. Er steht dort auf der Aktivseite im Umlaufvermögen unter »Vorräte an fertigen Produkten«. Damit ist diese Kennzahl den Beurteilenden wie Gesellschaftern, Analysten oder Banken relativ schnell und ohne großen Aufwand verfügbar.

Wir wissen, dass die Bilanz den Zustand des Unternehmens am Stichtag, meist der 31.12. eines Jahres, wiedergibt. Alle daraus errechneten oder entnommenen Werte sind auf diesen Zeitpunkt bezogen, d. h. statisch.

Aktiva		
Anlagevermögen		3.250.000 €
Umlaufvermögen		
Vorräte Rohstoffe/Materialien	850.000 €	
Vorräte an fertigen Erzeugnissen	5.000.000 €	
Summe Vorräte	5.850.000 €	
Bankguthaben	321.000 €	
Kasse	9.000 €	
Summe liquide Mittel	330.000 €	
Rechnungsabgrenzung	70.000 €	
Summe Umlaufvermögen		6.250.000 €
Bilanzsumme		9.500.000 €

Lediglich in der Bilanz betrachtet sagen die 5 Mio. € Wert an Fertigerzeugnissen für die Beurteilung des Managers nichts aus. Sie müssen zu anderen Größen in Bezug gesetzt werden. Das können z.B. die Kosten der Lagerhaltung, die Finanzierung des Unternehmens oder, und das wird zur Beurteilung in der Praxis am häufigsten herangezogen, der Umsatz sein.

Achtung: Nicht durch Umsatz dividieren !

Der Bestand an fertigen Erzeugnissen wird in der Bilanz zu Herstellkosten bewertet. Die Reichweite des Lagerbestands wird in der Praxis oft festgestellt, indem der Bestand durch den Umsatz dividiert wird. Das ist nicht richtig.
Da der Bestand zu Herstellkosten bewertet ist, muss auch der Absatz, bewertet zu Herstellkosten, als Vergleichswert genommen werden. Denn um einen Euro Umsatz zu erzeugen, wird weniger als ein Euro Bestand zu Herstellkosten benötigt.

Die erste richtige Aussage über die Qualität des Lagerbestands kann gemacht werden, wenn dieser mit dem Absatz, bewertet zu Herstellkosten, verglichen wird.

!

Beispiel: Lagerreichweite

Das Beispielunternehmen aus der Pumpenbranche hat einen Umsatz von 15 Mio. € erzielt. Durchschnittlich betragen die Herstellkosten 66 % des Umsatzes. Der Vergleichswert mit der Bestandshöhe ist also 15 Mio. € × 66 % = 10 Mio. €.

$$\text{Lagerreichweite} = \frac{5\text{ Mio. € Bestand}}{10\text{ Mio. € Absatz}} \times 360\text{ Tage} = 180\text{ Tage}$$

Eine Lagerreichweite von 180 Tagen bzw. eine Umschlagshäufigkeit von 2 ist in den meisten Branchen negativ. Die Beurteilung des Managers durch seine Vorgesetzten wird hier schlecht ausfallen. Entweder leiten die Gesellschafter Maßnahmen gegen das Management ein oder das Management tut etwas gegen zu hohe Lagerbestände.

Geschieht dies aufgrund der beschriebenen Information, sind die Entscheider in die Controllingfalle getappt. Denn sie wären einem der großen Irrtümer des Controllings erlegen und hätten die statische Kennzahl als Grundlage für ihre (falsche) Entscheidung verwendet.

Eine bessere Entscheidung ist möglich, wenn berücksichtigt wird, dass es sich bei dem Pumpenhersteller um ein Unternehmen der Gartenbranche handelt. Diese Branche hat im Frühjahr Saison. Das verursacht schwankende Absätze und Lagerbestände.

Der Bestand an Fertigprodukten kann als Durchschnitt eines Jahres wesentlich bessere Aussagen hervorbringen. Dabei wird aus den regelmäßigen internen Abschlüssen der Wert ermittelt und als Durchschnitt über das Jahr errechnet.

!

Beispiel: Durchschnittliche Lagerreichweite

Der Pumpenhersteller macht monatlich nur rudimentäre Abschlüsse. Richtige Abschlüsse werden pro Quartal erstellt. Damit liegen die folgenden Werte vor:

Quartal	I	II	III	IV
Bestand	2 Mio. €	1 Mio. €	2 Mio. €	5 Mio. €
Durchschnitt	(2 + 1 + 2 + 5) / 4 = 2,5 Mio. €			
Reichweite	2,5 Mio. € / 10 Mio. € × 360 Tage = 90 Tage			
Umschlagshäufigkeit	360 Tage / 90 Tage = 4			

Werden die durchschnittlichen 2,5 Mio. € Bestand zum Absatz zu Herstellkosten in Höhe von 10 Mio. € in Bezug gesetzt, dann ergibt sich eine Reichweite von 90 Tagen.

Durch eine einfache Dynamisierung wurde aus den schlechten 180 Tagen Reichweite ein guter Wert von 90 Tagen. Maßnahmen haben sich hier erübrigt. Die Berechnung der Kennzahl hat zusätzliche Informationen berücksichtigt, die aber ausschlaggebend waren. Die Investition in Zeit und Controllingaufwand hat aus der Falle geführt. Das Ergebnis ist lohnenswert.

Achtung: Daten stammen aus nicht testierten Abschlüssen !

Gerade die im Beispiel beschriebene Vorgehensweise hat nicht nur Vorteile, sie birgt auch Nachteile. Die Daten werden aus unterjährigen, nicht testierten Abschlüssen entnommen. Bei der Bestandsbewertung kommt es dabei häufig zu Abweichungen, die im Jahresabschluss nicht toleriert würden.

Die Werte werden nur intern verwendet und beruhen daher oft auf Bewertungspreisen, die noch aus dem letzten Jahr stammen. Erst im Zuge des nächsten Jahresabschlusses werden neue Herstellkosten ermittelt. Außerdem wird die Mengenkomponente durch die körperliche Inventur bestimmt, die ebenfalls nur jährlich durchgeführt wird. Das gilt auch für die Entsorgung von Lagerbeständen, die erst am Jahresende berücksichtigt wird.

Die internen unterjährigen Werte haben also eine gewisse Ungenauigkeit. Diese zu kennen ist notwendig, um die Qualität des Ergebnisses der Durchschnittsbildung zu bewerten.

Noch exakter wird die Aussage im Falle des Bestands an Fertigerzeugnissen, wenn individuellere Daten auch für die Zukunft herangezogen werden. Der Lagerbestand dient dazu, die zukünftige Nachfrage zu decken. Diese sollte sich im Planumsatz der ersten Monate des neuen Jahres zeigen. Wird also der Bestand am 31.12. zu den Planumsätzen der ersten Monate des Folgejahres in Bezug gesetzt, ergibt sich ein noch realistischeres Bild.

Beispiel: Individuelle Daten für die Zukunft heranziehen !

Der Pumpenhersteller erzielt mehr als die Hälfte seines Jahresumsatzes in den ersten drei Monaten eines Jahres, da dort die Bevorratung seiner Fachhändler stattfindet. Für das erste Quartal ergibt sich folgende Planung:

in Mio. €	Dez.	Jan.	Feb.	März
Bestand	5,0	1,7	–0,3	–1,6
Umsatz		5,0	3,0	2,0
Absatz zu HK		3,3	2,0	1,3
Verbrauch Bestand		3,3	1,7	0,0

Würde nach dem 31.12. nicht mehr produziert, würde sich der Bestand von 5,0 Mio. € im Dezember durch Verbrauch von 3,3 Mio. € im Januar auf 1,7 Mio. € verringern. Bereits für Februar würde der Bestand nicht mehr ausreichen. Jeden Monat zu 30 Tagen angesetzt, ergibt sich folgende Reichweite:

Januar komplett	30,0 Tage
Februar anteilig (1,7 / 2,0) × 30 Tage =	25,5 Tage
Reichweite	55,5 Tage

Wieder entsteht ein anderer, besserer Wert. Somit zeigt sich, dass eine individuellere Betrachtung und ein Ausweiten der zeitlichen Bezüge zu einer besseren Aussage der Kennzahl führen. Der Fehler vieler Unternehmen liegt darin, sich diesen Aufwand zu sparen und mit einfachen statischen Kennzahlen zu rechnen.

!

Achtung: Dynamisierung kann statische Kennzahlen verschlechtern

In diesem Beispiel wurden die Werte mit jeder neuen Berechnung besser. Das muss nicht so sein. Es sind auch Situationen möglich, in denen sich statische Kennzahlen durch die Dynamisierung erheblich verschlechtern.

Falle 2: Hohe Fluktuation aufgrund niedriger Gehälter?

Dass die Falle statischer Kennzahlen auch bei kurzfristigen Entscheidungen und Berechnungen zuschnappen kann, zeigt ein weiteres Beispiel aus der Praxis. Darin kämpft ein Dienstleistungsunternehmen, das verschiedenste Angebote für die Industrie bereithält, mit einer außergewöhnlich hohen Fluktuation. Die Kennzahl Fluktuation wurde korrekt berechnet, daran besteht kein Zweifel.

Bei der Suche nach den Gründen für den häufigen freiwilligen Weggang der Mitarbeiter, der jedes Mal auch Know-how und Ausbildungskosten entschwinden lässt, wird der Verdacht geäußert, das Unternehmen zahle zu geringe Gehälter. Bekannt ist der Branchendurchschnitt von ca. 38.000 € Bruttolohn pro Mitarbeiter.

Die eigene Bruttolohnsumme betrug im abgelaufenen Jahr 4,5 Mio. €. Um eine schnelle Kennzahl zu berechnen, teilt der Controller diese durch die Anzahl der Mitarbeiter, 150 Personen. Heraus kommt mit 30.000 € Bruttolohn pro Jahr tatsächlich ein Wert, der erheblich unter dem Branchenschnitt liegt. Als erste Maßnahme erscheint es notwendig, das Gehaltsniveau vorsichtig an das in der Branche übliche anzupassen. Eine Fehlentscheidung, wie weitergehende Überlegungen aus der Personalabteilung zeigen.

Denn die vom Controller zu Grunde gelegte Anzahl von 150 Mitarbeitern ist der aktuellen Zählung am 31.12. des Jahres entnommen. Das Unternehmen ist jedoch in den letzten Monaten stark gewachsen, so dass viele der Mitarbeiter nicht das ganze Jahr über beschäftigt waren. Hinzukommt, dass im Dezember 20 Aushilfskräfte beschäftigt wurden, die bei einem Pumpenhersteller das Außenlager und den Transport dorthin betreut haben. Die Controllingfalle »Statische Kennzahl« ist wieder zugeschnappt. Denn in der Zahl von 150 Mitarbeitern sind die dynamischen Veränderungen, die es im Lauf des Jahres gegeben hat, nicht berücksichtigt.

Es bleibt nichts weiter übrig, als auch hier detaillierter zu werden und die Veränderungen im Zeitverlauf einzubeziehen. Dazu wird die durchschnittliche Zahl der Beschäftigten über das Jahr ermittelt.

Beispiel: Durchschnittlicher Mitarbeiterbestand !

Durch die Personalabrechnungen kann exakt festgestellt werden, wie viel Mitarbeiter jeweils zum Monatsende beschäftigt wurden. Diese Werte werden addiert und durch die Anzahl der Monate dividiert. Ergebnis ist der durchschnittliche Mitarbeiterbestand im abgelaufenen Jahr.

Monat	Jan.	Feb.	Mrz.	Apr.	Mai	Juni
Anzahl	110	115	115	115	120	115

Monat	Juli	Aug.	Sep.	Okt.	Nov.	Dez.
Anzahl	120	125	130	130	130	150

Summiert man die Anzahl der Mitarbeiter aller 12 Monate lässt sich der durchschnittliche Mitarbeiterbestand berechnen: 1.475/12. Es ergibt sich ein durchschnittlicher Mitarbeiterbestand von 122,9 Personen.

Wird die auf dynamische Art errechnete Mitarbeiterzahl zur Bruttolohnsumme in Bezug gesetzt, ergibt sich ein Wert von 36.615 € Bruttolohn pro Jahr. Dieser Wert liegt nur noch knapp unter dem Branchenwert und dürfte kaum Einfluss auf die hohe Fluktuation haben. Die Gründe müssen woanders gesucht werden.

4.2.2 Risiko minimieren

Ein Irrtum im Controlling führt zu Irrtümern bei den Entscheidungen. Damit diese Falle für Ihr Unternehmen bzw. für Ihren Verantwortungsbereich nicht zuschnappt, sollten Sie die folgenden Ratschläge befolgen:

- Lassen Sie vom Controller die Rechenwege, die zu seinen Berichten geführt haben, offenlegen.
- Definieren Sie gemeinsam mit dem Controller die bei der Berechnung verwendeten Kennzahlen.
- Prüfen Sie die Zusammenhänge zwischen den verwendeten Werten genau auf deren Zulässigkeit (z.B. Umsatz oder Herstellkosten bei der Bestandsbewertung).
- Wenn das Ergebnis einen Zeitraum betrifft, müssen auch die verwendeten Kennzahlen dynamisch sein.
- Wenn einer der Faktoren dynamisch ist, müssen auch die anderen Faktoren zeitraumbezogen sein.
- Die Zeiträume aller dynamischen Werte müssen identisch sein.

4.3 Einzelne Kennzahlen führen in die Falle!

Entscheidungen in Unternehmen werden häufig unter Zeitdruck gefällt. Die unterstützenden Informationen müssen darum schnell verfügbar sein. Das betrifft auch die Kennzahlen, die das Controlling liefert. Selbst in Situationen ohne Zeitdruck wird dann in der Praxis immer wieder nur eine der Zahlen herangezogen, selbst wenn es sich um schwerwiegende Entscheidungen handelt.

Als Grund, warum eine einzelne Zahl ausreichen soll, um weitgreifende Entscheidungen zu treffen, wird häufig die Erfahrung der Entscheider angeführt. Diese ist wichtig, ohne Frage. Doch die schnelllebige Wirtschaftswelt, in der wir alle zurechtkommen müssen, verkürzt die Halbwertszeit von Erfahrungen erheblich.

Viele Entscheider kultivieren noch immer eine gewisse Voreingenommenheit gegenüber dem Controlling. Warum sich mit weiteren Zahlen beschäftigen, wenn doch bereits eine Zahl vorliegt?

Werden Maßnahmen ergriffen, weil eine Kennzahl dies nahelegt, verändern diese Maßnahmen im weiteren Zeitverlauf wiederum die Kennzahl. Doch das ist nicht die Frage. Gefragt ist nach dem Optimum für das Unternehmen, nicht nach der Entwicklung einer Kennzahl.

Tipp: Sachverhalte von verschiedenen Seiten beleuchten !

Für jede Entscheidung sollte vorab so viel Information gesammelt werden wie möglich. Dazu gehören auch zusätzliche Informationen aus dem Controlling, die den Sachverhalt von einer anderen Seite beleuchten. Die Verwendung nur einer Zahl führt in die Falle.

Leider drängen immer weniger Controller in der Praxis darauf, weitere Daten liefern zu dürfen. Auch sie stehen unter Zeitdruck und sind für jede Arbeitsersparnis dankbar. Doch sollte das Unternehmensinteresse an erster Stelle stehen.

4.3.1 Mit ergänzenden Kennzahlen Fallen vermeiden

Viele Sachverhalte im Unternehmen können durch mehrere ähnliche Kennzahlen dargestellt werden. Gemeinsam ist den meisten, dass es eine Zahl gibt, die schnell und einfach ermittelt werden kann, und dass es eine weitere Zahl gibt, die eine ähnliche Aussage macht, aber komplexer ist und detaillierter berechnet werden muss.

Ein Beispiel dafür sind die Liquiditätsgrade, die einen ersten schnellen Überblick über die Liquidität des Unternehmens geben. Als zweiter Wert bietet sich das Ergebnis der auf die Zukunft orientierten Liquiditätsplanung an. Diese ist leider mit wesentlich höherem Aufwand verbunden.

Ein weiteres Beispiel sind die Kennzahlen Umsatz und Deckungsbeitrag pro Artikel (bezogen auf Kunde, Verkäufer, Region ...). Bei der Bewertung des Umsatzes wird häufig unterstellt, dass der Deckungsbeitrag positiv ist. Leider führt diese Annahme in manchen Fällen auch in die Irre. Wie der Pumpenhersteller dies leidvoll erfahren musste, zeigt das folgende Beispiel.

!

Beispiel: Umsatz und Deckungsbeitrag

Vor sechs Monaten wurde der neue Pumpentyp 707WWW am Markt eingeführt. Der Erfolg ist überwältigend. Der Umsatz des Produkts ist so hoch, dass die Pumpe bereits unter den zehn wichtigsten Produkten, sortiert nach Umsatz, liegt. Die Leistung der Pumpe ist konkurrenzlos. Die Vertriebsleitung beschließt daraufhin, das Produkt auch im Ausland einzuführen und im Inland weiter zu forcieren. Ein schwerwiegender Fehler, wie sich erst nach einigen Wochen herausstellte, als aufgrund des gesunkenen Gesamtdeckungsbeitrags des Vertriebs eine detaillierte Untersuchung der Deckungsbeiträge der einzelnen Produkte durchgeführt wurde. Dabei zeigte sich, dass 707WWW mit ca. 15 % Deckungsbeitrag weit unter den bisher üblichen 33 % liegt.

Leider hatte die neue Pumpe da schon andere Produkte des Unternehmens kannibalisiert. Viel Geld und Zeit ist in die weitere Verbreitung der Pumpen gesteckt worden. Andere Produkte hätte diese Aufmerksamkeit mit höheren Deckungsbeiträgen gedankt. Der Weg aus dieser Falle heraus ist langwierig und kostspielig.

Tipp: Trends durch weitere Werte bestätigen !

Die schnelle Kennzahl, in diesem Fall der Umsatz des Produkts, liefert immer nur einen Trend. Diesen zu bestätigen oder zu wiederlegen ist Aufgabe der aufwendigeren zweiten und weiteren Werte.

4.3.2 Korrektur durch andere Zahlen

Manchmal ist eine erste Kennzahl korrekt, sie gibt auch die Situation realistisch wieder. Die Entscheidung, die sich aufdrängt, muss aber aufgrund anderer Werte korrigiert werden.

Achtung: Fachleute müssen eingreifen !

Welche Kennzahlen hier zusammengehören, kann der Controller nicht allein bestimmen. Erst die Fachleute vor Ort können definitiv erkennen, welche Zusammenhänge besser durch mehrere Kennzahlen beschrieben werden.

Beispiel: Kapazitätsauslastung durch Schwund ergänzt !

Der Pumpenhersteller fertigt auch für andere Pumpenmarken. Dazu gibt es eine eigene Produktionsanlage, die während der gesetzlichen Produktionszeiten voll genutzt wird. Die Kennzahl Auslastung zeigt einen Wert nahe an 100%.

$$\text{Auslastung} = \frac{\text{7.480 Stunden Ist-Produktion}}{\text{7.500 Stunden maximale Produktion}} \times 100\,\% = 99{,}7\,\%$$

Dabei sind schon Rüst- und Wartungszeiten berücksichtigt. Und dennoch reicht die Kapazität nicht aus. Das bestätigen auch hohe Mehrarbeitskosten und Lieferengpässe. Die Entscheidung, die sich aufdrängt, ist eine Erweiterung der Fertigungskapazitäten durch eine neue Investition.

Vor der endgültigen Entscheidung hat sich der Fertigungsleiter noch einmal die Situation angesehen. Dabei hat er eine weitere Kennzahl entdeckt, die sich in den letzten 6 Monaten im Zusammenhang mit der Fertigung der OEM-Produkte auffällig entwickelt hat.

Der Ausschuss dieser Anlage betrug bis zum Juni des Jahres durchschnittliche 2%. Danach ist der Durchschnitt rapide auf 10% gestiegen. Das war nicht sofort aufgefallen, da nur mit kumulierten Werten gearbeitet wird. Die Verschlechterung ging also in den normalen Werten der ersten 6 Monate unter.

Wenn der Ausschuss wieder auf das normale Maß gesenkt werden kann, ist die Kapazität wieder ausreichend. Technische Untersuchungen haben ergeben, dass bei der letzten Wartung versehentlich ein Werkzeug nicht ausgetauscht wurde. Die Entscheidung zur Kapazitätsausweitung hätte ohne die Korrektur durch die zweite Kennzahl in die Falle geführt.

4.3.3 Gruppen- und Einzelwerte müssen sich ergänzen

Eine beliebte Falle, in die Nutzer von Controllingberichten geraten können, ist die Konzentration auf die Entwicklung von Summenwerten. Ein häufig zitierter Fall ist die verschenkte Chance, den Umsatz des Unternehmens wesentlich zu verbessern, wenn auch detaillierte Entwicklungen erkannt werden.

! **Beispiel: Detaillierte Entwicklungen erkennen**

Der Verkaufsbereich Nord besteht bei dem Pumpenhersteller aus 8 Verkaufsbezirken. Der Verkaufsleiter, verantwortlich für diese 8 Außendienstmitarbeiter, ist zufrieden. Er liegt mit seinem Bezirksumsatz erheblich über den Vorjahreswerten, sogar leicht über Plan. Also macht er keine weiteren Anstrengungen zur Untersuchung des Umsatzes.

Dabei entgeht ihm, dass alle Verkaufsbezirke besser sind als deren Einzelplanung, nur der Bezirk Niedersachsen-West bringt Umsätze, die weit unter den Vorjahreszahlen liegen. In der Summe ergibt sich das positive Bild des Verkaufsbereichs Nord.

Im Detail wird aber Potenzial verschenkt, weil gegen die negative Entwicklung im Bezirk Niedersachsen-West keine Maßnahmen ergriffen werden. Erkannt wird diese Situation erst, als der Controller feststellt, dass der Verkaufsbereich Süd im Wesentlichen über den Planzahlen liegt, also besser ist als der Bereich Nord. Bei der Suche nach den Gründen dafür wird die desolate Situation im Problembezirk erkannt.

Als Grund für die negative Entwicklung in diesem Bezirk wird schnell erkannt, dass der Außendienstmitarbeiter mit privaten Problemen kämpft und die Betreuung der Kunden nur sporadisch durchführt. Die Konkurrenz hat das sofort genutzt und Marktanteile gewonnen.

Tipp: Bei Gruppenwerten regelmäßig die Einzelwerte prüfen

!

Sie sollten auch bei Gruppenwerten, die keine Abweichung aufweisen, regelmäßig die Einzelwerte prüfen. Das muss nicht monatlich sein. Auf jeden Fall müssen für die Einzelwerte Mechanismen gefunden werden, die außergewöhnliche Veränderungen auffällig machen.

Der Controller könnte z.B. monatlich alle Einzelwerte automatisch mit den Sollwerten abgleichen. Wenn die Abweichung bestimmte Grenzen überschreitet, müssen diese gemeldet und geklärt werden. Damit wird der Fachbereich von der Prüfung der vielen Einzelpositionen entlastet.

Die Konzentration auf nur eine Kennzahl, in diesem Fall die Gruppen- oder Summenzahl, birgt ein großes Risiko. Negative Entwicklungen und sich bietende Chance auf der Ebene der Einzelwerte werden übersehen, die Controllingfalle schnappt zu.

4.3.4 Kennzahlenpaare nicht trennen

Viele Kennzahlen haben ein fest definiertes Pendant. Dieses beschreibt in der Regel die andere Seite der Situation. Werden beide Zahlen eines Paares ergänzt, ergibt sich ein überprüfbarer Wert, oft eine 1.

Beispiel: Kennzahlenpaare

!

Die Eigenkapitalquote eines Unternehmens wird aus der Bilanz berechnet, indem das Eigenkapital in Beziehung gesetzt wird zur Bilanzsumme.

$$\text{Eigenkapitalquote} = \frac{\text{Eigenkapital}}{\text{Bilanzsumme}} \times 100$$

Was in der Bilanz nicht Eigenkapital ist, ist Fremdkapital. Demnach ergibt sich die Fremdkapitalquote als

$$\text{Fremdkapitalquote} = \frac{\text{Fremdkapital}}{\text{Bilanzsumme}} \times 100$$

In Summe müssen die beiden Kennzahlen 100% ergeben.

Ein anderes komplexeres Beispiel sind die Kennzahlen Deckungsbeitrag und Kosten eines Produkts. Der Deckungsbeitrag ist definiert als der Teil des Verkaufserlöses eines Produkts, der die direkten Kosten übersteigt. Damit müssen Deckungsbeitrag und Kosten den durchschnittlichen Verkaufserlös des Produkts ergeben.

Solche Zusammenhänge bieten die Chance, Fehler in den Berechnungen aufzudecken. Dazu müssen die Kennzahlen der Paare jedoch grundsätzlich selbstständig errechnet werden. Werden Sie als Differenz zur jeweils anderen Kennzahl errechnet, wird ein eventueller Fehler mitgegeben, die Falle ist zu.

!

Achtung: Neben Kennzahlenpaaren existieren auch Kennzahlengruppen

Es gibt neben Kennzahlenpaaren auch Gruppen von Kennzahlen, die gemeinsam einen Wert ergeben müssen. Beispiel dafür ist die Kapazität einer Maschine, die sich aus der Addition der Produktionszeiten, Rüstzeiten, Wartungszeiten und Reparaturzeiten ergibt. Bei solchen Beziehungen ist die Kontrolle zwar komplexer, aber durchaus möglich und empfehlenswert.

Gleichgültig, ob zwei oder mehr Kennzahlen notwendig sind, um einen Kontrollwert zu ergeben, der Controller muss die Berechnungswege entsprechend gestalten. Selbstverständlich ist es einfacher, in einer Exceltabelle die Fremdkapitalquote als Differenz zwischen 100% und der bereits errechneten Eigenkapitalquote zu ermitteln als aufwendig wieder die notwendigen Berechnungen durchzuführen. Sicherer ist der kompliziertere Weg.

!

Beispiel: Berechnungswege

Die neue Pumpe 707WWW des international tätigen Pumpenherstellers ist ein Erfolg. Auch die individuelle Berechnung zeigt, dass Erlös und Kosten in gutem Verhältnis stehen:

durchschnittlicher Netto-Verkaufserlös	270,00 €
Deckungsbeitrag aus Controlling	90,00 €

Damit liegt der Wert im Durchschnitt der anderen Produkte. Maßnahmen sind nicht notwendig.
Eine Nachkalkulation der ersten Fertigungsaufträge ergibt Kosten in Höhe von 160,00 €. Als diese mit den Werten aus dem Controlling verglichen werden, ergibt sich eine Differenz. Laut Deckungsbeitragsrechnung liegen die Kosten bei 180,00 € (270,00 € – 90,00 €). Die Kalkulation ergibt aber 20,00 € geringere Kosten.
Der Controller hatte hier schlicht einen Fehler begangen. Die Entwicklungskosten für die neue Pumpe waren sowohl in den Fertigungskosten berücksichtigt als auch in den Sondereinzelkosten der Fertigung, als der Controller den Deckungsbeitrag ermittelte.

Der Fehler war nur aufgefallen, da der Fertigungsleiter seine Kosten separat ermitteln lässt. Der nun wesentlich über dem Durchschnitt liegende Deckungsbeitrag der Pumpe 707WWW führt dazu, dass der Verkauf des Produkts forciert wird. Eine Chance, die ohne erkannten Fehler vertan worden wäre.

Tipp: Berichte kontrollieren

!

Auch im Controlling kommt es zu Fehlern. Oft liegen die Gründe dafür in fehlender Information, die das Controlling verkraften muss. Um solche Fehler und Ungereimtheiten zu entdecken, sind Kontrollen in den Berichten notwendig. Das gilt auch für die Aussagekraft einzelner Kennzahlen, die durch weitere Daten aus dem Controlling unterstützt werden müssen. Bringen Sie Ihren Controller dazu, das zu tun. Oder tun Sie es selbst, wenn Sie nicht in der Falle gefangen sein wollen.

4.4 Abweichungen ohne Gegenwehr

Controllingberichte können sehr dominant sein. Viele Kostenverantwortliche warten mit gespannter Vorsicht auf die monatlichen Auswertungen, weil die Controllingdaten wieder zu Diskussionen mit den Vorgesetzten führen werden. Doch leider werden die Ergebnisse des Controllers nach der unerfreulichen Besprechung meist wieder vergessen. Die ermittelten Abweichungen werden als unveränderlich hingenommen. Nicht die Abweichung ist das Problem, die fehlende Gegenwehr führt in die Falle.

Noch immer gibt es Controller, die ihre Aufgabe allein darin sehen, die Zahlen des Unternehmens und seiner Teilbereiche darzustellen. Vielleicht wird noch eine Analyse der Abweichungen durchgeführt, um den »Schuldigen« zu finden. Maßnahmen werden aus dem Zahlenwerk nicht abgeleitet oder empfohlen. Nach der unumgänglichen Diskussion mit den Vorgesetzten wird wieder auf die nächsten Berichte gewartet. Vielleicht hat sich ja etwas verbessert.

Damit ist die Controllingarbeit vergebens. Denn nur bei einer Reaktion auf die dargestellten Abweichungen können die Auswirkungen auf das Unternehmen reduziert werden.

Besonders groß ist die Gefahr, Abweichungen als gottgegeben zu verstehen, wenn:

- der Controller den betroffenen Unternehmensbereich nicht kennt. Dann kennt er auch die echten Zusammenhänge und Einflussfaktoren nicht und kann daher nicht beurteilen, ob die Abweichungen beeinflussbar sind oder nicht.
- der Fachbereich eine zu große Skepsis gegenüber dem Controlling an den Tag legt. Der Controller verfügt naturgemäß nicht über die gleiche Erfahrung im Fachbereich wie die dort tätigen Menschen. Dennoch sollte er bei seiner Arbeit unterstützt werden. Das bedeutet auch, dass gemeinsam nach Gründen für Abweichungen gesucht wird und gemeinsam versucht wird, diese zu bekämpfen.
- der Vergleichswert ein Planwert ist. In vielen Unternehmen gibt es zwar Budgets und Langzeitplanungen. Dennoch ist der Betroffene meist zufrieden, wenn er angesichts des Vorjahreswerts eine Verbesserung erreicht hat, auch wenn der Planwert unterschritten ist. Die Planung hat keinen ausreichenden Stellenwert, um als echte Leistungsbeurteilung dienen zu können. Solange der Vorjahreswert übertroffen wird, sind alle zufrieden, Maßnahmen sind vorgeblich dann nicht notwendig.
- mögliche Aktionen gegen die Abweichung unbekannt sind. Wurde bisher keine Erfahrung gesammelt mit Maßnahmen, die auf eine Verbesserung von Abweichungen zielten, dann wird niemand auf die Idee kommen, etwas gegen zu hohe Kosten oder zu geringe Leistung zu unternehmen. Abweichungen werden einfach akzeptiert.

! **Beispiel: Aktionen gegen Abweichungen 1**

Der Pumpenhersteller hat seine neue Pumpe in drei Fertigungsaufträgen hergestellt. Dabei kam es zu den folgenden Daten:

Auftrag	Stück	Minuten	Min/Stück
1	1010	4021	3,98
2	1070	4438	4,15
3	980	4247	4,33

Obwohl der Controller eine Abweichung der Fertigungszeit pro Stück von fast 9% nachgewiesen hat, reagiert der Fertigungsleiter nicht. Für ihn hängen die Fertigungszeiten von externen Parametern ab, vorwiegend von der Konstruktion und den Maschinen. Einflussmöglichkeiten sieht er nicht.

Ein weiteres Beispiel:

Beispiel: Aktionen gegen Abweichungen 2

!

Der Umsatz eines wichtigen Kunden im Verkaufsbezirk Nord 10 geht dramatisch zurück. Der Außendienstmitarbeiter weiß dies, kompensiert den Rückgang in der Summe aber durch viele kleine Verbesserungen bei seinen anderen und einigen neuen Kunden.
Der Bereichsleiter Nord erkennt die Abweichung nicht, da der Bezirk Nord 10 in Summe keine Abweichung aufweist. Der Außendienstmitarbeiter meldet sich nicht von allein, da er glaubt, alle Maßnahmen ergriffen zu haben. Vor allem hat seine intensivierte Betreuung nicht gewirkt. Weitergehende Maßnahmen, wie Werbekostenzuschüsse, Sonderpreise, individuelle Produkte, verursachen Kosten und müssen genehmigt werden.
Lieber akzeptiert der Außendienstmitarbeiter die Abweichung in seinem Kundenstamm, als dass er die notwendigen Maßnahmen für die Genehmigung begründet. Veränderungen der Situation finden nicht statt.

Solche nicht bekämpften Abweichungen werden sich ausweiten und gefährden den Erfolg des Unternehmens. Darum muss auf eine Reaktion auf die Abweichungen hingearbeitet werden. Einige Maßnahmen dafür sind schnell und einfach möglich:

- Controllingberichte müssen regelmäßig erstellt werden, damit Abweichungen auch wirklich systematisch erkannt werden können.
- Die wichtigen Abweichungen, die Einfluss auf das Ergebnis haben, müssen gemeinsam zwischen Controller und Fachbereich definiert werden.
- Die Berichtsgröße zu den definierten Abweichungen muss in regelmäßigen Gesprächen zwischen dem Verantwortlichen und dessen Vorgesetzten Thema sein.
- Die Abweichungen zu minimieren muss Bestandteil der Beurteilung des Verantwortlichen sein. Eine Verbindung variabler Gehaltsteile mit der Zielerreichung vergrößert den Einsatz bei der Bekämpfung von Abweichungen.

! **Tipp: Um Abweichungen zu bekämpfen, ist der Controller notwendig**

Je enger die Zusammenarbeit der Fachabteilung mit dem Controller ist, desto eher können Lösungen gefunden werden. Für die Bekämpfung der Abweichungen ist der Controller also notwendig.

Selbstverständlich ist jedes Unternehmen anders und individuell. Dennoch gibt es immer wieder typische Abweichungen, die mit ebenso typischen Maßnahmen bekämpft werden können. Hier einige Beispiele, die Ihnen helfen können, der Controllingfalle »Abweichungen ohne Gegenwehr« zu entkommen:

Abweichung	typische Maßnahme
Umsatz zu gering	Werbung intensivieren
	Kundenbetreuung verstärken
	Verkaufspreise senken
	Sonderangebote entwickeln
	zusätzliche Vertriebswege und -regionen aufbauen
VK-Preise zu hoch	Werbung intensivieren
	Qualität verkaufen
	Qualität senken
	Provisionen erhöhen, um Verkaufsanreize zu steigern
	Bonusvereinbarungen mit Kunden
Herstellkosten (Fertigungsteil) zu hoch	Änderung des Produktionsverfahrens
	Änderung der Stückliste, um Verfahren zu vereinfachen
	andere Maschinen / Personen einsetzen
	verlängerte Werkbank nutzen (Einkauf von Dritten)
Herstellkosten (Materialteil) zu hoch	Einsatz anderer Materialien
	Reduktion von Ausschuss
	Qualität des Materials verringern
	preiswertere Einkaufsquelle suchen
	Preisverhandlungen mit Lieferanten

Abweichung	typische Maßnahme
IT-Kosten zu hoch	Ansprüche der Anwender senken
	weniger neue Technik einsetzen, Systeme länger abschreiben
	IT-Aufgabe ganz oder teilweise outsourcen
Personalkosten zu hoch	Spitzen durch Leiharbeitnehmer abdecken
	Aushilfen einsetzen
	flexible Arbeitszeit mit Arbeitszeitkonten einführen
	Eingruppierung überarbeiten
Fuhrparkkosten zu hoch	Fahrzeuge länger fahren und abschreiben
	Treibstoffverbrauch kontrollieren
	Fahrgemeinschaften bilden

Diese beispielhafte und sicher unvollständige Auswahl zeigt, dass man mit einfachsten Maßnahmen Wirkung erzeugen kann. Wer intensiv prüft, wird auch für seinen Bereich Maßnahmen finden, die Abweichungen verändern können, und damit der Controllingfalle entrinnen.

Achtung: Lieber schnell als gar nicht oder zu spät reagieren !

Auf signifikante Abweichungen nicht zu reagieren hat einen größeren Einfluss auf das Ergebnis als eine Reaktion, die aufgrund unvollständiger Informationen nicht optimal getroffen wurde. Daher lieber schnell und etwas ungenau als gar nicht oder zu spät reagieren. Abweichungen jedenfalls können bekämpft werden.

4.5 Wer Maßnahmen nicht kontrolliert, der versagt!

Wenn der große Irrtum, Abweichungen können nicht aktiv verändert werden, überwunden ist und Maßnahmen ergriffen wurden, folgt bereits die nächste Falle. Vor allem die echten Experten sind von den getroffenen Maßnahmen so überzeugt, dass Ihnen eine Überwachung überflüssig erscheint. Der gewünschte Erfolg trete auf jeden Fall ein, so glauben sie, und sitzen damit in der Falle.

Doch tritt der Erfolg wirklich auf jeden Fall ein?

- Für viele der getroffenen Maßnahmen trifft tatsächlich zu: Die gewünschte Wirkung tritt ein und ermöglicht eine Verringerung der Abweichung. Glück gehabt.
  Ein Beispiel dafür ist der Kunde, der aufgrund von Sonderpreisen für einen Artikel seinen Bedarf wieder beim Unternehmen deckt.
- Bei anderen Maßnahmen geht die Wirkung zwar in die gewünschte Richtung, das Ausmaß ist jedoch nicht ausreichend, um die Abweichung wirksam zu bekämpfen. Die Falle ist nur halb geschlossen.
  Der Kunde akzeptiert den Sonderpreis, kauft aber weiter einen Teil der Waren bei den Mitbewerbern.
- Dass eine Maßnahme keinerlei Wirkung zeigt, ist sehr selten, kommt aber vor. Wird dies nicht erkannt, sitzt der Verantwortliche in der Falle.
  Der Kunden akzeptiert die angebotenen Sonderpreise nicht und bleibt weiter bei dem konkurrierenden Lieferanten.
- Es gibt durchaus Maßnahmen, deren Auswirkungen das Gegenteil von dem bewirken, was erwartet worden ist. Hier muss selbstverständlich am schnellsten reagiert werden, sonst gibt es keinen Weg mehr aus der Falle.
  Andere Kunden haben von den Sonderpreisen erfahren und sind jetzt total verärgert. Auch sie verlangen die verbesserte Behandlung und drohen damit, ebenfalls zur Konkurrenz abzuwandern.

Alle vier möglichen Wirkungsweisen einer Maßnahme beziehen sich allein auf den Erfolg. Jede Maßnahme verursacht auch Kosten, die vor dem Start geprüft werden müssen. Die Überwachung von Maßnahmen darf sich nicht nur auf die Erfolge beschränken. Es muss auch ein Mechanismus gefunden werden, mit dem die entstehenden Kosten beobachtet werden.

!

Beispiel: Kosten einer Maßnahme

Der Fertigungsleiter, der für die Produktion der Pumpe 707WWW und damit für die Verschlechterung der Produktionszeiten pro Stück verantwortlich ist, hat folgenden Grund erkannt: Der Ausschuss, der bei der Produktion anfällt, steigt. Im ersten Auftrag betrug er noch 2 %, der zweite Fertigungsauftrag wurde mit 6 % Ausschuss, der dritte mit 10 % abgewickelt.
Die Gründe für den steigenden Ausschuss wurden ebenfalls schnell gefunden: Zum einen entspricht die Qualität des Rohmaterials nicht den Vereinbarungen,

zum anderen kommt es aufgrund fehlender Erfahrung zu Fehlbedienungen an den Maschinen.
Maßnahmen werden initiiert: Die Mitarbeiter sollen an den Maschinen ausgiebig geschult werden. Für den Materialeingang werden Qualitätskontrollen installiert.
Die erste Kontrolle der Maßnahmen ergibt folgende Situation:
Die Qualitätskontrollen sind gut eingeführt, Materialfehler werden erkannt. Die Kosten für die Kontrollen werden vom Lieferanten getragen, bis die Qualitätsprobleme abgestellt sind. Die Anzahl der Fehlbedienungen hat sich leider nicht reduziert. Aufgrund der hohen Fluktuation, dem Einsatz von Aushilfen und Leiharbeitnehmern ist die zusätzliche Schulung nur wenig wirksam und verursacht hohe Kosten. Die Maßnahme wird daher eingestellt. Als neue Maßnahme wird die Möglichkeit geprüft, die Bedienung der Maschine zu vereinfachen.

Der »Lebenszyklus« einer Maßnahme

Der wichtigste Schritt im Leben einer Maßnahme ist sicherlich deren Ausführung. Andere Schritte sind aber notwendig, damit es überhaupt zur Maßnahme kommt und um sie zu optimieren.

Schritt	Maßnahme	Bemerkung
1	initiieren	Wenn Abweichungen festgestellt werden, werden Maßnahmen in Gang gesetzt.
2	ausführen	Die geplanten Maßnahmen werden ausgeführt. Das kann eine einmalige Aktion oder eine dauernde Veränderung sein.
3	kontrollieren	Regelmäßig werden die Maßnahmen kontrolliert. Liegt Erfolg und Aufwand im Plan und wird die Maßnahme weiter benötigt, wird sie fortgesetzt.
4a	abbauen	Wurde das Ziel erreicht, gleichgültig ob durch die Maßnahme oder aus anderen Gründen, wird die Maßnahme wieder gestoppt. Dadurch werden die entstehenden Kosten eingespart.
4b	verstärken	Stellt sich bei der Kontrolle heraus, dass die bisherige Maßnahme nicht ausreichend ist, kann sie u. U. verstärkt werden. Es ist darauf zu achten, dass dabei zusätzliche Kosten anfallen.

Schritt	Maßnahme	Bemerkung
4c	ergänzen	Wenn das Ergebnis nicht ausreichend ist und eine Verstärkung ausfällt, können ergänzende Maßnahmen ergriffen werden.
4d	austauschen	Erscheint die Maßnahme nach der Kontrolle als nicht geeignet, das notwendige Ergebnis zu erreichen, kann sie durch andere Maßnahmen ausgetauscht werden.

!

Achtung: Erfahrungen mit der Wirkungsweise von Reaktionen sammeln

Nutzen Sie die Kontrolle der Maßnahmen nicht nur dazu, die aktuelle Wirkung zu überprüfen. Sie können auch Erfahrungen mit der Wirkungsweise Ihrer Reaktionen sammeln und diese bei der nächsten Abweichung exakter dosieren.
Außerdem können erfolgreiche Maßnahmen den Weg zu einer dauerhaften Veränderung zeigen. Dies ist dann der Fall, wenn dauerhafte Verbesserungen eintreten. Schon aufgrund solcher Erfolge kann sich die Maßnahmenkontrolle als wichtig erweisen.

!

Beispiel: Bedeutung der Maßnahmenkontrolle

Dass Kontrollen der ergriffenen Maßnahmen bis zu deren Ende notwendig sind, zeigt auch dieses Beispiel aus der Lebensmittelindustrie:
Der Hersteller von Tiefkühlwaren muss jede Produktionscharge solange zwischenlagern und sperren, bis das unternehmenseigene Labor eine Stichprobe untersucht hat und die Ware freigibt. Dabei kam es zu erheblichen Wartezeiten, die Liefertermine bei Kunden gefährdeten, weil das Labor überlastet war.
Als Maßnahme wurde eingeführt, ein externes Labor zu nutzen, das mithalf, den Rückstau aufzulösen. Nach wenigen Tagen war die Überlastung wirksam bekämpft. Die Kontrolle muss feststellen, dass das externe Labor nicht mehr genutzt wird, damit nicht unnötig Kosten anfallen.
Als Ergebnis hat der Controller aber eine zusätzliche Regelung angeregt. Ab sofort gibt es Grenzwerte, bei deren Überschreitung sofort das externe Labor eingeschaltet wird. Damit sind die Abweichungen in der Freigabezeit jetzt Vergangenheit.

4.6 Wo sind die positiven Werte geblieben?

Noch im März des Jahres wies der Controllingbericht für die Fertigung erhebliche Abweichungen in der Auslastung einer wichtigen Maschine aus. Diese Differenzen waren positiv, denn die Auslastung war wesentlich höher als der Vergleichswert, in diesem Fall der Vorjahreswert. Doch jetzt, schon im Juli des gleichen Jahres, wies diese Kennzahl eine negative Abweichung auf. Sie war unter die des Vorjahres gefallen. Der verantwortliche Fertigungsleiter saß in der Falle.

Wer Verantwortung für Kosten und Erfolge trägt, ist froh, wenn sein monatlicher Controllingbericht keine Abweichungen zum Vergleichswert, gleichgültig ob Plan- oder Vorjahreswert, aufweist. Zumindest, wenn diese Abweichungen nicht negativ oder nur geringfügig sind, wird der Bericht ohne weitere Überlegungen abgeheftet.

Positive Abweichungen werden als Ritterschlag verstanden und in ihren Auswirkungen weitgehend unbeachtet gelassen. Dann hat die Controllingfalle funktioniert, denn positive Abweichungen können zu unkalkulierbaren Risiken für das Unternehmen werden.

Beispiel: Positive Maßnahmen !

Beispiele für positive Abweichungen sind vielfältig. Hier eine kleine Auswahl:

- Der Absatz ist höher als erwartet, da mehr Produkte abgesetzt werden.
- Für die abgesetzten Produkte wird ein höherer durchschnittlicher Verkaufspreis erzielt als im letzten Jahr.
- Der Verbrauch der Fertigungsmaschinen an Energie, Material oder Zeit sinkt unter die Planwerte.

Grundsätzlich werden niedrigere Kosten als der Vergleichswert als positive Abweichungen ausgewiesen.

4.6.1 Abweichungen zeigen Charakter

Grundsätzlich können positive Abweichungen unterschiedliche Charaktere haben:

Zeitliche Abgrenzung des Berichts kann Werte beeinflussen
Controllingberichte werden in der Regel monatlich erstellt. Dabei tritt eine scharfe Abgrenzung am Monatsende ein, die so nicht immer den wirklichen Ablauf widerspiegelt. Fakten, die nicht in den Berichtsmonat gehören, führen zu einer Verbesserung der Situation, ebenso wie andere, negative Fakten, die nicht mehr im Berichtsmonat gebucht wurden.

! **Beispiel: Bedeutung der zeitlichen Abgrenzung**

Der Umsatz kann z. B. durch einen großen Auftrag, der eigentlich erst im Mai geplant war, aber bereits im April fakturiert wurde, verfälscht wiedergegeben werden. Im nächsten Monat fehlt der Umsatz.
Für die Maschine in der Fertigung war am letzten Tag des Monats April eine Wartung geplant. Diese wurde auf den Mai verschoben. Dadurch steigt die verfügbare Kapazität im Berichtsmonat April, während sie im Mai gegenüber Vergleichswerten sinkt.

Solche positiven Veränderungen müssen nicht weiter verfolgt werden, da sie sich im nächsten Monat ausgleichen.

Vorübergehende Verbesserung nutzen
Manche positiven Abweichungen weisen auf temporäre Verbesserungen hin, deren Grundlage nach einiger Zeit wieder verschwindet. Oft sind diese Faktoren extern und können vom Unternehmen nur bedingt beeinflusst werden.

! **Beispiel: Temporäre Verbesserungen**

Ein Konkurrent kann bestimmte Produkte zurzeit nicht liefern, weil das Containerschiff aus China mit seinen Produkten an Bord mit einem Motorschaden in Suez liegt. Die Kunden kaufen daraufhin vermehrt in Ihrem Unternehmen.
Um Lieferengpässe auf dem Rohstoffmarkt zu umgehen, wird derzeit ein qualitativ hochwertiger Rohstoff eingesetzt. Das senkt den Verbrauch für das Material erheblich, zumindest in Menge betrachtet. Hat der Markt sich wieder entspannt, wird das geplante Material wieder eingesetzt.

Bei den vorübergehenden Verbesserungen gilt es, diese für das Unternehmen so weit wie möglich zu nutzen und den größten Vorteil daraus zu ziehen.

Dauerhafte Verbesserung sichern
Positive Abweichungen können auch auf grundsätzliche Veränderungen der Situation hinweisen. Diese gilt es, für das Unternehmen so weit wie möglich zu sichern.

Beispiel: Dauerhafte Verbesserungen !

Der Umsatz des Unternehmens steigt außerplanmäßig, weil ein Mitbewerber nicht mehr am Markt ist und somit zusätzlich Nachfrage auftritt.
Aufgrund des neuen Absatzplans ist mit einer dauerhaften Verbesserung der Auslastung im Fertigungsbereich zu rechnen.
Durch den erstmaligen Einsatz von Leiharbeitnehmern konnten Produktionsspitzen mit preiswerteren Lohnkosten abgefangen werden als geplant. Dies kann auch in Zukunft so durchgeführt werden.

4.6.2 Ohne Analyse keine Chance

Die Einteilung in die drei Charaktergruppen zeigt, dass eine Analyse der positiven Abweichungen notwendig ist. Nur so können die Gründe für die Differenz und die Art der Abweichungen festgestellt werden. Eine Voraussetzung für sinnvolle und wirksame Maßnahmen.

Achtung: Jede positive Maßnahme verdient eine Reaktion !

Positive Abweichungen werden von den Verantwortlichen gerne als Puffer für spätere negative Entwicklungen angesehen. Es wird nicht reagiert und die Abweichungen tun genau das, was die Verantwortlichen wollen: sie verpuffen. Jede positive Maßnahme, wenn sie nur signifikant genug ist, verdient eine Reaktion.

4.6.3 Die Falle schnappt zu: negative Auswirkungen durch positive Abweichungen

Positive Abweichungen können negative Auswirkungen haben? Ja – wie das folgende Beispiel zeigt:

!

Beispiel: Positive Abweichungen mit negativen Folgen

Der Fertigungsleiter des Pumpenherstellers ist zufrieden. Der Controllingbericht Januar bis März dieses Jahres weist eine Auslastung der neuen Fertigungsanlage, auf der u.a. auch die Pumpe 707WWW hergestellt wird, von 85% auf. Geplant waren 73%. Das ist eine Abweichung von 12 Prozentpunkten oder 16,4%. Eine positive Entwicklung für das Unternehmen.

Im April fällt die Anlage jedoch ungeplant wegen einer Reparatur für drei Tage aus. Die fehlenden Kapazitäten können nicht ersetzt werden. Also kommt es zu Lieferverzögerungen, Mehrarbeit am Wochenende und verärgerte Kunden. Was war geschehen?

Die Freude über die positive Entwicklung wurde nicht durch stabilisierende Maßnahmen ergänzt. Die größere Belastung hätte einen veränderten Wartungsplan bedingt. Da dieser nicht erstellt wurde, wurde die Anlage noch so gewartet, als bringe sie die geringere Leistung. Das hat zu dem Ausfall geführt. Die technische Verfügbarkeit der Fertigungsanlage hätte trotz der größeren Belastung sichergestellt werden müssen.

Dieses Beispiel zeigt, wie eine positive Entwicklung letztendlich negative Auswirkungen für das Unternehmen haben kann. Der Erfolg am Markt, der sich in der größeren Fertigungsmenge zeigt, wird zunichte gemacht durch Lieferengpässe und verärgerte Kunden. Schon viele Unternehmen mussten diese schmerzhafte Erfahrung machen.

Also was tun bei positiven Abweichungen?

Die folgende Checkliste gibt Antworten auf die Frage, was bei positiven Abweichungen zu tun ist:

Checkliste: Positive Abweichungen

Mithilfe dieser Checkliste können Sie positive Abweichungen identifizieren, die durch Maßnahmen der Verantwortlichen begleitet werden müssen.

1. Ist die positive Abweichung signifikant? Ist sie also so groß, dass sich eine Beschäftigung damit lohnt (z.B. > 10%)?
2. Handelt es sich um eine Abweichung, die durch Vorziehen bestimmter Vorgänge entstanden ist? Falls ja, muss die Abweichung nicht weiter beachtet werden.
3. Sind die Ursachen für die positive Abweichung temporär? Lohnt es sich, diese temporäre Verbesserung der Situation auszunutzen? Falls Nein, kann die Abweichung weiter unbeachtet bleiben.
4. Sind die Ursachen für die positive Abweichung dauerhaft? Falls Ja, muss auf jeden Fall über mögliche Reaktionen nachgedacht werden.
5. Gibt es Parameter, die bestimmend sind für die Leistung bzw. den Kostenwert, der betrachtet wird? Das gilt sowohl für vorgelagerte Parameter (z.B. Beschaffung zusätzlicher Waren) als auch nachgelagerte Stellen (z.B. Mahnwesen für gestiegene Anzahl von Kunden).
6. Müssen die gefundenen Parameter verändert werden, um die positive Entwicklung fortzusetzen?
7. Ist es wirtschaftlich, die notwendigen Veränderungen an den Parametern durchzuführen? Entstehen mehr Kosten als Erlöse erwartet werden, sind Maßnahmen nicht sinnvoll.
8. Sinnvolle Maßnahmen durchführen!

4.6.4 Kritische Abweichungen

Sie können sich über positive Abweichungen in Ihren Controllingberichten immer freuen. Solange Sie Reaktionen prüfen und entsprechende Maßnahmen initiieren, sind sie auch vorteilhaft. Hier jedoch eine kleine Auswahl an Kennzahlen, deren positive Abweichung in die Controllingfalle führen kann, wenn nicht reagiert wird.

Kennzahl	möglicher Grund	Risiko
Umsatz ist höher als geplant	Mehrabsatz	Lieferfähigkeit kann später durch Engpässe gefährdet sein.
	Mehrabsatz	Durch Mehrarbeit und teureres Material können die Herstellkosten steigen.
Herstellkosten sind niedriger als geplant	Bessere Auslastung der Maschinen.	Überlastung der Maschinen, Wartung verschlingt Kapazität.
	Niedrigere Materialkosten durch niedrigere Qualität.	Schwund und Ausschuss steigt, Garantiekosten steigen, Kunden sind verärgert.
	Abschreibung für Fertigungsanlage ausgelaufen.	Weitergabe des Preisvorteils an Markt mit späterer Notwendigkeit, neue Maschinen anzuschaffen. Falsche Entscheidungsgrundlage »Herstellkosten« bei Investitionsentscheidungen.
Personalkosten niedriger als geplant	Entlassung von langjährigen Mitarbeitern aufgrund Auftragsmangel.	Fehlendes Know-how bei steigendem Absatz.
Externe Versandkosten niedriger als geplant	Die maximale Zustellzeit wurde ausgeweitet.	Kunden sind verärgert, da Ware später kommt.
	Mehr Aufträge an Externe ergibt Mengenrabatt.	Fixkosten des eigenen Fuhrparks bleiben unberücksichtigt.
Beratungskosten Steuerberater geringer als im Vorjahr	Nur Buchhaltungs- und Personalabrechnungskosten, keine Bilanzberatung.	Suboptimale Gestaltung der Gewinn- und Verlustrechnung und der Bilanz und dadurch zu hohe Steuerzahlungen.

Im Grunde ist es also genau so wichtig, sich intensiv mit positiven Abweichungen auseinanderzusetzen wie mit den negativen Entwicklungen. In der Praxis tappen jedoch viele Kostenverantwortliche und selbst deren Controller in die Falle und vernachlässigen dies. Ein hohes Risiko für das Unternehmen!

4.7 In der Präsentationsfalle

Wir haben bereits gesehen, dass die Art der Präsentation einen Bericht in der Wahrnehmung der Empfänger bestimmen kann. Das ist ein legitimes Mittel des Controllers, eine gewünschte Reaktion zu erreichen. Wendet der Controller dieses Mittel allerdings falsch an, sitzt er in der Präsentationsfalle.

4.7.1 Veränderungen nachvollziehen

Regelmäßige Berichte haben immer den gleichen Aufbau, der vom Controller sorgfältig gewählt wurde. Damit können die Berichtsempfänger die Inhalte schnell aufnehmen und interpretieren. Eine Änderung des Aufbaus eines solchen Berichts ist schwierig.

- Veränderte Berichte erregen die Aufmerksamkeit der Leser, die über die Gründe informiert werden wollen.
- Es kommt zu Fehlinterpretationen durch die Berichtsempfänger, die plötzlich andere Sachverhalten erkennen.
- Die Anpassung eines Berichts muss sorgfältig geschehen und ist sehr aufwendig.
- Regelmäßige Berichte können nicht immer wieder verändert werden. Dann werden sie zu Ad-hoc-Berichten.

Somit gehen unter Umständen wichtige Informationen (z.B. dramatische Veränderungen eines Produkts) in der allgemeinen Darstellung unter. Wenn sich also die grundsätzliche Situation eines Berichtsobjekts langfristig ändert, dann kann das nur schwer nachvollzogen werden. Oder der Controller ändert seine Ziele. Wenn neue Gesichtspunkte eines Berichts hervorgehoben werden sollen, sind die notwendigen Gestaltungsmittel wie Farbe, Summierung oder Größenordnung schon vergeben. Der Controller sitzt in der Präsentationsfalle.

Wege aus dieser Falle gibt es. Sie sind allerdings aufwendig. So können die Berichte langsam durch leichte Veränderungen den neuen Wünschen angepasst werden. Das verbraucht viel Zeit. Die Veränderung kann auch schnell, dann aber mit ausführlicher Erläuterung an die Berichtsempfänger, erfolgen. Dadurch verpufft ein Teil der Präsentationswirkung. Ad-hoc-Berichte mit den gewünschten Darstellungen können zusätzlich erstellt werden, mit zusätzlichem Aufwand.

4.7.2 Mehrfachverwendung

Controllingberichte haben oft mehrere Empfänger. Solange diese alle die gleiche Funktion haben oder eine gleiche Interpretation der Inhalte haben sollen, ist der Eingriff des Controllers in die Präsentation zielgerichtet. Wenn die Empfänger aber auf unterschiedlichen Entscheidungsebenen sitzen und daher die Daten auch unterschiedlich interpretieren sollen, schnappt die Falle zu.

!

Beispiel: Empfänger auf unterschiedlichen Entscheidungsebenen

Der Controller eines Pumpenherstellers hat durch die Wahl der Achsenabschnitte in einer Grafik die Umsatzentwicklung dramatisiert. Ein langfristiger Rückgang von weniger als 1% erscheint als wesentliche Größe, die durchaus erheblichen Einfluss auf den Unternehmenserfolg hat. Diese Grafik sollte zu Überlegungen und mittel- bis langfristigen Maßnahmen führen.
Das hat auf der Ebene der Unternehmens- und Vertriebsleitung auch gut funktioniert. Der gleiche Bericht wurde auf einer Vertriebstagung mit allen Außendienstmitarbeitern gezeigt. Dort führte die dramatisierte Darstellung zu großer Unruhe. Letztlich haben sogar zwei erfolgreiche Verkäufer das Unternehmen verlassen und sind zum Wettbewerber gegangen. Sie hatten in der Darstellung eine gefährliche Entwicklung erkannt.

Wenn nicht sicher ist, dass alle Berichtsempfänger die gleiche Interpretation eines Berichts vornehmen, sollte die Präsentationsform sorgfältig gewählt werden. Im Ernstfall müssen unterschiedliche Darstellungen verwendet werden, was jedoch wieder zu Nachfragen führen kann.

4.7.3 Fehlentscheidung

Die größte Präsentationsfalle schließt sich dann, wenn die Reaktion der Informationsempfänger falsch eingeschätzt wird. Die Darstellung der Controllingergebnisse im Bericht soll beim Leser eine bestimmte Wirkung hervorrufen. Um diese Wirkung einschätzen zu können, müssen detaillierte Informationen über den Menschen, der beeinflusst werden soll, vorliegen. Der Controller kennt die meisten seiner Berichtsempfänger, kann sie jedoch nicht immer richtig einschätzen.

Menschen reagieren unterschiedlich auf Warnfarben, fette Hinweise oder subtile Anmerkungen. Über- oder Unterreaktionen sind häufig. Intuitiv handelt der Controller meist richtig. Wenn er sich jedoch verschätzt, erreicht er vielleicht das Gegenteil von dem, was notwendig wäre. Resignation statt Aktion könnte der Fall sein. Überreaktionen statt sachliches Vorgehen ist das andere Extrem.

Der Controller verfasst viele Berichte und sammelt daher auch viel Erfahrung in der Wirkung, die bestimmte Darstellungen bei den unterschiedlichsten Menschen haben. Gefährlich wird es dann, wenn Inhalte aus dem Controlling durch die Fachbereiche selbst aufbereitet und dargestellt werden. Hier fehlt es an Know-how für die richtige Darstellung. Wer hier die neutrale Darstellung verlässt und bewusst eine Wirkung erzeugen will, gerät häufig in die Präsentationsfalle.

4.8 Kosten überwachen kostet Geld – die Kostenfalle

Controlling soll dem Management helfen, das Unternehmen sicher durch die Anforderungen von Markt, Geldgeber und Mitarbeiter zu steuern:

- Mithilfe der Controllingberichte werden Entscheidungen vorbereitet und untermauert. Das beginnt bei der Entscheidung für die Investition in eine neue Fertigungsanlage und geht bis in die Tagesarbeit, wo der Einsatz von knapper Reparaturkapazität für unterschiedliche Fertigungsmaschinen zu entscheiden ist.
- Der Controller entdeckt in seinen Berichten und Berechnungen Fehlentwicklungen. Er macht die zuständigen Stellen darauf aufmerksam, analysiert die Entwicklung gemeinsam mit der Fachabteilung und arbeitet bei den daraufhin ergriffenen Maßnahmen mit.
- Durch das Controlling werden Freiräume für die Verantwortlichen geschaffen, auch wenn diese es nicht immer so sehen. Wenn der Unternehmer oder die untergeordnete Führungskraft sicher ist, dass Ver-

einbarungen getroffen wurden und Abweichungen davon durch die Controllingberichte erkannt und gemeldet werden, kann sich das Management auf den strategischen Bereich konzentrieren. Prüfung und Eingriffe in den operativen Bereich sind nicht mehr notwendig. Freiräume für die Verantwortlichen entstehen.

Mit diesen Eigenschaften und Auswirkungen trägt das Controlling erheblich zum Unternehmenserfolg bei. Diese Vorteile wissen vor allem die Manager zu schätzen, die bereits seit Längerem mit den Instrumenten des Controllings arbeiten dürfen. Modernes Controlling ist als Erfolgsgarant nicht mehr zu übersehen.

!

Achtung: Vorteile des Controllings kaum quantifizierbar

Es ist kaum möglich, die Vorteile des Controllings nachprüfbar zu quantifizieren. Die Freiräume für die Mitarbeiter oder die Vermeidung von Fehlentscheidungen in Euro umzurechnen ist kaum möglich.

4.8.1 Alles muss bezahlt werden, auch das Controlling

Viele glauben, dass Controlling per se vorteilhaft ist und vergessen dabei die entstehenden Kosten. Plötzlich wirken die Maßnahmen, werden Schwachstellen erkannt. Gleichzeitig entstehen aber auch erhebliche Kosten.

!

Beispiel: Kosten des Controllings

Begeistert von einem Controllingseminar hat der Inhaber eines kleinen Handwerkbetriebs mit 10 Mitarbeitern und 1 Mio. € Umsatz die dort gegebenen Ratschläge in die Tat umgesetzt. Ein junger Controller wurde eingestellt, das Unternehmen in ein enges Gerüst von Controllingberichten gesteckt.

Die Arbeit des neuen Controllers war auch von Erfolg gekrönt. Er hat auf viele Missstände aufmerksam gemacht und neue Steuerungsinstrumente installiert. Alles in allem ist es ihm gelungen, die Kosten um 8% zu senken. Das sind bei Kosten in Höhe von 900.000 € eingesparte 72.000 € im Jahr.

Doch ist das wirklich wirtschaftlich gewesen? Allein die dem Controller direkt zuzuordnenden Kosten (Gehalt, Nebenkosten, IT-Systeme, Weiterbildung ...) betragen 65.000 € pro Jahr. Was noch?

Kosten des Controllings

Nach Art der Controllingkosten gefragt, wird wohl jeder schnell folgende Antwort finden: die Kosten des Controllers selbst und die entstehenden Nebenkosten. Doch sind das alle Kosten, die das Controlling verursacht?

- Selbstverständlich verursacht der Controller Kosten durch sein Gehalt und die dabei entstehenden Gehaltsnebenkosten.

Tipp: Controller brauchen keine akademische Ausbildung !

Gerade in kleinen Unternehmen ist es nicht notwendig, einen Controller mit einer akademischen Ausbildung zu beschäftigen. Junge ausgebildete Kaufleute mit einer entsprechenden Neigung zu Zahlen und einer begonnenen Weiterbildung sind meist noch besser einsetzbar, da praxisnäher, als Hochschulabsolventen. Außerdem sind sie meist preiswerter.

- Eine wichtige Größe in den Controllingkosten spielen die Ausgaben für die Informationsverarbeitung. Controlling ohne IT-Unterstützung ist wirtschaftlich nicht machbar. Spezielle Module in den ERP-Systemen, eigenständige Controllingsysteme oder Unterstützung durch Tabellenkalkulation und Datenbanken verursachen erhebliche Kosten.
- In kleinen und mittleren Unternehmen sind Controller meist Einzelkämpfer. Ihren fachlichen Austausch und ihre Anregungen holen sie sich in Weiterbildungsveranstaltungen. Darum sind diese auch eine typische Kostenart im Controlling mit erheblichem Umfang.
- Selbstverständlich fallen auch Nebenkosten wie Raumkosten, Telekommunikation, Büromaterial usw. an.

Tipp: Controller in Teilzeit beschäftigen !

Bereits hier wird klar, welche Größenordnungen die Controllingkosten annehmen können. Dabei hält ein kleines Unternehmen kaum genug Arbeit bereit, um einen ausgebildeten Controller zu beschäftigen.
Teilzeitbeschäftigte Controller sind eine mögliche Lösung. In unserer Gesellschaft heißt dies meistens, eine Frau mit dieser Aufgabe zu betrauen. Die Praxis zeigt, diese Teilzeitkräfte sind sehr motiviert und engagiert.
Eine leider selten anzutreffende Lösung des Beschäftigungsproblems ist die gemeinsame Beschäftigung eines Controllers durch mehrere Unternehmen. Rechtliche und organisatorische Hürden verhindern diesen Weg noch viel zu oft.

Es gibt auch selbstständige Controller, die ihre Dienste als Externe anbieten. Damit können auch kleine Unternehmen die Vorteile des Controllings nutzen, ohne sich fest zu binden und außerordentlich hohe Kosten zu haben.
Externe Controller finden Sie zum einen bei den Unternehmensberatern, die auch Fragestellungen des Controllings untersuchen. Zum anderen ist der Steuerberater, der die Buchhaltung für das Unternehmen erledigt, der richtige Ansprechpartner.

Kosten der Buchhaltung

Bei dem Weg in die Kostenfalle des Controllings wird regelmäßig übersehen, dass der Controller ohne die Hilfe des Rechnungswesens, vor allem der Buchhaltung, keine sinnvolle Arbeit leisten kann. Nur wenn dort vollständig und korrekt zusätzliche Arbeit für das Controlling geleistet wird, können Controllingberichte schnell und preiswert erstellt werden.

Es geht dabei um die Erfassung von zusätzlichen Informationen zu den sonst üblichen Buchungssätzen in der Buchhaltung. So müssen Kostenstellen, Projektnummern, Kostenträger und viele andere Daten erfasst werden. Das kann eine Vervielfachung der Arbeit bedeuten.

! **Beispiel: Kosten der Buchhaltung**

Der Pumpenhersteller erhält monatlich vom örtlichen Maschinenhändler eine Rechnung über Ersatzteile und andere, für Reparaturen eingesetzte Materialien. Ohne Controlling wird diese Rechnung als einzelne Position auf dem Konto »Reparaturmaterial« verbucht.
Der Controller möchte jedoch für jede Maschine feststellen, welches Reparaturmaterial verbraucht wurde. Darum muss die Monatsrechnung in viele Einzelbuchungen unterteilt werden. Jede Einzelbuchung wird mit der Maschinennummer erfasst. Darum vermehrt sich der Arbeitsaufwand in der Buchhaltung erheblich.

! **Tipp: IT-Hilfe senkt Kosten**

Viele IT-Systeme verringern den Aufwand in der Buchhaltung erheblich, indem sie Bestellungen automatisch verbuchen. Das setzt jedoch voraus, dass die notwendigen Angaben (z. B. die Maschinennummer des Ersatzteils) in der Bestellung vorhanden sind. Die Arbeit wird noch weiter nach vorn im Prozess verlagert, reduziert sich dort jedoch, weil die Controllinginformationen auch für andere Aufgaben notwendig sind.

Controllingaufwand entsteht auch in den Fachabteilungen

Das Controlling lebt von den Informationen aus den Fachabteilungen, erstellt die Berichte für die Fachabteilungen und erarbeitet gemeinsam mit den Fachabteilungen die Lösungen. Das zeigt, das auch in den Fachabteilungen selbst erhebliche Zeit für das Controlling aufgewendet werden muss.

- Wichtige Informationen wie Leistungen, Zeitverteilungen oder Verbräuche erhält der Controller von den betroffenen Fachabteilungen. Das gilt sowohl für die Ist- als auch für die Planwerte. Vor allem die jährlichen Budgetplanungen belasten die Fachabteilungen stark.
- Die vom Controller erstellten Berichte müssen in den Fachabteilungen gelesen und interpretiert werden. Nur so können sie ihre Wirkung richtig entfalten. Ein Kostenstellenverantwortlicher, der sich nicht um die Berichte kümmert, wird sich Missmanagements vorwerfen lassen müssen. Vor allem, wenn im Controllingbericht Entwicklungen erkennbar gewesen waren, die später aufgrund der Nichtbeachtung zu wesentlichen negativen Abweichungen führen.
- Zu den Reaktionen auf die Controllingberichte gehören auch Maßnahmen, die ergriffen werden müssen, um negative Abweichungen zu reduzieren. Diese sind mit dem Controller zu besprechen, durchzuführen und laufend zu überwachen.
- Noch immer wird in vielen Unternehmen der Controller nicht als Unterstützung, sondern als natürlicher Feind gesehen. Er deckt die Schwachstellen auf und verlangt enormes Engagement. Darum wird ein erheblicher Teil der Zeit von Abteilungsleitern und anderen Führungskräften dem »Kampf« gegen den Controller gewidmet werden.

Tipp: Controllingaufwand steigt !

Wenn Sie die Fachabteilungen befragen, wie viel Zeit sie für das Controlling aufwenden, erhalten Sie meist überschätzte Werte. Vor allem wird vergessen, dass auch ohne Controlling eine gewisse Planung, Überwachung und Einflussnahme auf die Kostentreiber oder die Erfolgsparameter stattfindet. Was hinzukommt, ist ein sicherlich erweiterter Umfang und vor alle die Systematik der Controllingarbeiten.

In der Praxis hat sich herausgestellt, dass sich die Controllingzeit in den Fachabteilungen durchschnittlich verdoppelt, wenn das Controlling systematisch betrieben wird. Der Preis für die bereits bekannten Vorteile.

4.8.2 Auch Ihr Unternehmen hat Potenzial

Damit Sie nicht in die Kostenfalle laufen, müssen Sie das Potenzial für eine Verbesserung durch das Controlling in Ihrem Unternehmen feststellen. Dafür gibt es keine festen Berechnungsregeln. Zu individuell sind die Situationen, in denen sich die Unternehmen befinden.

Deshalb kann an dieser Stelle lediglich auf die Verbesserungsmöglichkeiten hingewiesen werden. Sie selbst müssen detaillierte Informationen hinsichtlich der individuellen Situation Ihres Unternehmens beisteuern. Nur so erhalten Sie exakte Ergebnisse.

Die folgende Potenzialermittlung hat keinen Anspruch auf Vollständigkeit. Je nach Organisation des Unternehmens müssen zusätzliche Bereiche einbezogen werden. Andere können dafür außen vor gelassen werden (z.B. die Fertigungsbereiche bei einem Handelsunternehmen).

Bereich	Aufgabe	Potenzial	typische Einsparung
Vertrieb	Steuerung des Außendiensts	Erhöhung der Effizienz der Besuche, Kontrolle der Besuchsberichte	5% der Außendienstkosten
	Deckungsbeiträge Kunden	Beeinflussung des Kundenverhaltens Steuerung der Außendienstaktivitäten	2% der Deckungsbeiträge
	Sortimentsanalyse	Verbesserung Angebot für Kunden rechtzeitige Optimierung des Sortiments	keine Angabe möglich
	Prozesskosten	Erkennen der Kostentreiber bei Verkaufsaktivitäten, Auftragsbearbeitung	5% der Prozesskosten

Bereich	Aufgabe	Potenzial	typische Einsparung
Einkauf	Lieferantenbewertung	Verbesserung Lieferqualität Übernahme nachgewiesener Qualitätskosten	0,5% des Einkaufsvolumens
	Prozesskosten	Erkennen der Kostentreiber in Beschaffungsabläufen	5% der Prozesskosten
	ABC-Analyse	Konzentration auf wichtige Materialien Konzentration auf wichtige Lieferanten	0,5% des Einkaufsvolumens
Fertigung	Überwachung Herstellkosten	Erkennen kleinster Veränderungen im Materialeinsatz Erkennen kleinster Veränderungen in den Fertigungskosten Erkennen von Veränderungen in den Zuschlagssätzen	keine Angabe möglich je mehr unterschiedliche Produkte, desto größer das Potenzial
	Deckungsbeitrag pro Artikel	Optimierung der Fertigung (Reihenfolge, Termin, Ort)	keine Angabe möglich
	Prozesskosten	Erkennen der Kostentreiber in Steuerungs- und Planungsabläufen	5% der Prozesskosten
Personal	Leistungskontrolle	Bezahlung nach Leistung (Akkord, Provisionen, Zielvereinbarungen)	keine Angabe möglich, Verbesserung der Leistung
	Personalkennzahlen	Erkennen von negativen Entwicklungen	5% von Krankheits-, Fluktuations- und Weiterbildungskosten
Marketing	Projektcontrolling	Überwachung von Marketingaktivitäten (Messe, Werbekampagne ...)	3% der Projektkosten
	Absatz/ Umsatz – Daten	Aufbau von Vergleichen der Marktanteile, Daten pro Kunde, Gruppe, Verkäufer	keine Angabe möglich, langfristige Verbesserung

Bereich	Aufgabe	Potenzial	typische Einsparung
Logistik	Sendungskontrolle	Optimierung Versandzeiten, Durchlaufzeiten usw.	keine Angabe möglich, Kundenzufriedenheit steigt
	Prozesskosten	Erkennen der Kostentreiber in Versand, Kommissionierung, Lagerung …	2% der Logistikkosten
Verwaltung	Kostenverteilung	Zuordnung der Kosten zu den Verbrauchern optimieren	1% der Verwaltungskosten
	Prozesskostenermittlung	Erkenne der Kostentreiber für Buchungen, IT, usw.	2% der Verwaltungskosten
Unternehmensleitung	Leistungsbeurteilung	Leistungen der Führungskräfte werden nach Plan- und Zielvorgaben beurteilt.	keine Angaben möglich
	Steuerung	Controlling liefert Hilfsmittel zur effektiven Steuerung für Führungskräfte	keine Angaben möglich
	Außendarstellung des Unternehmens	Einflussfaktoren der Beurteilung durch Externe werden bekannt Entwicklung der Kennzahlen kann beobachtet werden.	keine Angaben möglich
	Kreditbeschaffung	Controllingsystem verbessert Bankenbeurteilung	0,2% des Kreditbetrags

!

Tipp: Die Potenzialermittlung verfeinern

Je weiter Sie die obige Tabelle verfeinern, je detaillierter Sie werden, desto einfacher fällt Ihnen die Zuordnung von Einsparbeträgen.

!

Beispiel: Zuordnung der Einsparbeträge

Schätzen Sie jeweils die mögliche Einsparung im optimistischen Fall, im pessimistischen Fall und neutral. Aus den drei Werten bilden Sie einen Mittelwert.
Die Lohnsumme des Handwerkunternehmens mit 10 Mitarbeitern beträgt im Jahr 320.000 €. Durch eine leistungsbezogene Bezahlung (z.B. gemessen an den fakturierten Lohnkosten des Mitarbeiters) soll die Leistung verbessert werden.

Können alle Mitarbeiter einbezogen werden und sind alle gleich gut motiviert, sollte sich eine Einsparung von 5% der Lohnsumme ergeben. Im pessimistischen Fall können nur wenige Mitarbeiter einbezogen werden und es werden lediglich 0,5% der Lohnsumme eingespart. Realistisch wird eine Einsparung von 3% genannt.
Die erwartete Einsparung errechnet sich: (5% + 0,5% + 3%) / 3 = 2,8%. Das entspricht ca. 9.000 €, die durch das Controlling und die Umsetzung der angebotenen Leistungskontrolle gespart werden können.

!

Achtung: Erfolg teilen

Wenn Sie in einzelnen signifikanten Punkten Einsparungen von mehr als 10% der Kosten errechnen, ist entweder die Annahme zu positiv oder die bisherige Situation zu schlecht. Hier können Sie auch Verbesserungen ohne systematisches Controlling erreichen und sollten dies auch sofort in Angriff nehmen. Solche Einsparungen allein dem Controlling zuzurechnen wäre nicht korrekt.

4.8.3 Controlling ist wirtschaftlich

Die Kostenfalle des Controllings schnappt immer dann zu, wenn die eingesparten Kosten bzw. die erreichten Mehrerträge in der Summe kleiner sind als die Kosten, die für das Controlling aufgebracht werden müssen. Dem kann oft nur mit dem Argument begegnet werden, dass neben den rechnerisch ermittelten Einsparungen auch die Qualität der Arbeit der Führungskräfte verbessert wird.

Diese Qualitätssteigerung mit Euro zu bewerten ist immer angreifbar, da darin Annahmen umgesetzt werden. Vor allem die zukünftigen Vorteile durch Sortimentsanalysen, Lebenszyklusuntersuchungen, Kostenverteilung und Budgetierung sind vorhanden, zum großen Teil aber nicht auf nachvollziehbare Weise in Geld umzusetzen. Leider führt das dazu, das die Vorteile des Controllings skeptisch gesehen werden. Gerade in kleinen und mittleren Unternehmen wird darum oft auf ein systematisches Controlling verzichtet. Das muss nicht so sein.

4.8.4 Wege aus der Kostenfalle

Aus der Kostenfallen kommen die kleinen und mittelständischen Unternehmen nur dann, wenn es gelingt, die Aufgaben des Controllers in Teilzeit zu erledigen. Denn vor allem die hohen Personalkosten und die Weiterbildung machen das Controlling sonst unwirtschaftlich.

Für kleinere Unternehmen: Controller als Teilzeitkräfte
Bereits angesprochen wurde die Möglichkeit, das Controlling mit einer Teilzeitkraft zu erledigen. Die Arbeitszeitverteilung kann abhängig gemacht werden von der Arbeitsbelastung. Zum Monatsanfang, nach Abschluss der Buchhaltung, müssen die meisten Berichte möglichst schnell erstellt werden. Zur Monatsmitte hingegen ist kaum Arbeit vorhanden.

Diese Vorgehensweise hat den Nachteil, dass die Kommunikation mit dem Controller erschwert wird. Da der möglichst einfache und problemlose Gedankenaustausch mit den Fachabteilungen ein wichtiger Erfolgsparameter ist, muss hier eine Lösung gefunden werden.

Controlling in das Rechnungswesen integrieren
Eine weitverbreitete Lösung ist es, die Aufgaben des Controllings in das vorhandene Rechnungswesen zu integrieren. Die dortigen Mitarbeiter kennen sich in den Strukturen des Unternehmens aus und können die Zusammenhänge der Kosten und Erträge mit den Abteilungen und Parametern schnell erkennen.

Auch die viele Vorarbeit, die vor allem die Buchhaltung leisten muss, spricht dafür, die beiden Bereiche Rechnungswesen und Controlling zusammenzufassen. Die zusätzliche Arbeit wird dann unter der Führung des Leiters auf die Mitarbeiter verteilt. Geschieht dies langsam und geplant, ist meist ausreichend Kapazität vorhanden.

Da das Rechnungswesen auch ohne das Controlling eine übergeordnete Funktion in der Verarbeitung der Unternehmensvorgänge inne hat, kommt es auch nicht zu Interessenkonflikten. Die Fachabteilungen, die am meisten durch des Controllings betroffen sind, finden sich nicht im Rechnungswesen.

Controlling in den Fachabteilungen erledigen

Nicht zuletzt kann das Controlling auch in den einzelnen Fachabteilungen erledigt werden. Typisch dafür ist das Vertriebscontrolling, das sich auch in großen Unternehmen und trotz umfangreicher Controllingabteilungen immer wieder in der Verantwortung des Vertriebs findet.

Der große Vorteil liegt darin, dass die Abläufe im eigenen Bereich bekannt sind und die Ergebnisse von den Kollegen akzeptiert werden. Der große Nachteil liegt in der fehlenden Kenntnis von vergleichbaren Bereichen oder von optimalen Werten. Doch es spricht nichts dagegen, wenn sich z. B. der Einkauf selbst eine ABC-Analyse seiner Lieferanten erstellt oder das Marketing eine Lebenszyklusanalyse des Sortiments.

Tipp: Controlling auch im Rechnungswesen !

Ergänzen Sie das fachliche Controlling in den Fachabteilungen durch das übergeordnete Controlling im Rechnungswesen. Damit kombinieren Sie die Vorteile beider Systeme ohne alle Nachteile zu übernehmen.

Controlling durch externe Controller

Sie sind kaum im Bewusstsein der Unternehmer, aber es gibt sie: die externen Controller. In der Regel treten sie als Unternehmensberater auf und bieten an, Controllingsysteme im Unternehmen zu installieren. Diese werden dann mit einem eigenen Controller oder wie oben beschrieben als Teilaufgabe weitergeführt. Ein dauerhaft ausgelagertes Controlling gibt es dagegen seltener.

Tipp: Den Steuerberater nach Controllingauswertungen der DATEV fragen !

Wenn Ihr Steuerberater Ihre Buchhaltung erledigt, fragen Sie ihn nach verfügbaren Controllingauswertungen der DATEV. Diese verursachen zwar zusätzliche Kosten, bieten aber ersten Controllingschritten in kleinen Unternehmen ausreichend Daten.

Die Aufgabe externer Controller beschränkt sich in der Regel darauf, die Werte technisch in Berichten darzustellen. Aufbau, Inhalt und weitere Nutzung der Berichte liegt dann im Aufgabenbereich des Unternehmens. Einzelne Fragestellungen, wie z. B. eine Verbesserung der Gemeinkostenstrukturen, können auch als einzelner Auftrag an Unternehmensberater abgegeben werden.

!

Achtung: Echtes Controlling nur intern

Echtes Controlling mit Engagement, schnellen Analysen und wirksamen Maßnahmen erhalten Sie nur, wenn eine unternehmensinterne Stelle mit dieser Aufgabe betraut wird. Das notwendige Wissen und vor allem das ausschlaggebende Engagement können Sie von Externen nicht erwarten.

4.8.5 Controlling machen wir alle

Der oft beschriebene tägliche Kleinkrieg zwischen den Fachabteilungen und dem Controlling gehört in das Reich der Märchen. Selbst, wenn die entsprechenden Arbeiten nicht definitiv als Controlling bezeichnet werden, werden sie von verantwortlichen Abteilungsleitern, Unternehmensführern und anderen Managern erledigt. Auch und gerade in kleinen und mittleren Unternehmen.

Das Controlling bietet für alle Fragestellungen die richtigen Hilfsmittel. Damit können wichtige Inhalte für das gesamte Unternehmen identisch gestaltet werden. Hauptaufgabe des Controllers ist es, diese Hilfsmittel an den richtigen Stellen anzusetzen und eine systematische Steuerung des Unternehmens mit Zahlen zu ermöglichen.

Das, was der Controller tut, ist kein Hexenwerk. Das, was der Controller liefert, ist für die tägliche Arbeit der Manager unverzichtbar. Arbeiten beide zusammen, nutzt die Fachabteilung das Controllingwissen und somit profitiert das gesamte Unternehmen davon.

Stichwortverzeichnis